Joachim Engel, Andreas Fest
Komplexe Zahlen und ebene Geometrie
De Gruyter Studium

Joachim Engel, Andreas Fest

Komplexe Zahlen und ebene Geometrie

3., erweiterte und überarbeitete Auflage

DE GRUYTER

Mathematics Subject Classification 2010
51M05, 51M09, 53A04, 30C20, 30C10

Autoren
Prof. Dr. Joachim Engel
Pädagogische Hochschule Ludwigsburg
Institut für Mathematik und Informatik
Reuteallee 46
71634 Ludwigsburg
engel@ph-ludwigsburg.de

Andreas Fest
Pädagogische Hochschule Ludwigsburg
Institut für Mathematik und Informatik
Reuteallee 46
71634 Ludwigsburg
fest@ph-ludwigsburg.de

ISBN 978-3-11-040686-3
e-ISBN (PDF) 978-3-11-040687-0
e-ISBN (EPUB) 978-3-11-040688-7

Library of Congress Cataloging-in-Publication Data
A CIP catalog record for this book has been applied for at the Library of Congress.

Bibliografische Information der Deutschen Nationalbibliothek
Die Deutsche Nationalbibliothek verzeichnet diese Publikation in der Deutschen Nationalbibliografie; detaillierte bibliografische Daten sind im Internet über http://dnb.dnb.de abrufbar.

© 2016 Walter de Gruyter GmbH, Berlin/Boston
Satz: PTP-Berlin Protago-TEX-Production GmbH, Berlin
Druck und Bindung: CPI books GmbH, Leck
♾ Gedruckt auf säurefreiem Papier
Printed in Germany

www.degruyter.com

Vorwort zur 1. Auflage

> Die ganzen Zahlen hat der liebe Gott gemacht,
> alles andere ist Menschenwerk.
>
> *Leopold Kronecker, 1823–1891*

Die Entwicklung der komplexen Zahlen ist aufs Engste verknüpft mit der Entwicklung der Theorie zur Auflösung von algebraischen Gleichungen. Gleichzeitig sind komplexe Zahlen ein wichtiges Darstellungsmittel für zentrale Problemstellungen der Analysis, der Geometrie und für viele Anwendungen z. B. aus der Physik. Wie das natürliche Modell zur Darstellung reeller Zahlen der Zahlenstrahl ist, so ist die (Gaußsche) Zahlenebene die natürliche grafische Repräsentation der komplexen Zahlen.

Mit Hilfe komplexer Zahlen können auf elegante Weise algebraische, analytische und geometrische Probleme der Ebene bearbeitet werden. Aufbauend auf komplexen Zahlen lassen sich wichtige Zusammenhänge zwischen diesen mathematischen Teilgebieten herstellen. Der Zugang über komplexe Zahlen bildet die Grundlage zur Lösung von Fragen, die die Mathematik über viele Jahrhunderte beschäftigt hatte. Viele klassische Probleme der Mathematik, die z. T. schon seit der Antike formuliert waren, konnten mit Hilfe komplexer Zahlen und komplexer Funktionen im 18. und 19. Jahrhundert auf elegante Weise gelöst werden.

Eine Beschäftigung mit komplexen Zahlen und Abbildungen der komplexen Zahlenebene ist auch für angehende Lehrerinnen und Lehrer bedeutsam: Über den Tellerrand der bisherigen Zahlbereiche hinauszuschauen hilft, ein tieferes Verständnis der bisher vertrauten Zahlen zu erwerben und die Notwendigkeit von Zahlbereichserweiterungen zu verstehen. Jenseits der reellen Zahlen besitzen plötzlich auch Gleichungen der Form $x^2 + 1 = 0$ Lösungen. Bei der Suche nach Lösungen von Gleichungen 2., 3. oder 4. Grades finden altbekannte Rechenmethoden wie das quadratische Ergänzen oder Koeffizientenvergleiche neue Anwendung. Besonders instruktiv ist die enge Verbindung von Algebra und Elementargeometrie wie sie mit Hilfe komplexer Zahlen hergestellt werden kann. Komplexe Zahlen erweisen sich als hervorragend geeignete Darstellungsmittel zur Algebraisierung von Fragen der ebenen Geometrie. Im Gegensatz zur Vektorgeometrie beschränkt sich ein auf komplexen Zahlen basierter Zugang zur Geometrie nicht nur auf lineare geometrische Objekte, sondern öffnet uns die mathematische wie ästhetische Vielfalt gekrümmter Objekte wie z. B. Ellipsen, Hyperbeln, Spiralen und vieles andere mehr. Auch ein kleiner Ausflug in die Welt der Fraktale ist mit den hier dargestellten Methoden möglich.

Komplexe Zahlen erhält man durch eine Zahlbereichserweiterung aus den reellen Zahlen. Wir werden uns in Kapitel 1 in den Abschnitten 1.1 bis 1.5 mit den Rechenregeln und algebraischen Eigenschaften des Körpers der komplexen Zahlen befassen. Dieser Teil stellt das mathematische Handwerkzeug für die folgenden Kapitel bereit. Die Abschnitte 1.6 bis 1.12 lassen durchblicken, wie man mit Hilfe komplexer Zahlen geometrische Objekte und geometrische Zusammenhänge darstellen kann. Nach einem kleinen Ausflug in die Teilbarkeitslehre der sogenannten ganzen Gaußschen Zahlen in Kapitel 2 wenden wir uns in Kapitel 3 Fragen der Lösbarkeit algebraischer Gleichungen zu, die historisch in der Entwicklung der Algebra eine so zentrale Rolle gespielt haben. Dazu gehören sowohl die Lösungsformeln von Cardano und Ferrari für Gleichungen 3. und 4. Grades sowie die Resultate von Abel und Galois über die Nichtauflösbarkeit algebraischer Gleichungen höheren Grades. Der Fundamentalsatz der Algebra (Kapitel 4) weist die komplexen Zahlen schließlich als algebraisch abgeschlossenen Körper aus. Eine zur Gaußschen Zahlenebene alternative Darstellung komplexer Zahlen bildet die Riemannsche Zahlenkugel (Kapitel 5). Anschließend betrachten wir Abbildungen oder Funktionen der komplexen Ebene auf sich selbst. Allerdings werden wir das Gebiet der komplexen Analysis (d. h. der Differential- und Integralrechnung im Komplexen), das in der Mathematik auch als *Funktionentheorie* bezeichnet wird, nur kurz streifen können. Stattdessen betrachten wir Abbildungen der komplexen Ebene, die folgende spezielle Eigenschaften besitzen: Sie sind winkeltreu und „im Kleinsten" maßstabstreu. Mit diesen Abbildungen erhält man einen algebraischen Zugang zu interessanten Fragestellungen der ebenen Abbildungsgeometrie. Nach einer allgemeinen Hinführung zu komplexen Funktionen (Kapitel 6) wird die Klasse der Möbiustransformationen (Kapitel 7) detaillierter untersucht. Eine wichtige Anwendung finden konforme Abbildungen in der Strömungslehre. Hierzu gibt Kapitel 8 einige Illustrationen am ausgewählten Beispiel der Jukowski-Funktion.

Moderne benutzerfreundliche Software entlastet nicht nur von mühsamer Rechenarbeit, sondern dient auch als flexibles Mittel zur Veranschaulichung. Das 11. Kapitel gibt eine Einführung, wie die Inhalte dieses Buches mit dem Computeralgebrasystem MAPLE dargestellt und illustriert werden können.

Viele Impulse, wie die mathematische Vielfalt komplexer Zahlen und ihre Vernetzung mit Fragen der Geometrie Studierenden der Lehrämter an Grund-, Haupt- und Realschulen zugänglich gemacht werden können, erhielt ich von meinen Vorgängern Karl-Dieter Klose und Heinrich Wölpert an der Pädagogischen Hochschule Ludwigsburg. Diese Anregungen konnte ich in einer Reihe von Vorlesungen und Seminaren weiter vertiefen. Komplexe Zahlen sind aber nicht nur für die reine Mathematik und Geometrie von zentraler Bedeutung. Viele angewandte Probleme, z. B. zur Beschreibung periodischer Vorgänge oder in der Strömungslehre lassen sich auf relativ einfache Weise im Kontext komplexer Zahlen darstellen und lösen. Daher kann dieses Buch auch als Lektüre für angehende Physiker oder Ingenieurwissenschaftler zur Einführung dienen.

Begleitend zu diesem Buch wurde eine Internetseite eingerichtet, auf der neben Errata, weiteren ergänzenden Beispielen und Illustrationen aktualisierte Internetadressen zu einzelnen Themenbereichen eingesehen werden können. Sie finden diese Seite über die Homepage des Verfassers

http://www.joachimengel.eu

per Mausklick auf das Titelbild dieses Buches.

Heinrich Wölpert gilt mein besonderer Dank für zahlreiche Anregungen, die mich dazu ermutigten, der Welt der komplexen Zahlen und ihrer Verknüpfung mit der Geometrie in der Lehrerausbildung meine Aufmerksamkeit zu schenken. Außerdem danke ich meinen Kolleginnen und Kollegen Sebastian Kuntze, Laura Martignon, Jörg Meyer und Markus Vogel sowie Bianca Watzka und den Studierenden in meinen Seminaren für stetige Ermutigungen und so manche detaillierte Rückmeldungen, die mir halfen, viele Details der in diesem Buch vorgestellten Inhalte und ihre Präsentation zu verbessern.

Ludwigsburg, im März 2009

Vorwort zur 2. Auflage

Das vorliegende Buch wurde sehr positiv aufgenommen, weil es offenbar gelungen ist, eine Lücke auf dem Markt der Lehrmaterialien zu schließen, die den Zusammenhang zwischen komplexen Zahlen und der Elementargeometrie herausstellt. Leider hatten sich in der ersten Auflage eine Reihe von Druckfehlern und kleinen Unstimmigkeiten eingeschlichen, die eine Neuauflage ratsam erscheinen lassen. Ich danke hier insbesondere Herrn Gert von Morzé (Krumpendorf) und Herrn Michael Baum (Holzgerlingen) für viele Hinweise. Im Rahmen der Überarbeitung wurden auch einige Vertiefungen und Ergänzungen z.B. bei der Behandlung von Fraktalen und bei den Möbiustransformationen sowie weitere Übungsaufgaben hinzugefügt.

Ludwigsburg, Januar 2011

Vorwort zur 3. Auflage

Die freundliche Aufnahme der ersten beiden Auflagen hat uns zu einer Neuauflage ermutigt. Uns, d.h. Andreas Fest ist als Koautor hinzugekommen. Neben einigen sprachlichen Anpassungen, erweiterten und verbesserten Graphiken und dem Beseitigen von Druckfehlern (ohne hoffentlich neue hinzuzufügen) zeichnet sich die Neuauflage durch zwei Erweiterungen aus: An vielen Stellen im Buch finden Sie das Cinderella-Icon ⚗. Dies markiert Themen, zu denen Sie auf der Internetseite zum Buch interaktive Grafiken finden, die mit der Geometriesoftware Cinderella bearbeitet werden können. Die dynamische Geometriesoftware Cinderella.2 ist eine vollständige Umgebung für interaktive Geometrie am Computer. Mit wenigen Mausklicks lassen sich komplizierte Konstruktionen einfach zeichnen. Viele der Darstellungen im Buch sind mit Cinderella erstellt. Cinderella rechnet intern mit komplexen Koordinaten, was einen ganzheitlichen Zugang zu unterschiedlichen *Geometrien* erlaubt. Damit ist auch die zweite

Erweiterung in dieser Neuauflage motiviert: In Kapitel 9 findet sich eine knappe Einführung in die Nicht-Euklidische Geometrie. Wir danken Jürgen Richter-Gebert, Ulrich Kortenkamp, Philipp Ullmann sowie Annika Kirsner für wertvolle Anregungen bei der Überarbeitung dieses Buches.

Ludwigsburg, im August 2015

Inhalt

Vorwort —— V

1	**Komplexe Zahlen und ihre geometrische Darstellung** —— **1**	
1.1	Von den natürlichen Zahlen zu den komplexen Zahlen —— 1	
1.2	Die komplexen Zahlen —— 6	
1.3	Rechnen im Körper $(\mathbb{C}, +, \cdot)$ —— 9	
	Aufgaben —— 10	
1.4	Die Gaußsche Zahlenebene —— 12	
1.5	Die Betragsfunktion in $\mathbb{C}$ —— 12	
1.6	Punktmengen in der Gaußschen Zahlenebene —— 16	
	Aufgaben —— 23	
1.7	Polarkoordinatendarstellung —— 24	
1.8	Geometrische Interpretation der Rechenoperationen in $\mathbb{C}$ —— 27	
1.9	Die Formeln von Moivre und Euler —— 29	
1.10	Anwendungen in der Physik: Bewegungen eines Punktes in der Ebene —— 34	
1.11	Spiralen —— 40	
1.12	Komplexe Zahlen und Fraktale —— 45	
	Aufgaben —— 52	
2	**Primzahlen im Komplexen** —— **55**	
2.1	Die Menge der ganzen Gaußschen Zahlen —— 55	
2.2	Norm und Einheiten —— 55	
2.3	Die Gaußschen Primzahlen —— 57	
2.4	Division mit Rest im Ring der ganzen Gaußschen Zahlen —— 59	
2.5	Primfaktorzerlegung in $\mathbb{G}$ —— 60	
	Aufgaben —— 62	
3	**Lösungen algebraischer Gleichungen** —— **63**	
3.1	Quadratwurzeln und quadratische Gleichungen —— 63	
3.2	Allgemeine Wurzeln —— 68	
3.3	Einheitswurzeln: n-te Wurzeln aus der Zahl 1 —— 70	
	Aufgaben —— 75	
3.4	Kubische Gleichungen —— 76	
3.5	Ausblick —— 88	
3.6	Lösungen der Gleichung 4. Grades —— 88	
	Aufgaben —— 90	

4 Fundamentalsatz der Algebra —— 93
- 4.1 Die Problemstellung —— 93
- 4.2 Der Fundamentalsatz der Algebra —— 93
- 4.3 Die Bedeutung des Fundamentalsatzes —— 101
- Aufgaben —— 104

5 Riemannsche Kugel —— 105
- 5.1 Einleitung —— 105
- 5.2 Stereografische Projektion —— 106
- 5.3 Eigenschaften der stereografischen Projektion —— 108
- 5.4 Darstellung einer Funktion auf der Riemannschen Zahlenkugel – ein Beispiel —— 112
- Aufgaben —— 113

6 Komplexe Funktionen —— 115
- 6.1 Begriffsbildung —— 115
- 6.2 Differenzieren von komplexen Funktionen —— 117
- 6.3 Konforme Abbildungen —— 120
- Aufgaben —— 123

7 Gebrochen lineare Funktionen —— 125
- 7.1 Ganze lineare Funktionen —— 126
- 7.2 Die Inversion —— 129
- 7.3 Spiegelung am Kreis und hyperbolische Fraktal-Ornamente —— 135
- 7.4 Kurvenverwandtschaft bei der Inversion $y = 1/z$ —— 137
- 7.5 Gebrochen lineare Funktionen: Möbiustransformationen —— 140
- 7.6 Das Doppelverhältnis —— 146
- 7.7 Normalform der Möbiustransformation mit zwei Fixpunkten —— 147
- 7.8 Möbius-Transformationen auf der Riemannschen Kugel —— 152
- Aufgaben —— 154

8 Die Jukowski-Funktion und die Funktion $w = z^2$ —— 157

9 Nichteuklidische Geometrie —— 163
- 9.1 Euklid und seine Axiome —— 163
- 9.2 Modelle der hyperbolischen Geometrie —— 165
- 9.2.1 Poincarésche Halbebene —— 166
- 9.2.2 Poincarésche Scheibe —— 171
- 9.3 Eigenschaften der hyperbolischen Geometrie —— 173

10 Komplexe Zahlen und dynamische Geometrie —— 177
- 10.1 Die interaktive Geometriesoftware Cinderella.2 —— 177

10.2	Die Programmierschnittstelle von Cinderella —— **180**
10.3	Fraktale —— **183**
10.4	Ganze lineare Funktionen —— **186**

11 Komplexe Zahlen und Konforme Abbildungen mit MAPLE —— 189

Stichwortverzeichnis —— 213

1 Komplexe Zahlen und ihre geometrische Darstellung

Das Lösen von Gleichungen durchzieht nicht nur die gesamte Schulmathematik, sondern hatte auch großen Einfluss auf die historische Entwicklung der Mathematik. Kann man eine Gleichung nicht mit den vorhandenen Zahlen lösen, so definiert man neue Zahlen, die eine Lösung erlauben. Diese Kernidee durchzieht die Geschichte der Algebra vom Altertum bis in die Neuzeit. Hieraus entwickelten sich aus den natürlichen Zahlen zunächst die Bruchzahlen. Die ersten Beweise, dass der Zahlenstrahl irrationale Zahlen enthält, wurden bereits von den Pythagoräern geführt. Hinweise auf die Existenz negativer Zahlen finden sich zwar schon beim griechischen Mathematiker Diophant (um 250 n. Chr.). Da die Mathematik im Altertum jedoch stark vom geometrischen Denken geprägt war, konnte man sich nur Zahlen vorstellen, die eine geometrische Interpretation besaßen. Negative Zahlen und auch die Zahl Null mussten daher lange warten, bis sie in der Mathematik Akzeptanz fanden. Schließlich führten die Inder zwischen 500 und 1200 nach Christus die Zahl Null sowie negative Zahlen ein. In Europa dauerte es sogar bis 1544, als der in Esslingen geborene Michael Stifel in seinem Werk „Arithmetica integra" wesentlich zur Klarstellung der negativen und irrationalen Zahlen beitrug. Imaginäre Zahlen, die man anfangs noch als *eingebildete* Zahlen bezeichnete, wurden zwar auch schon im 16. Jahrhundert eingeführt. Sie wurden lange Zeit aber mit viel Skepsis angesehen, bis ihnen dann im 19. Jahrhundert der „Durchbruch" gelang und sie als in sich konsistentes und herausragendes Darstellungsmittel für algebraische und geometrische Problemstellungen akzeptiert wurden.

1.1 Von den natürlichen Zahlen zu den komplexen Zahlen

Betrachten wir die Menge der natürlichen Zahlen einschließlich der Null $\mathbb{N}_0 = \{0, 1, 2, \ldots\}$ mit der Verknüpfung der Addition $(\mathbb{N}_0, +)$, so sind uns schon seit den ersten Jahren der Schulzeit die wesentlichsten Eigenschaften dieses Zahlbereiches vertraut:

- Die natürlichen Zahlen sind bezüglich der Addition abgeschlossen:
  Für alle $a, b \in \mathbb{N}_0$ gilt $a + b \in \mathbb{N}_0$.
- Die Addition natürlicher Zahlen ist eine assoziative Verknüpfung:
  Für alle $a, b, c \in \mathbb{N}_0$ gilt $(a + b) + c = a + (b + c)$.
- Es gibt ein neutrales Element in $\mathbb{N}_0$ bezüglich der Addition:
  Es existiert ein Element $n \in \mathbb{N}_0$, so dass für alle $a \in \mathbb{N}_0$ gilt $a + n = n + a = a$. Das neutrale Element bezüglich der Addition heißt 0.
- Die Verknüpfung ist kommutativ: Für alle $a, b \in \mathbb{N}_0$ gilt $a + b = b + a$.
- Inverses: Für $a \neq 0$ ist die Gleichung $a + x = 0$ in $\mathbb{N}_0$ nicht lösbar.

Wir stellen somit auch Mängel der Addition natürlicher Zahlen fest:

M 1. *Außer der Null besitzt kein anderes Element in $\mathbb{N}_0$ innerhalb der natürlichen Zahlen ein inverses Element: Zu $a \neq 0$, $a \in \mathbb{N}_0$ existiert kein $a^* \in \mathbb{N}_0$ mit $a + a^* = 0$.*
  Etwas allgemeiner stellen wir fest:
In $(\mathbb{N}_0, +)$ ist eine Gleichung $a + x = b$ nur lösbar für $a \leq b$.

Welche Eigenschaften besitzen die natürlichen Zahlen bezüglich der Multiplikation als Verknüpfung $(\mathbb{N}_0, \cdot)$?
  Es gilt:
- Die natürlichen Zahlen sind abgeschlossen bezüglich der Multiplikation:
  Für alle $a, b \in \mathbb{N}_0$ gilt: $a \cdot b \in \mathbb{N}_0$.
- Die Multiplikation natürlicher Zahlen ist eine assoziative Verknüpfung:
  Für alle $a, b, c \in \mathbb{N}_0$ gilt: $(a \cdot b) \cdot c = a \cdot (b \cdot c)$.
- Innerhalb der natürlichen Zahlen gibt es bezüglich der Multiplikation ein neutrales Element: Es existiert ein Element $e \in \mathbb{N}_0$, so dass für alle $a \in \mathbb{N}_0$ gilt $a \cdot e = e \cdot a = a$. Das neutrale Element bezüglich der Multiplikation heißt 1.
- Die Multiplikation natürlicher Zahlen ist kommutativ. Für alle $a, b \in \mathbb{N}_0$ gilt: $a \cdot b = b \cdot a$.
- Nur zu 1 gibt es ein inverses Element: $1^{-1} = 1$.

Jedoch stellen wir auch bezüglich der Multiplikation Mängel der natürlichen Zahlen fest:

M 2. *In $(\mathbb{N}_0, \cdot)$ ist eine Gleichung $a \cdot x = b$ nur lösbar, wenn b ein Vielfaches von a (bzw. a ein Teiler von b) ist.*

Weitere Rechengesetze regeln die Verbindung von Addition und Multiplikation natürlicher Zahlen. Es gilt das Distributivgesetz. Für alle $a, b, c \in \mathbb{N}_0$ gilt: $a \cdot (b + c) = a \cdot b + a \cdot c$.

Man versucht die Mängel zu beheben, indem man den Zahlbereich erweitert. Dabei sollen alle Rechengesetze erhalten bleiben (**Permanenzprinzip**). Die Behebung von Mangel **M 1** führt auf den Zahlbereich der ganzen Zahlen $\mathbb{Z}$. Welche algebraischen Eigenschaften charakterisieren die ganzen Zahlen?
- Zu jedem Element $a \in \mathbb{Z}$ gibt es ein inverses Element bzgl. der Addition $-a$.
- Jede Gleichung $a + x = b$ mit $a, b \in \mathbb{Z}$ ist in $\mathbb{Z}$ lösbar.
  Die Lösung lautet $x = (-a) + b$.
- $(\mathbb{Z}, +)$ ist eine kommutative Gruppe.
- Der zweite Mangel **M 2** der natürlichen Zahlen bleibt jedoch auch bei den ganzen Zahlen bestehen. Außer den Elementen 1 und -1 haben ganze Zahlen kein Inverses bezüglich der Multiplikation innerhalb der Menge der ganzen Zahlen. Von seiner algebraischen Struktur ist $(\mathbb{Z}, +, \cdot)$ ein Ring, aber kein Körper.

Die Beseitigung von Mangel **M 2** führt zu den rationalen Zahlen

$$\mathbb{Q} = \left\{\frac{p}{q} \bigg| p \in \mathbb{Z}, q \in \mathbb{Z} \setminus \{0\}\right\}.$$

Es gelten die Inklusionen

$$\mathbb{N}_0 \subset \mathbb{Z} \subset \mathbb{Q}.$$

Die rationalen Zahlen haben folgende algebraische Eigenschaften:
- Zu jedem $a \in \mathbb{Q}$, $a = \frac{p}{q} \neq 0$ gibt es ein inverses Element bzw. der Multiplikation: $a^{-1} = \frac{q}{p}$ (Kehrwert).
- Jede Gleichung $a \cdot x = b$ mit $a, b \in \mathbb{Q}$, $a \neq 0$ ist in $\mathbb{Q}$ lösbar. Die Lösung lautet $x = a^{-1} \cdot b$.
- $(\mathbb{Q}, +)$ ist eine kommutative Gruppe. Ebenso ist $(\mathbb{Q}\setminus\{0\}, \cdot)$ eine kommutative Gruppe. Es gilt das Distributivgesetz. Damit ist $(\mathbb{Q}, +, \cdot)$ ein Körper. Seine Zahlen sind die endlichen und (gemischt-)periodischen Dezimalbrüche.

Alternativ – und so entspricht es sowohl der historischen Entwicklung wie auch den meisten Schulcurricula – hätte man sich auch zuerst auf die Beseitigung von Mangel M 2 und anschließend auf M 1 konzentrieren können. Dann führt die erste Zahlbereichserweiterung von den natürlichen Zahlen $\mathbb{N}_0$ auf die Bruchzahlen $\mathbb{B}$ und schließlich zu den rationalen Zahlen $\mathbb{Q}$.

Allerdings haben auch die rationalen Zahlen Mängel:

M 3. *Viele nicht-lineare Gleichungen haben keine Lösung, z. B. $x^2 = 2$. Die Lösungen $\sqrt{2}, -\sqrt{2}$ sind irrational.*

M 4. *Die Werte von trigonometrischen Funktionen und Logarithmen sind meist irrational.*

M 5. *Wichtige Zahlen wie e und π sind irrational.*

M 6. *Es gibt Folgen von rationalen Zahlen, die keinen rationalen Grenzwert haben, z. B. $1, 1 - \frac{1}{3}, 1 - \frac{1}{3} + \frac{1}{5}, 1 - \frac{1}{3} + \frac{1}{5} - \frac{1}{7} \longrightarrow \frac{\pi}{4}$ (Gottfried Wilhelm Leibniz, 1646–1716). Eine Infinitesimalrechnung ist deshalb in $\mathbb{Q}$ nicht möglich.*

Die Beseitigung der Mängel **M 3**–**M 6** führt zu den reellen Zahlen $\mathbb{R} = \mathbb{Q} \cup \mathbb{I}$, wobei $\mathbb{I}$ die Menge der irrationalen Zahlen bezeichnet. Man beachte, dass eine alleinige Behebung von Mangel **M 3** „nur" zu den algebraischen Zahlen führt, d. h. denjenigen Zahlen, die als Lösungen algebraischer Gleichungen bzw. als Nullstellen von Polynomen mit rationalen Koeffizienten auftreten. Transzendente Zahlen wie die Kreiszahl π oder die Eulerzahl e erhält man erst durch Einschluss aller Grenzwerte von sog. Cauchy-Folgen in $\mathbb{Q}$. Wir haben somit folgende Inklusionen:

$$\mathbb{N} \subset \mathbb{Z} \subset \mathbb{Q} \subset \mathbb{R}.$$

Die reellen Zahlen haben folgende Eigenschaften:
- $(\mathbb{R}, +, \cdot)$ ist ein Körper. Seine Zahlen sind die endlichen und unendlichen **Dezimalbrüche**.
- $\mathbb{R}$ heißt **vollständig**, weil jede Intervallschachtelung in $\mathbb{R}$ wieder eine reelle Zahl einschließt.
- $\mathbb{R}$ heißt **angeordnet**, weil folgende Axiome gelten:
    1. Trichotomie: Für alle $a, b \in \mathbb{R}$ gilt genau eines: $a > b$, $a = b$ oder $a < b$.
    2. Transitivität: Für alle $a, b, c \in \mathbb{R}$ gilt: aus $a > b$ und $b > c$ folgt $a > c$.
    3. Monotonie der Addition: Aus $a > b$ folgt $a + c > b + c$.
    4. Monotonie der Multiplikation: Aus $a > b$ und $c > 0$ folgt $a \cdot c > b \cdot c$.
- Die reellen Zahlen können als Punkte auf der Zahlengeraden dargestellt werden.

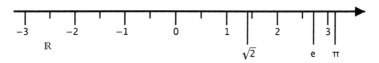

Abb. 1.1: Zahlenstrahl

- Obwohl $\mathbb{R}$ vollständig ist, hat $\mathbb{R}$ auch einen offensichtlichen Mangel: Es können nicht alle Gleichungen gelöst werden, z. B. quadratische Gleichungen.

Beispiel 1.1.
(a) Die Gleichung
$$x^2 - x - 2 = 0$$
hat als Lösung
$$x_{1,2} = \frac{1}{2} \pm \sqrt{\frac{1}{4} + 2} = \frac{1}{2} \pm \frac{3}{2}, \quad \text{d. h.} \quad x_1 = 2, x_2 = -1;$$
Probe (nach Satz von Vieta):
$$-(x_1 + x_2) = -(2 - 1) = -1, \, x_1 \cdot x_2 = -2.$$
Allgemein gilt:
$$x^2 + px + q = 0 \Rightarrow x_{1,2} = -\frac{p}{2} \pm \sqrt{\left(\frac{p}{2}\right)^2 - q}.$$
Dann sagt der Satz von Vieta:
$$x_1 + x_2 = -p, \quad x_1 \cdot x_2 = q.$$
Über die Anzahl der reellen Lösungen entscheidet die Diskriminante
$$D = \left(\frac{p}{2}\right)^2 - q.$$
Ist $D > 0$, so gibt es zwei reelle Lösungen. Im Fall $D = 0$ existiert eine, und falls $D < 0$ gibt es gar keine reelle Lösung.

(b) Die Gleichung des Goldenen Schnitts
$$x^2 - x - 1 = 0$$
hat als Lösung:
$$x_1 = \frac{1+\sqrt{5}}{2} \approx 1,618\ldots, \quad x_2 = \frac{1-\sqrt{5}}{2} \approx -0,618\ldots.$$

(c) Die Gleichung
$$x^2 - x + 1 = 0$$
führt auf
$$x_{1,2} = \frac{1}{2} \pm \sqrt{\frac{1}{4} - 1} = \frac{1}{2} \pm \frac{1}{2}\sqrt{-3},$$
was jedoch keine reelle Zahl sein kann, da Quadrate reeller Zahlen niemals negativ sind. Formal erfüllen jedoch die Lösungen
$$x_{1,2} = \frac{1}{2} \pm \frac{1}{2}\sqrt{-3}$$
die Bedingungen des Satzes von Vieta. Denn es gilt:
$$-(x_1 + x_2) = -1, \quad x_1 \cdot x_2 = 1,$$
d. h. die Probe nach Vieta klappt!!

Die reellen Lösungen quadratischer Gleichungen lassen sich geometrisch als Schnittpunkte von Normalparabel und bestimmten Geraden veranschaulichen: In Abbildung 1.2 sind die Normalparabel und verschiedene Geraden dargestellt. Der Schnittpunkt (genauer die Abszisse) von der Normalparabel mit der Geraden $y = x + 2$ stellt

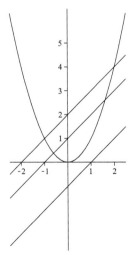

Abb. 1.2: Veranschaulichung der Lösung quadratischer Gleichungen als Schnittpunkt von Normalparabel und Geraden

die Lösung aus Beispiel 1.1(a) dar, der Schnittpunkt mit $y = x + 1$ die Lösung von Beispiel 1.1(b). Jedoch hat die Parabel keine Schnittpunkte mit der Geraden $y = x - 1$ (Beispiel 1.1(c)).

Für welche Geraden $y = x + a$ fallen die Lösungen zusammen?

$$x^2 - x - a = 0, \quad D = 1/4 + a = 0 \Rightarrow a = -1/4.$$

Die Unlösbarkeit vieler quadratischer Gleichungen in $\mathbb{R}$ führt uns zu den komplexen Zahlen.

1.2 Die komplexen Zahlen

Die einfachste Gleichung, die in $\mathbb{R}$ nicht lösbar ist, lautet:

$$x^2 + 1 = 0, \text{ d. h. } x^2 = -1.$$

Das Quadrat einer Zahl $a \in \mathbb{R}$ ist nie negativ! Leonhard Euler (1707–1783) führte eine neue „Zahl" i ein, die diese Gleichung löst:

$$i^2 = -1.$$

Der Name imaginäre Einheit für die neue Zahl i geht auf René Descartes (1596–1650) zurück. Man rechnete schon lange vor Descartes und Euler mit Wurzeln aus negativen Zahlen. Sie wurden als „eingebildete Zahlen" (*numeri imaginarii*) bezeichnet. Die Lösungen der dritten Gleichung (Beispiel 1.1c) $x^2 - x + 1 = 0$ lauten dann mit

$$\sqrt{-3} = \sqrt{3 \cdot (-1)} = \sqrt{3} \cdot \sqrt{-1} = \sqrt{3}i$$

$$x_1 = \frac{1}{2} + \frac{1}{2}\sqrt{3}i \quad \text{und} \quad x_2 = \frac{1}{2} - \frac{1}{2}\sqrt{3}i.$$

Definition 1.1. Ein Ausdruck der Form $z = a + bi$, $a, b \in \mathbb{R}$ heißt **komplexe Zahl**. a heißt der **Realteil**, b der **Imaginärteil** von z : $Re(z) = a$, $Im(z) = b$. Die Menge aller komplexen Zahlen wird mit $\mathbb{C}$ notiert.

Abb. 1.3: Euler

- Gleichheit:
Zwei komplexe Zahlen heißen gleich, wenn sie in Realteil und Imaginärteil übereinstimmen
$$a + bi = c + di \Leftrightarrow a = c \quad \text{und} \quad b = d.$$
- Addition:
Zwei komplexe Zahlen werden addiert, indem Realteil und Imaginärteil addiert werden
$$z_1 + z_2 = (a + bi) + (c + di) = (a + c) + (b + d)i.$$
(Hier wurde die Assoziativität und die Kommutativität für + verwendet).
- Multiplikation:
$$\begin{aligned} z_1 \cdot z_2 &= (a + bi) \cdot (c + di) \\ &= ac + adi + bci + bdi^2 \quad \text{(Distributivität)} \\ &= (ac - bd) + (ad + bc)i \quad \text{(Kommutativität, Assoziativität)}. \end{aligned}$$

Die Einführung der komplexen Zahlen ist historisch so geschehen. Das Vorgehen ist aber problematisch. Man kann nicht einfach eine neue Zahl mit bestimmten Eigenschaften (wie i mit $i^2 = -1$) einführen und erwarten, dass alles klappt. Dazu ein illustratives

Beispiel 1.2. In $\mathbb{R}$ gibt es bekanntlich zu 0 kein Inverses 0^{-1} bezüglich der Multiplikation. Durch 0 darf man (genauer: *kann man*) nicht teilen, wie jeder Schüler lernt. Um diesen Mangel zu überwinden, führen wir eine neue Zahl j ein mit $j = 0^{-1}$, d. h.
$$0 \cdot j = 1.$$
Als Konsequenz ergibt sich (die üblichen Rechenregeln sollen dann auch für das Rechnen mit der neuen Zahl j gelten) einerseits
$$(0 + 0) \cdot j = 0 \cdot j = 1 \quad \text{(Addition in der Klammer)}$$
und anderseits
$$(0 + 0) \cdot j = 0 \cdot j + 0 \cdot j = 1 + 1 = 2 \quad \text{(Distributivgesetz)},$$
also folgt in $\mathbb{R}$: 1=2, Widerspruch!

Wie kann man nachweisen, dass die Einführung von i auf keinen Widerspruch führt? Man geht analog vor wie bei der Erweiterung von den natürlichen Zahlen $\mathbb{N}$ zu den Bruchzahlen $\mathbb{B}$ oder von $\mathbb{N}$ nach $\mathbb{Z}$, d. h. wie bei der Einführung der Bruchzahlen nach dem Äquivalenzklassenkonzept. Man verwendet geordnete Zahlenpaare und definiert geeignete Verknüpfungen. Für Zahlenpaare muss man nun nachrechnen, dass alle Gesetze gelten. Die Widerspruchsfreiheit überträgt sich dann auf den neuen Zahlbereich:
$$z = a + bi, \quad a, b \in \mathbb{R}$$
wird als Paar geschrieben: $z = (a, b)$. Eine komplexe Zahl ist (zunächst) ein geordnetes Paar $z = (a, b)$ reeller Zahlen.

Wir definieren für $z_1 = (a, b)$, $z_2 = (c, d)$

Addition: $z_1 + z_2 = (a, b) \underbrace{\oplus}_{\text{Add. in } \mathbb{C}} (c, d) = \underbrace{(a + c, b + d)}_{\text{Add. in } \mathbb{R}}$

Multiplikation: $z_1 \cdot z_2 = (a, b) \underbrace{\odot}_{\text{Mult. in } \mathbb{C}} (c, d) = \underbrace{(a \cdot c - b \cdot d, a \cdot d + b \cdot c)}_{\text{Add., Subtr., Mult. in } \mathbb{R}}.$

Die Abgeschlossenheit von $\mathbb{C}$ bezüglich $\oplus$ und $\odot$ ist somit erfüllt. Nachzuprüfen sind noch Assoziativität, Kommutativität und Distributivität, welche aus der komponentenweisen Anwendung der Rechengesetze in $\mathbb{R}$ folgen (vgl. Aufgabe **1.2**). Neutrales Element bezüglich

$\oplus$ ist $(0, 0)$: $(a, b) \oplus (0, 0) = (a + 0, b + 0) = (a, b)$

$\odot$ ist $(1, 0)$: $(a, b) \odot (1, 0) = (a \cdot 1 - b \cdot 0, a \cdot 0 + b \cdot 1) = (a, b).$

Was ist das inverse Element von $(a, b) \neq (0, 0)$ bezüglich $\oplus$ und bezüglich $\odot$? Wir machen den Ansatz

$$(x, y) \oplus (a, b) = (0, 0)$$

und sehen, dass diese Gleichung genau dann erfüllt ist, wenn $x = -a$, $y = -b$, während

$$(x, y) \odot (a, b) = (1, 0)$$

genau dann gilt, falls

$$xa - yb = 1, \quad xb + ya = 0,$$

was wiederum gelöst wird von

$$x = \frac{a}{a^2 + b^2}, \quad y = -\frac{b}{a^2 + b^2}.$$

Man beachte, dass wegen $(a, b) \neq 0$ stets $a^2 + b^2 > 0$ ist.

Schließlich betten wir die reellen Zahlen in die Menge der neu definierten Objekte, die komplexen Zahlen, ein. Dazu beobachten wir zunächst, dass die Paare mit dem Imaginärteil 0 eine bezüglich Addition und Multiplikation abgeschlossene Teilmenge von $\mathbb{C}$ bilden.

$$(a, 0) \oplus (c, 0) = (a + c, 0), (a, 0) \odot (c, 0) = (a \cdot c, 0).$$

Wir setzen $(a, 0) = a$ (analog zu dem bei der Einführung der Bruchrechnung üblichen $\frac{3}{1} = 3$). Damit ist $\mathbb{R} \subset \mathbb{C}$. Es gilt

$$(0, 1) \odot (0, 1) = (0 \cdot 0 - 1 \cdot 1, 0 \cdot 1 + 1 \cdot 0) = (-1, 0) = -1,$$

also ist $(0, 1)$ die Zahl, deren Quadrat -1 ist. Wir setzen $(0, 1) = i$.

Mit $(0, b) = (b, 0) \odot (0, 1)$ ergibt sich schließlich

$$(a, b) = (a, 0) \oplus (0, b) = a + b \cdot i.$$

Damit ist gezeigt, dass die Einführung von i zulässig ist und auf keinen Widerspruch führt.

Satz 1. *Mit $\mathbb{C}_0 = \{(x, 0) \mid x \in \mathbb{R}\}$ gilt*

$$(\mathbb{C}_0, \oplus, \odot) \underset{\text{isomorph}}{\cong} (\mathbb{R}, +, \cdot).$$

Der Isomorphismus ist die Abbildung $f(x, 0) = x$. f ist bijektiv und operationstreu, d. h. $f((x, 0) \oplus (y, 0)) = f(x+y, 0) = x+y = f(x, 0) + f(y, 0)$ und $f((x, 0) \odot (y, 0)) = f(x \cdot y, 0) = x \cdot y = f(x, 0) \cdot f(y, 0)$.

Da wegen der Isomorphie zwischen $\mathbb{R}$ und $\mathbb{C}_0$ die Addition $\oplus$ in $\mathbb{C}$ die Addition $+$ in $\mathbb{R}$ fortsetzt, schreiben wir für $\oplus$ der Einfachheit halber $+$, ebenso notieren wir auch die Multiplikation $\odot$ in $\mathbb{C}$ mit $\cdot$.

Damit ist gezeigt, dass die Einführung der komplexen Zahlen widerspruchsfrei möglich ist. Die „neue Welt" der komplexen Zahlen ist also in Ordnung, allerdings mit einer Einschränkung. Bei der Erweiterung von $\mathbb{R}$ nach $\mathbb{C}$ geht die Anordnung verloren. Für 0 und i gilt weder $0 < i$ noch $0 = i$ noch $0 > i$. Nehmen wir nämlich an, dass die imaginäre Einheit positiv sei, d. h. $i > 0$, so führt die Multiplikation mit i zu einem Widerspruch

$$-1 = i^2 = i \cdot i > 0 \cdot i = 0,$$

weil ja die Multiplikation mit einer positiven Zahl (hier i, da ja nach Voraussetzung $i > 0$ ist) die Ungleichung erhält. Nehmen wir andererseits an, dass i negativ sei, also $i < 0$, so folgt wiederum durch Multiplikation mit der jetzt als negativ angenommenen Zahl i ein Widerspruch

$$-1 = i^2 = i \cdot i > 0 \cdot i = 0,$$

d. h. $-1 > 0$. Schließlich führt auch die dritte Möglichkeit $i = 0$ auf ein unsinniges Ergebnis, da die Multiplikation mit i zu $-1 = 0$ führt. Wir halten also fest: Die imaginäre Einheit und somit alle komplexen Zahlen mit von Null verschiedenem Imaginärteil sind weder positiv noch negativ. Eine Anordnung komplexer Zahlen ist nicht möglich. Wir fassen zusammen:

Satz 2. *$(\mathbb{C}, \oplus, \odot)$ ist ein Körper, allerdings kein angeordneter Körper.*

Übrigens bildet $\mathbb{C}$ auch einen Vektorraum über $\mathbb{R}$. Die Dimension dieses Vektorraums ist zwei. Eine Basis ist durch und 1 und i gegeben.

1.3 Rechnen im Körper $(\mathbb{C}, +, \cdot)$

Beispiel 1.3. Es sei $z_1 = 5 + 2i$, $z_2 = 3 - 4i$. Dann ist

$$z_1 + z_2 = (5 + 2i) + (3 - 4i) = 5 + 3 + (2 - 4)i = 8 - 2i$$
$$z_1 - z_2 = (5 + 2i) - (3 - 4i) = 5 - 3 + (2 + 4)i = 2 + 6i.$$

Inverses Element bezüglich der Addition zu z_2 ist $-z_2 = -3 + 4i$, denn

$$z_2 + (-z_2) = (3 - 4i) + (-3 + 4i) = 0 + 0i = 0.$$

Für die Multiplikation und Division ergibt sich

$$z_1 \cdot z_2 = (5+2i) \cdot (3-4i) = 23 - 14i$$

$$\frac{z_1}{z_2} = \frac{5+2i}{3-4i} = \frac{(5+2i)\cdot(3+4i)}{(3-4i)\cdot(3+4i)} = \frac{15-8+(20+6)i}{9-16i^2} = \frac{7+26i}{25}$$

In dem Beispiel der Division war es hilfreich, den Nenner reell zu machen, in dem der Bruch $\frac{a+bi}{c+di}$ mit $(c-di)$ erweitert wird. Diese Operation wird an vielen Stellen wieder hilfreich sein und soll deshalb hier als besondere Operation in $\mathbb{C}$ eingeführt werden.

Definition 1.2. Die beiden Zahlen $z = a+bi$ und $\overline{z} = a-bi$ heißen **konjugiert komplex** zueinander (conjungere = verbinden).

Eigenschaften von konjugiert komplexen Zahlen $z = a + bi$:
- $\overline{\overline{z}} = \overline{(\overline{z})} = \overline{a-bi} = a+bi = z$
- $z + \overline{z} = (a+bi) + (a-bi) = 2a = 2\mathrm{Re}(z)$
- $z - \overline{z} = 2i \, \mathrm{Im}(z)$
- $z \cdot \overline{z} = a^2 + b^2 \in \mathbb{R}$
- $\frac{1}{z} = \frac{\overline{z}}{z \cdot \overline{z}} = \frac{a-bi}{a^2+b^2}$
- $\frac{z}{\overline{z}} = \frac{a+bi}{a-bi} = \frac{(a+bi)\cdot(a+bi)}{(a-bi)\cdot(a+bi)} = \frac{a^2-b^2+2abi}{a^2+b^2}$
- $\overline{\frac{z}{\overline{z}}} = \frac{a^2-b^2-2abi}{a^2+b^2}$, es ist also $\overline{\left(\frac{z}{\overline{z}}\right)} = \frac{\overline{z}}{z}$
- $\overline{z_1 \cdot z_2} = \overline{z_1} \cdot \overline{z_2}$
- $\overline{z_1 + z_2} = \overline{z_1} + \overline{z_2}$

Satz 3. *Die Abbildung $k : z \to \overline{z}$ ist ein Automorphismus von $(\mathbb{C}, +, \cdot)$, d.h. k ist ein strukturerhaltender Isomorphismus von $\mathbb{C}$.*

Zum Beweis siehe Aufgabe 1.3.

Aufgaben

1.1 Informieren Sie sich in der Literatur über die Zahlbereichserweiterung von den natürlichen Zahlen zu den Bruchzahlen. Welche mathematischen Ansätze gibt es hier? Erarbeiten Sie sich das Äquivalenzklassenkonzept zur Einführung von Brüchen. Wie sind dabei Brüche definiert? Wie sind Addition und Multiplikation definiert? Worauf muss man bei den Definitionen der Rechenoperationen besonders achten?

1.2 (a) Weisen Sie die Assoziativität der Multiplikation im Komplexen nach, d.h. die Operation $\odot$ auf $\mathbb{R}^2$ gegeben durch $(a, b) \odot (c, d) = (ac - bd, ad + bc)$ ist assoziativ.
(b) Weisen Sie das Distributivgesetz für $\odot$ und $\oplus$ auf $\mathbb{R}^2$ nach.

(c) Bei der Einführung der Multiplikation in $\mathbb{R}^2$ wäre es naheliegend, folgende Definition zu verwenden:
$$(a, b) \otimes (c, d) = (a \cdot c, b \cdot d).$$
Worin liegt das Problem mit dieser Multiplikation $\otimes$ auf $\mathbb{R}^2$?

1.3 Zeigen Sie: Die Abbildung
$$k : \mathbb{C} \longrightarrow \mathbb{C}$$
$$z \mapsto \bar{z}$$
ist ein Automorphismus von $(\mathbb{C}, +, \cdot)$.

1.4 Berechnen Sie für $z_1 = 2 + i$, $z_2 = 3 - 2i$ und $z_3 = -\frac{1}{2} + \frac{\sqrt{3}}{2}i$:
(a) $3z_1 - 4z_2$ (b) $z_1^3 - 3z_1^2 + 4z_1 - 8$ (c) $(\overline{z_3})^4$

1.5 Berechnen Sie (für $n = 2, 3, 4, \ldots$ in (d), (e), (f))
(a) $\dfrac{3 - 2i}{-1 + i}$ (b) $\dfrac{5+5i}{3-4i}$ (c) $\dfrac{3i^{30}-i^{19}}{2i-1}$ (d) i^n
(e) $(-i)^n$ (f) $(1+i)^n$ (g) $\left[\frac{1}{2}\sqrt{2}(1+i)\right]^n$, $n = 1, \ldots, 10$
(h) $\left(-\frac{1}{2} - \frac{i}{2}\sqrt{3}\right)^3$

1.6 Zeigen Sie die Gültigkeit folgender Aussagen:
(a) z ist genau dann eine reelle Zahl, wenn $z = \bar{z}$.
(b) z ist genau dann eine rein imaginäre Zahl, wenn $z = -\bar{z}$.
(c) $z = 0$ genau dann, wenn $z\bar{z} = 0$.

1.7 Prüfen Sie, ob die Menge der rein imaginären Zahlen einen Körper bildet.

1.8 Zeigen Sie, dass die Abbildung φ ein Isomorphismus zwischen der Menge der komplexen Zahlen und der Menge $\mathcal{M}_\mathbb{R}$ von (2,2)-Matrizen ist:
$$\varphi : \mathbb{C} \longrightarrow \mathcal{M}_\mathbb{R} = \left\{ \begin{pmatrix} a & -b \\ b & a \end{pmatrix} \mid a, b, \in \mathbb{R} \right\}$$
$$z = a + bi \mapsto \begin{pmatrix} a & -b \\ b & a \end{pmatrix}$$

1.4 Die Gaußsche Zahlenebene

Die reellen Zahlen füllen die Zahlengerade vollständig aus. Die Darstellung komplexer Zahlen in der Form $z = x + yi = (x, y)$ legt es nahe, einer komplexen Zahl z den Punkt $P(x, y)$ in einem x, y-Koordinatensystem zuzuordnen. Den Punkt bezeichnen wir mit z. Jeder komplexen Zahl z kann der Vektor $\vec{OZ}$ zugeordnet werden, den wir auch z nennen. Die Addition von komplexen Zahlen entspricht dann der Addition der zugeordneten Vektoren (Parallelogrammregel, siehe Abbildung 1.4). Addition und Subtraktion erfolgen komponentenweise. Sei z. B. $z_1 = 3 + 2i, z_2 = -2 + i$, dann ist

$$z_3 = z_1 + z_2 = 1 + 3i$$
$$z_4 = z_1 - z_2 = 5 + i.$$

Die vertikale Achse der Gaußschen Ebene $\{z|z = iy, y \in \mathbb{R}\}$ heißt **imaginäre Achse**, die horizontale Achse $\{z|z = x, x \in \mathbb{R}\}$ heißt **reelle Achse**.

Die **Gaußsche Zahlenebene** ist die in die Ebene ausgebreitete komplexe Zahlengerade. An jeder reellen Zahl a hängen die komplexen Zahlen $z = a + yi, y \in \mathbb{R}$, auf der dazugehörigen imaginären Gerade. Wegen $i^2 = -1$ lässt sich die Anordnung nicht auf die komplexen Zahlen ausdehnen. Der Übergang von z zu $\bar{z}$ bedeutet eine Spiegelung an der reellen Achse, siehe Abbildung 1.5.

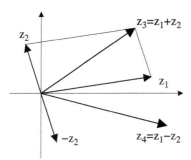

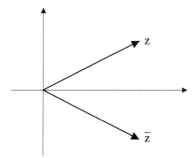

Abb. 1.4: Addition komplexer Zahlen

Abb. 1.5: Komplexe Zahl und die zu ihr konjugiert komplexe Zahl

1.5 Die Betragsfunktion in $\mathbb{C}$

Der Betrag einer reellen Zahl ist der Abstand der Zahl von der Null auf dem Zahlenstrahl. Dieser Begriff lässt sich auch auf die Zahlenebene übertragen.

Definition 1.3. Die (euklidische) Länge des Vektors z heißt sein **Betrag** $|z|$. Die Abbildung der Gaußschen Ebene, die jeder komplexen Zahl $z = a + bi$ ihren Betrag zuordnet, heißt **Betragsfunktion**

$$\beta : z \longrightarrow |z| = |a + bi| = \sqrt{a^2 + b^2} \quad \text{(Satz des Pythagoras)}$$

Satz 4. $|z|^2 = z \cdot \overline{z}$ oder $|z| = \sqrt{z \cdot \overline{z}}$ und $|\overline{z}| = |z| = |-z| = |-\overline{z}|$.

Beweis als Übung.

Beispiel 1.4.
- $|3 + 2i| = \sqrt{9 + 4} = \sqrt{13} \approx 3,6$
- $|1 - i| = \sqrt{1 + 1} = \sqrt{2}$
- $|-\frac{1}{2} + \frac{1}{2}\sqrt{3}i| = \sqrt{\frac{1}{4} + \frac{3}{4}} = 1$.

Die Zahl $z = -\frac{1}{2} + \frac{1}{2}\sqrt{3}i$ liegt somit auf dem Einheitskreis, da $|z| = 1$. Der Zusammenhang zwischen der Betragsfunktion und der Beschreibung von Punktmengen in der Gaußschen Zahlenebene wird im folgenden Abschnitt 1.6 ausführlicher behandelt.

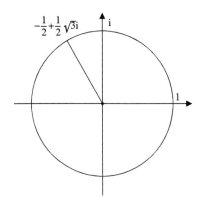

Abb. 1.6: Zahl auf dem Einheitskreis

Satz 5. *Die Betragsfunktion ist mit der Multiplikation und Division verträglich:*
- $|z_1 \cdot z_2| = |z_1| \cdot |z_2|$
- $\left|\frac{z_1}{z_2}\right| = \frac{|z_1|}{|z_2|}$
- *Die Betragsfunktion $\beta : z \longrightarrow |z|$ ist ein Gruppenhomomorphismus von $(\mathbb{C}, \cdot)$ auf $(\mathbb{R}_0^+, \cdot)$.*

Beweis als Übung.

Beispiel 1.5. Es seien $z_1 = 15 + 8i$, $z_2 = -5 + 12i$, dann ist

$$|z_1| = \sqrt{225 + 64} = \sqrt{289} = 17,$$
$$|z_2| = \sqrt{25 + 144} = \sqrt{169} = 13.$$

Bei diesem Beispiel bleiben wir im ganzzahligen Bereich, da 8, 15, 17 sowie 5, 12, 13 *pythagoreische* Zahlentripel sind, d. h. Zahlen a, b, c mit $a^2 + b^2 = c^2$.

$$z_1 \cdot z_2 = -75 + 180i - 40i - 96 = -171 + 140i$$
$$|z_1 \cdot z_2| = \sqrt{171^2 + 140^2} = \sqrt{29241 + 19600} = \sqrt{48841} = 221.$$

Ist die Betragsfunktion mit der Addition verträglich?

Es seien $z_1 = 2 + i$, $z_2 = 1 + 3i$. Dann ist

$$|z_1| = \sqrt{5}, |z_2| = \sqrt{10},$$

und

$$z_1 + z_2 = 3 + 4i, \text{ d. h. } |z_1 + z_2| = 5,$$

während

$$\sqrt{5} + \sqrt{10} \approx 2,23 + 3,26 = 5,39,$$

also $\sqrt{5} + \sqrt{10} > 5$.

Satz 6. *Für $z_1, z_2 \in \mathbb{C}$ gilt:*
(a) $|z_1 + z_2| \leq |z_1| + |z_2|$.

*Diese Gleichung ist auch als **Dreiecksungleichung** bekannt: In jedem Dreieck ist die Summe von zwei Seitenlängen größer als die Länge der dritten Seite. Gleichheit gilt genau dann, wenn $z_1 = k \cdot z_2$ für ein $k \in \mathbb{R}$.*
(b) $|z_2 - z_1| \geq |z_2| - |z_1|$.

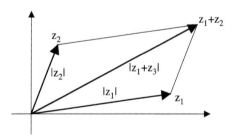

Abb. 1.7: Dreiecksungleichung

Beweis. (a) Es sei $z_1 = a_1 + ib_1$, $z_2 = a_2 + ib_2$. Dann ist $|z_1 + z_2|^2 = (a_1 + a_2)^2 + (b_1 + b_2)^2$. Es ist zu zeigen, dass

$$(a_1 + a_2)^2 + (b_1 + b_2)^2 \leq a_1^2 + b_1^2 + a_2^2 + b_2^2 + 2\sqrt{(a_1^2 + b_1^2)(a_2^2 + b_2^2)}.$$

Dies ist äquivalent zu

$$a_1 a_2 + b_1 b_2 \le \sqrt{(a_1^2 + b_1^2)(a_2^2 + b_2^2)}$$
$$\Leftrightarrow \quad a_1^2 a_2^2 + 2 a_1 a_2 b_1 b_2 + b_1^2 b_2^2 \le a_1^2 a_2^2 + a_1^2 b_2^2 + b_1^2 a_2^2 + b_1^2 b_2^2$$
$$\Leftrightarrow \quad 2 a_1 a_2 b_1 b_2 \le a_1^2 b_2^2 + b_1^2 a_2^2$$
$$\Leftrightarrow \quad 0 \le (a_1 b_2 - b_1 a_2)^2.$$

Letzteres ist immer erfüllt, da Quadrate reeller Zahlen niemals negativ sind. Gleichheit gilt genau wenn $a_1 b_2 = b_1 a_2$. Ist $a_1 = 0$, so folgt, dass entweder $b_1 = 0$ und somit $z_1 = 0$ oder $a_2 = 0$ und somit z_1 und z_2 rein imaginär. Im ersten Fall gilt $z_1 = k \cdot z_2$ mit $k = 0$, im zweiten Fall mit $k = b_1/b_2$.

Ist $a_1 \ne 0$, so ist $b_2 = b_1/a_1 \cdot a_2$ und somit

$$z_1 = a_1 + i b_1 = \frac{a_1}{a_2}(a_2 + i b_2) = k \cdot z_2$$

mit $k = a_1/a_2$.

Zum Beweis von (b) setze man $w_1 = z_2 - z_1$, $w_2 = z_1$ und erhält bei Anwendung von (a) auf w_1, w_2

$$|w_1 + w_2| \le |w_1| + |w_2|,$$

das heißt

$$|z_2| \le |z_2 - z_1| + |z_1|,$$

woraus die Behauptung unmittelbar folgt. $\square$

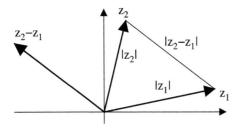

Abb. 1.8: Der Betrag einer Differenz ist größer oder gleich der Differenz der Beträge

$|z_2 - z_1|$ gibt den Abstand der Punkte z_1 und z_2 in der Zahlenebene an. Die geometrische Aussage dieser Ungleichung lautet: In jedem Dreieck ist die Länge einer Seite größer als die Differenz der anderen beiden Seitenlängen.

Der Betrag einer komplexen Zahl z lässt sich auch mit Hilfe der konjugiert komplexen Zahl $\bar{z}$ ausdrücken. Es sei $z = x + yi$. Dann ist

$$|z| = \sqrt{x^2 + y^2}$$

und

$$|z|^2 = (x + yi) \cdot (x - yi) = z \cdot \bar{z}.$$

1.6 Punktmengen in der Gaußschen Zahlenebene

Gesucht sind alle Punkte $z = x + yi$, die eine Gleichung oder Ungleichung erfüllen.

1. $|z| \leq 1$:

$$|z| = \sqrt{x^2 + y^2}, \quad \text{also} \quad \sqrt{x^2 + y^2} \leq 1$$
$$\Rightarrow x^2 + y^2 \leq 1$$

Die Lösung ist die Scheibe des Einheitskreises mit Rand.

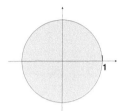

Abb. 1.9: Einheitsscheibe als Lösungsmenge von $|z| \leq 1$

2. $\left|\frac{z-3}{z+1}\right| \geq 1$:

Wir illustrieren drei unterschiedliche Methoden zur Bestimmung der Punktmenge, die dieser Ungleichung genügen.

Methode 1: Beträge ausrechnen
Es ist $\left|\frac{z_1}{z_2}\right| = \frac{|z_1|}{|z_2|}$. Daher suchen wir alle z mit

$$|z - 3| \geq |z + 1|$$
$$|x + yi - 3| \geq |x + yi + 1|$$
$$\sqrt{(x-3)^2 + y^2} \geq \sqrt{(x+1)^2 + y^2}$$
$$x^2 - 6x + 9 + y^2 \geq x^2 + 2x + 1 + y^2$$
$$x \leq 1.$$

Die Lösung ist somit die Halbebene aller Punkte der Gaußschen Zahlenebene, deren Realteil ≤ 1 ist.

Methode 2: Mit Hilfe der konjugiert komplexen Zahlen
Es ist $z \cdot \overline{z} = |z|^2$, daher

$$\left|\frac{z-3}{z+1}\right| \geq 1 \Rightarrow \frac{|z-3|^2}{|z+1|^2} = \frac{(z-3)(\overline{z}-3)}{(z+1)(\overline{z}+1)} \geq 1$$
$$(z-3)(\overline{z}-3) \geq (z+1)(\overline{z}+1)$$
$$z\overline{z} - 3\overline{z} - 3z + 9 \geq z\overline{z} + z + \overline{z} + 1$$
$$8 \geq 4(z + \overline{z}) = 8\,\text{Re}(z)$$
$$\text{Re}(z) \leq 1, \text{ also } x \leq 1.$$

Methode 3: Geometrisch
Die Ungleichung bedeutet: Der Abstand eines Punktes z von $(3,0)$ ist gleich oder größer als der Abstand von $(-1, 0)$. Für gleiche Abstände ergibt sich die Mittelsenkrechte von $(3,0)$ und $(-1, 0)$, d. h. die Gerade $x = 1$.
Insgesamt ergibt sich die Halbebene links von der Geraden $x = 1$.

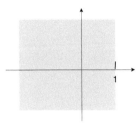

Abb. 1.10: Halbebene als Lösungsmenge

3. $\left|\frac{z-3}{z+3}\right| \leq 2$.

   Wir wenden die 2. Methode mit dem konjugiert Komplexen an:
   $$\left|\frac{z-3}{z+3}\right|^2 = \frac{(z-3)(\bar{z}-3)}{(z+3)(\bar{z}+3)} \leq 4.$$

   Durchrechnen führt auf
   $$|z+5| \geq 4,$$

   d. h. die Lösung ist das Außengebiet des Kreises um $(-5,0)$ mit dem Radius 4. Wir führen einige Punktproben durch:
   $$z_1 = -1: \quad \left|\frac{-1-3}{-1+3}\right| = 2,$$

   d. h. $z = -1$ liegt auf dem Rand.
   $$z_2 = -9: \quad \left|\frac{-9-3}{-9+3}\right| = 2$$

   liegt ebenfalls auf dem Rand.
   $$z_3 = 0: \quad \left|\frac{-3}{+3}\right| \leq 2$$

   liegt im Inneren der Punktmenge.

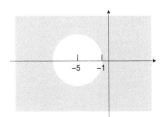

Abb. 1.11: Außengebiet eines Kreises als Lösungsmenge

Was besagt die Gleichung $\left|\frac{z-3}{z+3}\right| = 2$ geometrisch?

Die Lösungsmenge besteht aus allen Punkten, deren Abstand zu 3 doppelt so groß ist wie der Abstand zu −3. Als Lösung haben wir den Kreis um $(-5, 0)$ mit Radius 4 errechnet. Wir haben somit eine bemerkenswerte Charakterisierung eines Kreises gefunden, die zu Ehren des griechischen Mathematikers Apollonius von Perge (262–190 v. Chr.) benannt ist:

Satz 7 (Satz des Apollonius). *Alle Punkte, deren Abstandsverhältnis zu zwei festen Punkten A, B den konstanten Wert $\lambda \neq 1$ haben, liegen auf einem Kreis, dem **Apolloniuskreis** zu A, B und λ.*

Abb. 1.12: Apollonius

Die bekanntere und wohl auch anschaulichere geometrische Charakterisierung definiert den Kreis als die Menge aller Punkte, die zu einem vorgegebenem Punkt (nämlich dem Mittelpunkt des Kreises) einen festen Abstand (den Radius) haben. Dies lässt sich direkt mit Hilfe komplexer Zahlen ausdrücken:

Allgemeine Kreisgleichung:

$$k(M; r) = \{z \mid |z - m| = r\},\ m \in \mathbb{C},\ r \in \mathbb{R}^+.$$

Hieraus lässt sich eine betragsfreie Form herleiten:

$$|z - m|^2 = r^2$$
$$(z - m)(\overline{z} - \overline{m}) = r^2$$
$$z \cdot \overline{z} - \overline{m}z - m\overline{z} + \underbrace{m\overline{m} - r^2}_{=\gamma \in \mathbb{R}} = 0.$$

Somit ist durch

$$z\overline{z} - \overline{m}z - m\overline{z} + \gamma = 0 \quad \text{(Kreisgleichung)}$$

ein Kreis mit Mittelpunkt m und Radius $r = \sqrt{m\overline{m} - \gamma}$ gegeben.

Hingegen stellt die Gleichung

$$\overline{b}z + b\overline{z} + \gamma = 0$$

eine Gerade in der Gaußschen Zahlenebene dar.

Denn der Ansatz $z = x + iy$, $b = \beta_1 + i\beta_2$ führt zu

$$(\beta_1 - \beta_2 i)(x + yi) + (\beta_1 + \beta_2 i)(x - yi) + \gamma = 0$$
$$\beta_1 x + \beta_1 yi - \beta_2 xi + \beta_2 y + \beta_1 x - \beta_1 yi + \beta_2 xi + \beta_2 y + \gamma = 0$$
$$2\beta_1 x + 2\beta_2 y + \gamma = 0,$$

was die Gerade

$$y = -\frac{\beta_1}{\beta_2} x - \frac{\gamma}{2\beta_2}$$

charakterisiert.

Beispiel 1.6. Welcher Kreis wird dargestellt durch $z\bar{z} - (3-i)z - (3+i)\bar{z} - 6 = 0$?

$$z\bar{z} - (3-i)z - (3+i)\bar{z} - 6 = 0$$
$$(z - (3+i))(\bar{z} - (3-i)) = 16$$
$$|z - (3+i)| = 4,$$

d. h. wir erhalten den Kreis um $3 + i$ mit Radius 4.

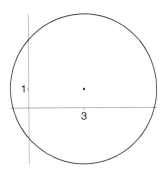

Abb. 1.13: Kreis um $3 + i$ mit Radius 4

Beispiel 1.7. Welche Punktmenge wird dargestellt durch

$$|z - 1| + |z + 1| = 4?$$

Wir setzen an mit

$$\sqrt{(x-1)^2 + y^2} + \sqrt{(x+1)^2 + y^2} = 4$$

und formen um

$$(x-1)^2 + y^2 + (x+1)^2 + y^2 + 2\sqrt{(x-1)^2 + y^2}\sqrt{(x+1)^2 + y^2} = 16$$
$$2x^2 + 2y^2 + 2 + 2\sqrt{(x^2-1)^2 + y^2[(x-1)^2 + (x+1)^2] + y^4} = 16$$
$$\sqrt{(x^2-1)^2 + y^2(2x^2 + 2) + y^4} = 7 - x^2 - y^2$$

Quadrieren auf beiden Seiten führt zu

$$x^4 - 2x^2 + 1 + 2x^2y^2 + 2y^2 + y^4 = 49 + x^4 + y^4 - 14x^2 - 14y^2 + 2x^2y^2$$
$$12x^2 + 16y^2 = 48$$
$$\frac{x^2}{4} + \frac{y^2}{3} = 1.$$

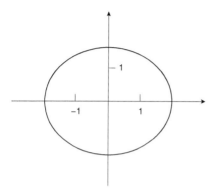

Abb. 1.14: Ellipse mit den Brennpunkten +1 und −1

Das Ergebnis ist somit eine Ellipse. Eine geometrische Interpretation der Ausgangsgleichung kann uns direkt zu diesem Ergebnis führen: Gesucht ist die Menge der Punkte z der Gaußschen Ebene, deren Summe der Abstände zu den Punkten 1 und −1 konstant 4 ist. Aus der analytischen Geometrie ist bekannt, dass die Ortslinie aller Punkte, die zu zwei gegebenen Punkten konstante Abstandssumme besitzt, eine Ellipse ist. Die Brennpunkte der Ellipse sind die Punkte 1 und −1.

Beispiel 1.8. Welche Punktmenge wird dargestellt durch

$$\left|z - \frac{1}{2}i\right| = |Im(z)|?$$

Wir setzen an

$$\sqrt{x^2 + \left(y - \frac{1}{2}\right)^2} = y$$

und erhalten nach Quadrieren auf beiden Seiten und Vereinfachen

$$y = x^2 + \frac{1}{4},$$

d. h. das Resultat ist eine Parabel. In der analytischen Geometrie ist eine Parabel definiert als die Menge aller Punkte, deren Abstand zu einem Brennpunkt F gleich dem Abstand zu einer gegebenen Geraden g, der Leitgeraden, ist. Für obige Gleichung können wir schreiben

$$\left|z - \frac{1}{2}i\right| = |z - Re(z)| = |Im(z)|.$$

Die gesuchte Punktmenge ist somit eine Parabel mit Brennpunkt $\frac{1}{2}i$ und reeller Achse als Leitgerade.

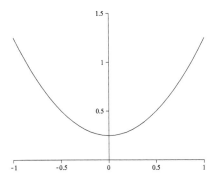

Abb. 1.15: Parabel mit Brennpunkt $\frac{1}{2}i$ und reeller Achse als Leitgerade

Beispiel 1.8 lässt sich verallgemeinern: Gegeben ein Punkt P_1 und eine Gerade g. Die Menge aller Punkte P, deren Abstand zu P_1 gleich dem Abstand zur Geraden g ist, ist eine **Parabel**.

Ähnlich lassen sich die anderen Beispiele verallgemeinern. Gegeben seien zwei Punkte P_1 und P_2: Die Menge aller Punkte P in der Gaußschen Ebene, deren **Summe der Abstände** zu P_1 und P_2 konstant ist,

$$|PP_1| + |PP_2| = \text{konstant},$$

ist eine **Ellipse**. Ebenso haben wir mit Hilfe des Apolloniuskreises gesehen: Die Menge aller Punkte P, deren **Quotient der Abstände** konstant $\neq 1$ ist,

$$\frac{|PP_1|}{|PP_2|} = \text{konstant} > 0, \neq 1,$$

ist ein **Kreis**. In gleicher Weise lässt sich zeigen (Übungen): Soll die **Differenz der Abstände** zu P_1 und P_2 konstant sein, so ergibt sich eine **Hyperbel**, d. h. die Gleichung

$$|PP1| - |PP_2| = \text{konstant}$$

beschreibt eine Hyperbel. Damit haben wir eine interessante Charakterisierung einer wichtigen Klasse von Kurven gefunden. Parabel, Kreis, Ellipse und Hyperbel sind **Kegelschnitte**, d. h. diese Kurven entstehen, wenn man die Oberfläche eines unendlichen Kegels bzw. Doppelkegels mit einer Ebene schneidet.

Welche Punktmenge erhält man, wenn nicht Summe, Differenz oder Quotient, sondern das Produkt der Abstände zu zwei vorgegebenen Punkten P_1, P_2 konstant ist?

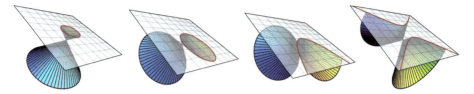

Abb. 1.16: Kegelschnitte: Kreis, Ellipse, Parabel, Hyperbel

Wir wählen für P_1 und P_2 die Punkte 1 und -1 in der komplexen Ebene und suchen die Menge der Punkte, für die gilt

$$|z - 1| \cdot |z + 1| = k \text{ für } k = 1/4, 1 \text{ und } k = 4.$$

Der Ansatz $z = x + iy$ führt zu

$$[(x - 1)^2 + y^2][(x + 1)^2 + y^2] = k^2$$
$$(x - 1)^2(x + 1)^2 + y^2[(x + 1)^2 + (x - 1)^2] + y^4 = k^2$$
$$(x^2 - 1)^2 + 2y^2(x^2 + 1) + y^4 = k^2$$
$$x^4 - 2x^2 + 2x^2y^2 + 2y^2 + y^4 = k^2 - 1$$
$$(x^2 + y^2)^2 - 2(x^2 - y^2) = k^2 - 1.$$

Wählen wir für k die Werte $k = 1/4$, $k = 1$ und $k = 4$, so erhalten wir die Kurven, die in Abbildung 1.18 dargestellt sind. Für $0 < k < 1$ erhalten wir zwei getrennte geschlossene Kurven, für $k = 1$ die brezelförmige Kurve. Je größer k ist, umso mehr nähert sich die Kurve einer Ellipse an. Sie werden zu Ehren des italienisch-französischen Mathematikers und Astronomen Giovanni Domenico Cassini (1625–1712) als **Cassinische Kurven** bezeichnet. Der Spezialfall $k = 1$, der zu der Brezelkurve gehört, heißt **Lemniskate.**

Abb. 1.17: Cassini

In Verallgemeinerung betrachten wir zwei um den Ursprung symmetrisch liegende Punkte $P_1(-e, 0)$ und $P_2(e, 0)$. Die Menge aller Punkte, deren Abstandsprodukt zu P_1 und P_2 exakt a^2 beträgt, lautet

$$(x^2 + y^2)^2 - 2e^2(x^2 - y^2) = a^4 - e^4.$$

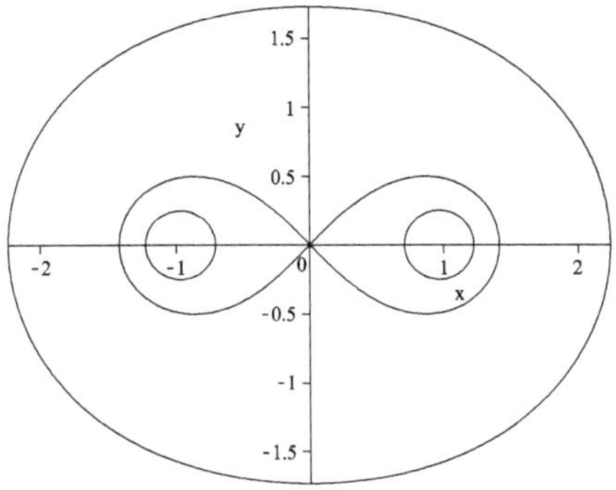

Abb. 1.18: Cassinische Kurven für $k = 1/4$, $k = 1$ und $k = 4$

Cassinische Kurven treten z.B. als Äquipotentiallinien auf.

Aufgaben

1.9 Es seien $z_1 = 2 + i$ und $z_2 = 3 - 2i$ komplexe Zahlen. Berechnen Sie:

$$\left|\frac{2z_2 + z_1 - 5 - i}{2z_1 - z_2 + 3 - i}\right|$$

1.10 Zeigen Sie: Die Betragsfunktion $z \to |z|$ ist mit der Multiplikation und Division verträglich:
(a) $|z_1 \cdot z_2| = |z_1| \cdot |z_2|$
(b) $\left|\frac{z_1}{z_2}\right| = \frac{|z_1|}{|z_2|}$
(c) Die Betragsfunktion ist ein Homomorphismus von $(\mathbb{C}, \cdot)$ auf $(\mathbb{R}_0^+, \cdot)$.

1.11 Weisen Sie nach: $|z| = 1 \Leftrightarrow \frac{1}{z} = \bar{z}$.

1.12 Welche Punktmenge in der Gaußschen Ebene wird beschrieben durch:

$$|z - 2\sqrt{2}| = |\sqrt{2}z - 2| \quad ?$$

1.13 Welche Punktmenge wird durch folgende Ungleichungen beschrieben:

$$|z| < 2 \text{ und } \left|z - \frac{1}{2}\right| \geq \frac{1}{2} \quad ?$$

1.14 Weisen Sie nach: Für komplexe Zahlen $z = x + iy$, $x, y \in \mathbb{R}$ gilt:
(a) $\left|\frac{z+i}{z-i}\right| = 1$ genau dann, wenn $z \in \mathbb{R}$, d.h. $z = x$
(b) $\left|\frac{z+3}{z-3}\right| = 1$ genau dann, wenn $z = iy$

1.15 Welche Punktmenge wird in der Gaußschen Ebene festgelegt durch

$$\left|\frac{z-1}{z+1}\right| \geq 2 \quad ?$$

1.16 Weisen Sie nach: Durch die Gleichung: $z \cdot \bar{z} - \bar{m} \cdot z - m \cdot \bar{z} + \gamma = 0$ mit $\gamma \in \mathbb{R}$ wird in der Gaußschen Ebene ein Kreis beschrieben.

1.17 Weisen Sie nach, dass die Menge der komplexen Zahlen, die der Gleichung

$$|z - 1| - |z + 1| = 1$$

genügen, eine Hyperbel in der komplexen Ebene bilden.
(In der analytischen Geometrie ist eine Hyperbel eine Kurve, deren Punkte der Gleichung $\frac{x^2}{a} - \frac{y^2}{b} = 1$ genügen.)

1.7 Polarkoordinatendarstellung

Eine komplexe Zahl z ist eindeutig durch ihren Betrag und den Winkel zwischen z und der reellen Achse bestimmt. Wir erhalten somit eine zweite Darstellungsform komplexer Zahlen durch sogenannte Polarkoordinaten.

Gegeben die komplexe Zahl $z = x+yi$, dann ist der Abstand zum Ursprung gegeben durch den Betrag von z, d. h.

$$r = |z| = \sqrt{x^2 + y^2} = \sqrt{z\bar{z}}.$$

Der Winkel bezüglich der x-Achse, orientiert im Gegenuhrzeigersinn, heißt das **Argument** von z, notiert als $\varphi = \arg(z)$, und ist gegeben durch

$$\tan \varphi = \frac{y}{x}, \quad (x \neq 0) \text{ und } 0 \leq \varphi < 2\pi$$

bzw.

$$\cos \varphi = \frac{x}{r} \qquad \sin \varphi = \frac{y}{r}.$$

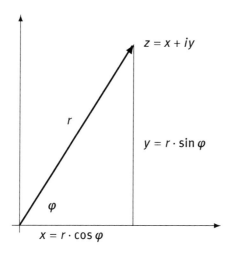

Abb. 1.19: Polarkoordinaten einer komplexen Zahl

Wir lesen ab:
$$x = r \cdot \cos\varphi \quad y = r \cdot \sin\varphi.$$

Während man
$$z = x + iy$$

als die rechteckige oder **kartesische Darstellung** der komplexen Zahl z bezeichnet, ist
$$z = r(\cos\varphi + i\sin\varphi)$$

die **Polarkoordinatenform** von z.

Umgekehrt lässt sich aus der kartesischen Darstellung einer komplexen Zahl $z = x + yi$ die Polardarstellung sofort berechnen:

$$r = |z| = \sqrt{x^2 + y^2}, \qquad \varphi = \arctan y/x = \tan^{-1} y/x$$
$$\cos\varphi = \frac{x}{\sqrt{x^2 + y^2}}, \quad \sin\varphi = \frac{y}{\sqrt{x^2 + y^2}}.$$

Definition 1.4. Die Darstellung einer komplexen Zahl $z = x + yi$ in der Form
$$z = r(\cos\varphi + i\sin\varphi)$$

mit $r = \sqrt{x^2 + y^2}$, $\tan\varphi = \frac{y}{x}$ heißt **Polarkoordinatendarstellung** und $(r; \varphi)$ heißen die **Polarkoordinaten** von z. Das Argument φ ist dabei immer so zu wählen, dass $0 \leq \varphi < 2\pi$ gilt. Diesen Winkel nennt man den **Hauptwert** des Winkels. 🕯

Die Tangensfunktion hat eine Periodizität von π, so dass im Intervall $0 \leq \varphi < 2\pi$ jeder Wert zweimal angenommen wird. Der $\arctan y/x$ liefert jedoch nur einen der möglichen Werte für φ. Für den Hauptwert muss deshalb die Lage von $z = x + yi$ beachtet werden:

	$x > 0, y \geq 0$	$x < 0, y \geq 0$	$x < 0, y \leq 0$	$x > 0, y \leq 0$
Gradmaß	$0° \leq \varphi < 90°$	$90° < \varphi \leq 180°$	$180° \leq \varphi < 270°$	$270° < \varphi < 360°$
Bogenmaß	$0 \leq \varphi < \pi/2$	$\pi/2 < \varphi \leq \pi$	$\pi \leq \varphi < 3\pi/2$	$3\pi/2 < \varphi < 2\pi$

Für $x = 0, y > 0$ ist $\varphi = \pi/2$; für $x = 0, y < 0$ ist $\varphi = 3\pi/2$. Für $x = y = 0$, also $z = 0$ ist $r = 0$ und φ unbestimmt.

Umwandlungen:
1. $z = 2 + 2\sqrt{3}i$

$$|z| = |2 + 2\sqrt{3}i| = \sqrt{4 + 12} = 4,$$
$$\cos\varphi = x/|z| = 2/4 = 1/2 \Rightarrow \varphi = \pi/3 \quad \text{Hauptwert}$$
$$\Rightarrow z = 4(\cos\pi/3 + i \cdot \sin\pi/3)$$

Weitere Lösungen erhält man, indem man Vielfache von 2π zu φ hinzuaddiert.

2. Für $z = -3 + 3i$ ergibt sich $|z| = |-3 + 3i| = \sqrt{9+9} = 3\sqrt{2}$

$$\left.\begin{array}{l} \cos\varphi = \dfrac{x}{|z|} = \dfrac{-3}{3\sqrt{2}} = -\dfrac{1}{2}\sqrt{2} \\[2mm] \sin\varphi = \dfrac{y}{|z|} = \dfrac{3}{3\sqrt{2}} = \dfrac{1}{2}\sqrt{2} \end{array}\right\} \Rightarrow \varphi = \dfrac{3\pi}{4}$$

3. Für $z = 4 - 3i$ errechnen wir $|z| = \sqrt{4^2 + 3^2} = 5$ und $\cos\varphi = 0,8$, $\sin\varphi = -0,6$, woraus $\varphi = 5,63968$ (im Bogenmaß) folgt.
4. Für $z = \frac{-1+\sqrt{5}}{4} + \frac{\sqrt{2}\sqrt{5+\sqrt{5}}}{4}i$ erhalten wir $\Rightarrow |z| = 1$, $\varphi = \frac{2\pi}{5}$
5. Ist umgekehrt die komplexe Zahl in Polarkoordinatenform gegeben als $r = 2\sqrt{2}$, $\varphi = 7\pi/6$, so errechnet sich die kartesische Form als $z = -\sqrt{6} - \sqrt{2}i$.

Rechnen in Polardarstellung:
Gegeben seien zwei komplexe Zahlen z_1, z_2,

$$z_1 = r_1(\cos\varphi_1 + i\sin\varphi_1) = x_1 + y_1 i$$
$$z_2 = r_2(\cos\varphi_2 + i\sin\varphi_2) = x_1 + y_1 i.$$

Die Addition erfolgt komponentenweise, ganz analog wie in der kartesischen Darstellung:

$$z_1 + z_2 = (r_1\cos\varphi_1 + r_2\cos\varphi_2) + i(r_1\sin\varphi_1 + r_2\sin\varphi_2).$$

Satz 8. *Zwei komplexe Zahlen in Polarkoordinatendarstellung werden addiert, indem Realteil und Imaginärteil addiert werden.*

Für die Addition stellt die Polarkoordinatendarstellung keine Erleichterung bei den Berechnungen dar. Anders ist es bei der Multiplikation: Dargestellt in Polarkoordinaten lässt sich die Multiplikation zweier komplexer Zahlen einfach charakterisieren:

$$\begin{aligned} z_1 \cdot z_2 &= [r_1 \cdot (\cos\varphi_1 + i\sin\varphi_1)] \cdot [r_2 \cdot (\cos\varphi_2 + i\sin\varphi_2)] \\ &= r_1 \cdot r_2 [(\cos\varphi_1 \cos\varphi_2 - \sin\varphi_1 \sin\varphi_2) + i \cdot (\cos\varphi_1 \sin\varphi_2 + \sin\varphi_1 \cos\varphi_2)] \\ &= r_1 \cdot r_2 [\cos(\varphi_1 + \varphi_2) + i\sin(\varphi_1 + \varphi_2)] \end{aligned}$$

Satz 9. *Zwei komplexe Zahlen in Polarform werden multipliziert, indem man die Beträge multipliziert und die Argumente addiert.*

$$|z_1 \cdot z_2| = r_1 \cdot r_2 = |z_1| \cdot |z_2|$$
$$\arg(z_1 \cdot z_2) = \varphi_1 + \varphi_2 = \arg(z_1) + \arg(z_2)\ modulo\ 2\pi$$

Beispiel 1.9.

$$z_1 = \sqrt{2}\left(\cos\frac{5\pi}{4} + i\sin\frac{5\pi}{4}\right), \quad z_2 = \sqrt{18}\left(\cos\frac{5\pi}{6} + i\sin\frac{5\pi}{6}\right)$$
$$z_1 \cdot z_2 = 6\left(\cos\frac{\pi}{12} + i\sin\frac{\pi}{12}\right).$$

Was ist das inverse Element zu $z = r(\cos \varphi + i \sin \varphi)$?

$$\frac{1}{z} = \frac{1}{r}[\cos(-\varphi) + i \sin(-\varphi)] = \frac{1}{r}(\cos \varphi - i \sin \varphi).$$

Denn

$$z \cdot \frac{1}{z} = r(\cos \varphi + i \sin \varphi) \cdot \frac{1}{r}(\cos(-\varphi) + i \sin(-\varphi))$$
$$= \frac{r}{r}[\cos(\varphi - \varphi) + i \sin(\varphi - \varphi)] = 1.$$

Allgemein gilt für die Division

$$\frac{z_1}{z_2} = z_1 \cdot \frac{1}{z_2} = \frac{r_1}{r_2}[\cos(\varphi_1 - \varphi_2) + i \sin(\varphi_1 - \varphi_2)].$$

Satz 10. *Zwei komplexe Zahlen in Polarkoordinaten werden dividiert, indem ihre Beträge dividiert und ihre Argumente subtrahiert werden.*

1.8 Geometrische Interpretation der Rechenoperationen in $\mathbb{C}$

In Abschnitt 1.4 haben wir gesehen, dass der Übergang von einer komplexen Zahl z zu ihrer konjugiert komplexen Zahl $\overline{z}$ einer Spiegelung an der reellen Achse entspricht. Auch die Addition und die Multiplikation lassen sich als geometrische Operationen interpretieren. Solche geometrische Operationen sind Abbildungen der Ebene in sich selbst. Deshalb wollen wir auch die komplexen Rechenoperationen $+$ und $\cdot$ als Abbildungen $f : \mathbb{C} \longrightarrow \mathbb{C}$ der komplexen Zahlen in sich selbst interpretieren, wobei jeweils einer der Operanden festgehalten wird. Eine formale Einführung des Funktionsbegriffs erfolgt später in Kapitel 6.

Die Ergebnisse aus Abschnitt 1.4 lassen sich nun wie folgt interpretieren:

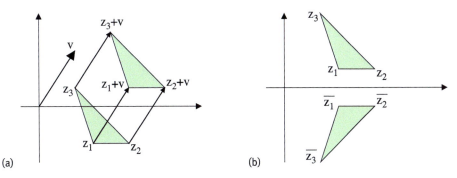

Abb. 1.20: (a) Addition mit einer komplexer Zahl entspricht einer Verschiebung; (b) Bildung des konjugiert Komplexen entspricht einer Spiegelung an der reellen Achse

Satz 11. *Sei $v = v_1 + iv_2$ eine beliebige komplexe Zahl. Die Abbildung $\tau_v : \mathbb{C} \longrightarrow \mathbb{C}$ mit $\tau_v(z) = z + v$ ist eine Parallelverschiebung (Translation) in Richtung des Vektors v.*

Die Abbildung $\sigma : \mathbb{C} \longrightarrow \mathbb{C}$ mit $\sigma(z) = \bar{z}$ ist eine Achsenspiegelung an der reellen Achse.

Polarkoordinaten erlauben eine anschauliche geometrische Interpretation der Multiplikation komplexer Zahlen. Diese Tatsache stellt eine wichtige Verbindung zwischen dem algebraischen Rechnen mit komplexen Zahlen und Aussagen der Ähnlichkeitsgeometrie her.

Gegeben seien $u = r(\cos\varphi + i\sin\varphi)$ mit $u \neq 0$, d. h. $r \neq 0$, und $z \in \mathbb{C}, z \neq 0$. Wir unterscheiden folgende Fälle:

1. $|u| = 1$, also $r = 1$, d. h. u liegt auf dem Einheitskreis. Die Multiplikation mit u entspricht einer Drehung von z mit dem Winkel φ um den Ursprung.
2. $u = r$, also $\varphi = 0, u \in \mathbb{R}^+$. Die Multiplikation mit u bewirkt eine Streckung von z mit dem Ursprung als Streckzentrum mit dem Streckfaktor r. Die geometrische Konstruktion von $u \cdot z$ kann mittels Strahlensatz erfolgen

$$|u \cdot z| : |u| = |z|$$

3. u beliebig: Die Multiplikation mit u bedeutet die Hintereinanderausführung einer Drehung von z mit dem Drehwinkel φ und einer Streckung mit Streckfaktor r und jeweils dem Ursprung als Zentrum.

Zusammenfassung:

Satz 12. *Sei $u = r(\cos\varphi + i\sin\varphi)$ eine beliebige komplexe Zahl mit $r \neq 0$. Die Abbildung $\delta_u : \mathbb{C} \longrightarrow \mathbb{C}$ mit $\delta_u(z) = u \cdot z$ ist eine Drehstreckung mit dem Ursprung als Zentrum mit Drehwinkel φ und Streckfaktor r.*

Durch Kombination der drei Operationen 1.) Addition einer komplexen Zahl, 2.) Bildung der komplex Konjugierten und 3.) Multiplikation mit einer komplexen Zahl lassen

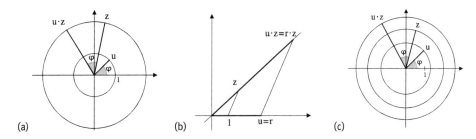

Abb. 1.21: Multiplikation mit a) komplexer Zahl vom Betrag 1 entspricht einer Drehung (links); b) reeller Zahl entspricht Streckung (Mitte) c) beliebiger komplexer Zahl entspricht Drehstreckung (rechts)

sich alle Ähnlichkeitsabbildungen in der Zahlenebene erzeugen. In Kapitel 7 werden wir im Kontext von *Möbiustransformationen* diese Überlegungen weiter vertiefen.

Beispiel 1.10. Eine Drehstreckung mit Drehwinkel $\varphi = \frac{3}{4}\pi$, dem Streckfaktor $r = 2$ und dem Zentrum $v = 3 + 4i$ ist gegeben durch

$$\alpha(z) = u(z - v) + v \quad \text{mit } u = 2\left(\cos\frac{3}{4}\pi + i\sin\frac{3}{4}\pi\right).$$

Zunächst wird das Zentrum v der Drehstreckung in den Ursprung verschoben $(z - v)$, dann die Drehstreckung mit dem Ursprung als Zentrum ausgeführt $(u \cdot \square)$, und schließlich der Ursprung zurück zum Zentrum v geschoben $(\square + v)$.

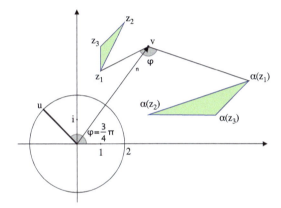

Abb. 1.22: Eine Drehstreckung mit verschobenem Zentrum als kombinierte Abbildung $\alpha(z) = u(z - v) + v$

1.9 Die Formeln von Moivre und Euler

Potenzen einer komplexen Zahl auf dem Einheitskreis: Moivre-Formel

Wir bilden die Potenzen einer Zahl z auf dem Einheitskreis:

$$\begin{aligned}
z &= \cos\varphi + i\sin\varphi \\
z^2 &= (\cos\varphi + i\sin\varphi)^2 \\
&= \cos^2\varphi - \sin^2\varphi + i(2\sin\varphi\cos\varphi) \\
&= \cos 2\varphi + i\sin 2\varphi \\
z^3 &= z \cdot z^2 \\
&= (\cos\varphi + i\sin\varphi)(\cos 2\varphi + i\sin 2\varphi) \\
&= \cos 3\varphi + i\sin 3\varphi.
\end{aligned}$$

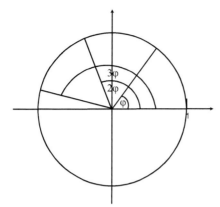

Abb. 1.23: Potenzen einer komplexen Zahl mit $z = 1$

Allgemein gilt:

Satz 13. *Für alle $n \in \mathbb{N}$ und alle $\varphi \in \mathbb{R}$ gilt die Formel von Abraham de Moivre (1667–1754):*

$$(\cos \varphi + i \sin \varphi)^n = \cos(n\varphi) + i \sin(n\varphi).$$

Beweis. Beweis mit vollständiger Induktion:

$$A(n) : (\cos \varphi + i \sin \varphi)^n = \cos(n\varphi) + i \sin(n\varphi)$$

Verankerung: $A(1)$ ist richtig.
Induktionsschluss: Für alle $n \in \mathbb{N} : A(n) \Rightarrow A(n+1)$

$$\begin{aligned}(\cos \varphi + i \sin \varphi)^{n+1} &= (\cos \varphi + i \sin \varphi)^n \cdot (\cos \varphi + i \sin \varphi) \\ &= [\cos n\varphi + i \sin n\varphi] \cdot (\cos \varphi + i \sin \varphi) \\ &= \cos(n\varphi + \varphi) + i \sin(n\varphi + \varphi) \\ &= \cos(n+1)\varphi + i \sin(n+1)\varphi.\end{aligned}$$

Beim Schritt von der ersten zur zweiten Zeile wurde die Induktionsvoraussetzung angewandt, der Schluss von der zweiten zur dritten Zeile gilt aufgrund von Satz 9. □

Mit Hilfe dieser Formel kann man $\cos n\varphi$ und $\sin n\varphi$ in Potenzen von $\cos \varphi$ bzw. $\sin \varphi$ ausdrücken.

Beispiel 1.11.

$$\begin{aligned}\cos 5\varphi + i \sin 5\varphi &= (\cos \varphi + i \sin \varphi)^5 \\ &= \binom{5}{0} \cos^5 \varphi + \binom{5}{1} \cos^4 \varphi \cdot i \sin \varphi + \cdots + \binom{5}{5}(i \sin \varphi)^5 \\ &= \cos^5 \varphi + 5i \cos^4 \varphi \sin \varphi - 10 \cos^3 \varphi \sin^2 \varphi \\ &\quad - 10i \cos^2 \varphi \sin^3 \varphi + 5 \cos \varphi \sin^4 \varphi + i \sin^5 \varphi\end{aligned}$$

Realteil: $\cos 5\varphi = \cos^5 \varphi - 10 \cos^3 \varphi \sin^2 \varphi + 5 \cos \varphi \sin^4 \varphi$
$= \cos^5 \varphi - 10 \cos^3 \varphi(1 - \cos^2 \varphi) + 5 \cos \varphi(1 - \cos^2 \varphi)^2$
$= 16 \cos^5 \varphi - 20 \cos^3 \varphi + 5 \cos \varphi$

Imaginärteil: $\sin 5\varphi = 16 \sin^5 \varphi - 20 \sin^3 \varphi + 5 \sin \varphi$.

Komplexe Exponenten: Formel von Euler

Im Reellen gilt: $\lim_{n \to \infty} \left(1 + \frac{x}{n}\right)^n = e^x$, $e = 2{,}71828\ldots$ Wir übertragen dies gemäß Leonhard Euler (1707–1783) ins Komplexe:

$$\lim_{n \to \infty} \left(1 + \frac{ix}{n}\right)^n = e^{ix}.$$

Was soll e^{ix} bedeuten? Wir untersuchen die Folge $(1 + \frac{ix}{n})^n$ für $x = 2\pi/3 \approx 2{,}0944$.

$$
\begin{aligned}
z_1 &= 1 + ix & &= 1 + 2{,}09i & &= 2{,}32(\cos 1{,}1245 + i \sin 1{,}1245) \\
z_2 &= \left(1 + \tfrac{ix}{2}\right)^2 & &= (1 + 1{,}05i)^2 & &= 2{,}10(\cos 1{,}6196 + i \sin 1{,}6196) \\
z_3 &= \left(1 + \tfrac{ix}{3}\right)^3 & &= (1 + 0{,}700i)^3 & &= 1{,}81(\cos 1{,}8322 + i \sin 1{,}8322) \\
z_5 &= \left(1 + \tfrac{ix}{5}\right)^5 & &= (1 + 0{,}419i)^5 & &= 1{,}50(\cos 1{,}9839 + i \sin 1{,}9839) \\
z_{10} &= \left(1 + \tfrac{ix}{10}\right)^{10} & &= (1 + 0{,}209i)^{10} & &= 1{,}24(\cos 2{,}0603 + i \sin 2{,}0603) \\
z_{100} &= \left(1 + \tfrac{ix}{100}\right)^{100} & &= (1 + 0{,}0209i)^{100} & &= 1{,}022(\cos 2{,}0897 + i \sin 2{,}0897) \\
&\quad \downarrow & &\quad \downarrow & & \\
&\ e^{i \cdot \frac{2\pi}{3}} & &\ 1 \cdot \left(\cos \tfrac{2\pi}{3} + i \sin \tfrac{2\pi}{3}\right) & &
\end{aligned}
$$

Allgemein gilt

Satz 14 (Formel von Euler).

$$e^{ix} = \cos x + i \sin x, \quad x \in \mathbb{R}. \tag{1.1}$$

Somit ergibt sich für die komplexe Exponentialfunktion

$$z \mapsto f(z) = e^z = e^{x+iy} = e^x \cdot e^{iy} = e^x(\cos y + i \sin y).$$

Folgerung: Mit Hilfe von Polarkoordinaten können komplexe Zahlen dargestellt werden als

$$z = |z|(\cos \varphi + i \sin \varphi) = re^{i\varphi} \text{ mit } r = |z| \tag{1.2}$$

Beweis.[1] Wir betrachten die Funktion

$$f(x) = e^{-ix} \cdot (\cos x + i \sin x).$$

---

[1] Wir unterstellen hier, dass die im Reellen gültigen Differentiationsregeln auch im Komplexen gelten. Die in der Literatur meist üblichen Beweise der Euler-Formel kommen ohne diese Annahmen aus und basieren auf einem Potenzreihenargument, siehe z. B. Needham (2001).

Die Formel von Euler besagt dann gerade, dass $f(x) \equiv 1$. Wir beweisen diese Aussage, indem wir zunächst nachweisen, dass $f' \equiv 0$ ist. Die Ableitung des ersten Faktors ist $-i \cdot e^{-ix}$, die des zweiten Faktors $-\sin x + i \cos x$. Anwendung der Produktregel ergibt somit

$$f'(x) = -i \cdot e^{-ix}(\cos x + i \cdot \sin x) + e^{-ix}(-\sin x + i \cdot \cos x)$$
$$= e^{-ix}(-i \cdot \cos x + \sin x) + e^{-ix}(-\sin x + i \cdot \cos x)$$
$$= 0 \text{ für alle } x.$$

Da die Ableitung überall 0 ist, ist f konstant. Um den konstanten Wert zu berechnen, genügt es, f an einer einzigen Stelle zu berechnen. Es gilt

$$f(0) = e^{i \cdot 0}(\cos 0 + i \cdot \sin 0) = 1. \qquad \square$$

Die Gleichung erscheint in Leonhard Eulers *Introductio*, veröffentlicht in Lausanne 1748. Für den Winkel $x = \pi$ ergibt sich die Identität

$$e^{i\pi} = -1 \text{ bzw. } e^{i\pi} + 1 = 0,$$

die einen verblüffend einfachen Zusammenhang zwischen vier der bedeutendsten mathematischen Konstanten herstellt: Der Eulerschen Zahl e, der imaginären Einheit i, der Kreiszahl π sowie der Einheit 1 der reellen Zahlen.

Eine Leserumfrage des Fachblattes *Mathematical Intelligencer* im Jahre 1990 sah die Eulersche Identität als das *schönste Theorem* der Mathematik an. Die Zeitschrift *Physics World* nannte im Jahre 2004 die Identität die *größte Gleichung aller Zeiten*.

Die Eulersche Identität ist der Schlüssel zur „höheren" Arithmetik im Komplexen. Wie wir in Abschnitt 1.3 gesehen haben, sind Addition, Subtraktion, Multiplikation und Division komplexer Zahlen eine einfache Fortsetzung dieser Operationen im Reellen. Basierend auf der Eulerschen Identität lassen sich nun Logarithmen auch aus negativen und sogar komplexen Zahlen bestimmen. Ebenso lassen sich Potenzen mit komplexer Basis oder komplexer Potenz berechnen.

Beispiel 1.12. Was ist i^i? Zunächst gilt

$$i^i = e^{(i \ln(i))}$$

und wir müssen den Logarithmus der imaginären Einheit finden.

Der Ansatz

$$\ln(i) = a + bi$$

führt zu

$$i = e^{a+bi} = e^a \cdot e^{bi} = e^a \cdot (\cos b + i \sin b).$$

Eine Lösung hiervon ist $b = \pi/2$, $a = 0$. Dann folgt

$$\ln(i) = i\frac{\pi}{2}.$$

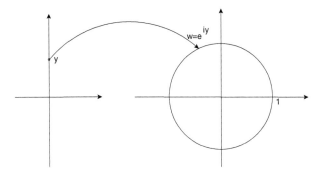

Abb. 1.24: Das Bild der imaginäre Achse unter der Exponentialfunktion ist der Einheitskreis

Die allgemeine Lösung ist

$$\ln(i) = i\left(\frac{\pi}{2} + k2\pi\right), k \in \mathbb{Z}.$$

Der Potenzausdruck i^i ist mehrdeutig. Die Lösungen sind aber alle reell mit dem Hauptwert

$$i^i = e^{-\pi/2} \approx 0,207879576350762.$$

Etwas allgemeiner fragen wir: Was ist $\ln(z)$? Der Ansatz $\ln(z) = a + ib$ führt auf

$$z = e^{a+ib} = e^a \cdot e^{ib} = e^a(\cos b + i \sin b).$$

Aber

$$z = |z|e^{i\arg(z)},$$

weshalb

$$a = \ln|z|, b = \arg(z)(+k2\pi)$$

und daher

$$\ln z = \ln|z| + i\arg(z).$$

Die Funktion $w = e^z = e^{x+iy} = e^x(\cos y + i \sin y)$ heißt komplexe **Exponentialfunktion**.

Die komplexe Exponentialfunktion bildet die reelle Achse auf die reelle Achse und die imaginäre Achse auf den Einheitskreis ab, d.h. setzt man für $z = x \in \mathbb{R}$ nur reelle Zahlen ein, so erhält man reelle Werte. Setzt man für $z = iy, y \in \mathbb{R}$ nur rein imaginäre Zahlen ein, so liegen die Bilder unter der Exponentialfunktion auf dem Einheitskreis der Gaußschen Ebene.

Folgerungen:
1. $e^{i(y+k\cdot 2\pi)} = e^{iy}$ für $k \in \mathbb{Z}$.
2. $e^{-iy} = \cos y - i \sin y$.
3. Auflösen der Formel für e^{iy} und e^{-iy} nach $\sin y$ und $\cos y$ ergibt:

$$\cos y = \frac{e^{iy} + e^{-iy}}{2}, \quad \sin y = \frac{e^{iy} - e^{-iy}}{2i}.$$

4. Sonderfälle:
$$e^{2\pi i} = 1 \qquad e^{i\pi/2} = i$$
$$e^{\pi i} = -1 \qquad e^{i 3\pi/2} = -i.$$

Die Eulersche Formel dient auch als Bindeglied zwischen Analysis und Trigonometrie, da die trigonometrischen Funktionen als Linearkombinationen von imaginären Exponentialfunktionen dargestellt werden können.

Definition 1.5. Wir definieren zwei Funktionen cosh und sinh (genannt: Cosinus Hyperbolicus und Sinus Hyperbolicus)
$$\cosh x = \frac{e^x + e^{-x}}{2} \qquad \sinh x = \frac{e^x - e^{-x}}{2}.$$

Dann ist für $z = x + yi \in \mathbb{C}$
$$\cos z = \cos x \cdot \cosh y - i \sin x \sinh y.$$

Denn
$$\cos z = \cos(x + iy) = \cos x \cdot \cos(iy) - \sin x \cdot \sin(iy)$$
$$= \cos x \frac{e^{-y} + e^y}{2} - \sin x \frac{e^{-y} - e^y}{2i}$$
$$= \cos x \cosh y - i \sin x \sinh y$$

und entsprechend gilt
$$\sin z = \sin(x + iy) = \sin x \cdot \cosh y + i \cos y \sinh x.$$

1.10 Anwendungen in der Physik: Bewegungen eines Punktes in der Ebene

Ein Punkt P bewege sich in der Ebene über die Zeit t hinweg. Die Koordinaten des Punktes P zum Zeitpunkt t notieren wir mittels des Koordinatenpaares $(x(t), y(t))$. Die Zuordnung
$$t \mapsto (x(t), y(t))$$
wird auch als **Parameterdarstellung** einer (Bahn-)Kurve bezeichnet. So ist zum Beispiel
$$t \mapsto (\sin(t), \cos(t)), 0 \leq t < 2\pi$$
die Parameterdarstellung eines Kreises. Da wir komplexe Zahlen als Vektoren in der Ebene kennengelernt haben, können wir die Bahnkurve eines Punktes durch die komplexe Funktion
$$z(t) = x(t) + iy(t)$$
darstellen. Diese Darstellung wird sich als sehr geeignet erweisen, um verschiedene Bewegungen in der Ebene zu charakterisieren.

1.10 Anwendungen in der Physik: Bewegungen eines Punktes in der Ebene

Man beachte, dass z eine Funktion von $\mathbb{R}$ (meist $\mathbb{R}_0^+$) nach $\mathbb{C}$ ist. Im nächsten Abschnitt betrachten wir mit diesem Ansatz speziell Spiralen. In Kapitel 6 werden wir auch komplexe Funktionen von $\mathbb{C}$ nach $\mathbb{C}$ untersuchen.

Die Ableitung der komplexwertigen Funktion $z(t)$ ist ganz analog zum reellen Ableitungsbegriff definiert als

$$\begin{aligned}\frac{d}{dt}z(t) &= \lim_{\Delta t \to 0} \frac{z(t+\Delta t) - z(t)}{\Delta t} \\ &= \lim_{\Delta t \to 0} \left(\frac{x(t+\Delta t) - x(t)}{\Delta t} + i \frac{y(t+\Delta t) - y(t)}{\Delta t} \right) \\ &= \lim_{\Delta t \to 0} \frac{x(t+\Delta t) - x(t)}{\Delta t} + i \lim_{\Delta t \to 0} \frac{y(t+\Delta) - y(t)}{\Delta t} \\ &= \frac{d}{dt}x(t) + i\frac{d}{dt}y(t),\end{aligned}$$

vorausgesetzt diese Grenzwerte existieren. In der Physik wird die Ableitung nach der Zeit üblicherweise durch einen über die Größe gesetzten Punkt bezeichnet. Man schreibt also $\dot{z}(t) = \frac{d}{dt}z(t)$ und

$$\dot{z}(t) = \dot{x}(t) + i\dot{y}(t).$$

Man erhält somit die Ableitung von $z(t)$, indem man Real- und Imaginärteil nach t ableitet und die imaginäre Einheit i wie eine Konstante behandelt.

Was bedeutet die Ableitung $\dot{z}(t)$ physikalisch? Der Vektor $z(t+\Delta t) - z(t)$ stellt die Verschiebung des Vektors z im Zeitintervall Δt dar. Der Differenzenquotient

$$\frac{z(t+\Delta t) - z(t)}{\Delta t}$$

ist die mittlere Geschwindigkeit, und der Grenzwert für $\Delta t \to 0$, d. h. die Ableitung $\dot{z}(t)$, ist die Momentangeschwindigkeit von z im Zeitpunkt t. Man beachte dabei, dass $\dot{x}$ die Geschwindigkeit in horizontaler Richtung, $\dot{y}$ die Geschwindigkeit in vertikaler Richtung angibt. Die Geschwindigkeit in Flugrichtung ist ein Vektor bzw. eine komplexe Größe, deren Betrag gegeben ist durch

$$|\dot{z}(t)| = \sqrt{\dot{x}^2(t) + \dot{y}^2(t)}.$$

Entsprechend ist die zweite Ableitung definiert als

$$\frac{d}{dt}\dot{z}(t) = \ddot{z}(t) = \ddot{x}(t) + i\ddot{y}(t).$$

Als Grenzwert der mittleren Beschleunigung gibt die zweite Ableitung die Momentanbeschleunigung im Zeitpunkt t an.

Beispiel 1.13. Ein Fußballtormann schießt den Ball beim Abstoß mit einer Geschwindigkeit von 25 m/s im 45° Winkel nach oben. Wie weit fliegt der Ball? Mit welcher

Geschwindigkeit kommt der Ball auf dem Boden wieder auf? Dabei soll der Luftwiderstand vernachlässigt werden.

Wir beschreiben die Flugbahn des Balles mit Hilfe der Funktion $z(t) = x(t) + iy(t)$ und setzen $x(0) = y(0) = 0$, d. h. $z(0) = 0$. Wegen des Winkels von 45° gilt $x(0) = y(0)$, $\dot{x}(0) = \dot{y}(0)$ und daher

$$25 = |\dot{z}(0)| = \sqrt{\dot{x}^2(0) + \dot{y}^2(0)} = \sqrt{2}\dot{x}(0).$$

Die Horizontalbewegung, ausgedrückt durch $x(t)$, ist eine gleichmäßige Bewegung, die vertikale Bewegung $y(t)$ des Fußballs ist eine gleichmäßig beschleunigte Bewegung mit Beschleunigung $\ddot{y} = g \approx 9{,}81 \text{ m/s}^2$.

Hieraus folgt für die Flugbahn des Fußballs

$$z(t) = \frac{25}{\sqrt{2}}t + i\left(\frac{25}{\sqrt{2}}t - \frac{g}{2}t^2\right).$$

Die Geschwindigkeit des Fußballs zum Zeitpunkt t ist dann gegeben durch

$$\dot{z}(t) = \frac{25}{\sqrt{2}} + i\left(\frac{25}{\sqrt{2}} - gt\right),$$

wobei der Realteil die Horizontalgeschwindigkeit und der Imaginärteil die Vertikalgeschwindigkeit beschreibt. Die Geschwindigkeit des Balles in Flugrichtung ist gegeben durch

$$|\dot{z}(t)| = \sqrt{\frac{625}{2} + \left(\frac{25}{\sqrt{2}} - gt\right)^2}.$$

Der Ball ist wieder auf dem Spielfeld, wenn der Imaginärteil von $z(t)$ den Wert 0 annimmt, d. h. nach $t = \frac{25\sqrt{2}}{g} \approx 3{,}604$ Sekunden. Bis zu diesem Zeitpunkt ist der Ball $25/\sqrt{2} \cdot 3{,}604 \text{ m} = 63{,}71 \text{ m}$ geflogen und hat beim Aufprall eine Geschwindigkeit von 25 m/Sek, also genau wiederum die Anfangsgeschwindigkeit des Abstoßes, was ja vom Energieerhaltungsprinzip auch zu erwarten ist.

Harmonische und gedämpfte Schwingungen

Dank der Euler-Formel (1.1) lassen sich Kreisbewegungen elegant mit komplexen Zahlen ausdrücken. Ein Punkt P laufe mit konstanter Winkelgeschwindigkeit ω auf einer Kreisbahn mit Radius r um den Ursprung. Dann ist der Ortsvektor des Punktes P gegeben durch

$$z(t) = re^{i\omega t} = r[\cos(\omega t) + i\sin(\omega t)].$$

Seine Geschwindigkeit ist gegeben durch

$$\dot{z}(t) = i\omega re^{i\omega t} = \omega r[-\sin(\omega t) + i\cos(\omega t)] = i\omega z(t)$$

und die Beschleunigung beträgt

$$\ddot{z}(t) = -\omega^2 r e^{i\omega t} = -\omega^2 z(t).$$

Man beachte dabei, dass der Vektor $\dot{z}(t)$ durch eine Drehstreckung um 90° mit Streckfaktor ω aus dem Vektor $z(t)$ entsteht, die Vektoren somit senkrecht sind. Der Beschleunigungsvektor $\ddot{z}$ ist dem Vektor $z(t)$ genau entgegengerichtet.

Die Projektion der Kreisbewegung auf die reelle oder imaginäre Achse beschreibt eine Schwingung. Bei einer konstanten Winkelgeschwindigkeit ω erhält man die **harmonische Schwingung** mit der Amplitude r. Beispiele hierfür sind das Pendel oder die Schraubenfeder.

Abb. 1.25: Schraubenfeder

Physikalisch lässt sich dieser Zusammenhang wie folgt beschreiben: Die Kraft ist einerseits proportional zur Auslenkung, d. h. $F = D \cdot z(t)$, wobei D als Federkonstante wiedergibt, wie steif die Feder ist. Anderseits wirkt dieser Kraft entgegengerichtet eine Kraft, die definiert ist als Produkt aus Masse und Beschleunigung, d. h. $F = -m\ddot{z}(t)$.

Sind m und D gegeben, so lässt sich ω bestimmen als

$$\omega = \sqrt{\frac{D}{m}}.$$

Daher erhalten wir zur Beschreibung der harmonischen Schwingung die Formel

$$z(t) = r\left(\cos\sqrt{\frac{D}{m}}t + i\sin\sqrt{\frac{D}{m}}t\right).$$

Der Vorzug des Rechnens im Komplexen tritt besonders hervor, wenn man gedämpfte Schwingungen betrachtet. Hier tritt noch ein Term hinzu, der proportional zur Geschwindigkeit $\dot{z}(t)$ ist. Die Differenzialgleichung der gedämpften Schwingung lautet

$$m\ddot{z}(t) + k\dot{z}(t) + Dz(t) = 0. \tag{1.3}$$

Zur Lösung dieser Differenzialgleichung machen wir den Ansatz

$$z(t) = A \cdot e^{i\omega t}$$

und erhalten mit

$$\dot{z}(t) = i\omega A e^{i\omega t} = i\omega z(t) \quad \text{und} \quad \ddot{z}(t) = -\omega^2 \cdot A \cdot e^{i\omega t} = -\omega^2 z(t)$$

die Gleichung

$$\omega^2 - i\frac{k}{m}\omega - \frac{D}{m} = 0,$$

deren Lösung

$$\omega_{1,2} = \frac{ik}{2m} \pm \sqrt{\frac{D}{m} - \frac{k^2}{4m^2}}$$

ist. Daraus ergibt sich als Lösung von (1.3)

$$z(t) = A \cdot e^{-\frac{k}{2m}t \pm i\sqrt{\frac{D}{m} - \frac{k^2}{4m^2}}t}.$$

Der Punkt $z(t)$ läuft in der Zahlenebene auf einer logarithmischen Spirale (siehe nächster Abschnitt) von außen nach innen. Die Projektion auf die Zahlengeraden beschreibt eine gedämpfte Schwingung, die durch den Realteil dieser komplexen Zahl dargestellt wird

$$\text{Re}(z(t)) = A \cdot e^{-\frac{k}{2m}t} \cdot \cos\left(\sqrt{\frac{D}{m} - \frac{k^2}{4m^2}}\,t\right).$$

Überlagerung von Schwingungen

Oft kommt es vor, dass sich Schwingungen überlagern. Der Punkt P bewegt sich dann auf einer Kurve, die sich aus zwei oder mehreren Schwingungen gleichzeitig zusammensetzt.

$$x_1(t) = A_1 \cos \omega_1 t$$
$$x_2(t) = A_2 \cos(\omega_2 t + \delta),$$

wobei A_1, A_2 die jeweiligen Amplituden, ω_1, ω_2 die Winkelgeschwindigkeiten und δ die Phasenverschiebung der beiden Wellen angibt. Die Bewegung des Punktes P ist dann durch die Summe

$$x(t) = x_1(t) + x_2(t) = A_1 \cos \omega_1 t + A_2 \cos(\omega_2 t + \delta)$$

gegeben und man sagt, dass sich die Schwingungen überlagern.

Eine illustrative Darstellung von Überlagerungen ist mittels des Zeigerdiagramms möglich. Die komplexen Zahlen $z_1(t)$ und $z_2(t)$ bewegen sich in der komplexen Ebene auf einem Kreis. Wir können sie uns wie die zwei Zeiger einer Uhr vorstellen. Ihre Summe ist dann die Diagonale im Parallelogramm (siehe Abbildung 1.26). Wenn sich jetzt die Zeiger mit möglicherweise unterschiedlichen Winkelgeschwindigkeiten ω_1 bzw. ω_2 drehen, so befindet sich die Diagonale in einer ständigen Änderung.

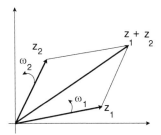

Abb. 1.26: Zeigerdiagramm zweier Schwingungen

Mit Hilfe der komplexen Darstellung lässt sich die Überlagerung von Schwingungen elegant darstellen. Wir repräsentieren die Schwingungen in der komplexen Ebene mittels

$$z_1(t) = A_1 e^{i\omega_1 t} \quad \text{und} \quad z_2(t) = A_2 e^{i(\omega_2 t + \delta)}.$$

Wir betrachten zwei wichtige Spezialfälle:
1. Es sei $\omega = \omega_1 = \omega_2$. Die beiden Schwingungen sind also von gleicher Frequenz. Dann ist

$$z(t) = z_1(t) + z_2(t) = A_1 e^{i\omega t} + A_2 e^{i(\omega t + \delta)} = [A_1 + A_2 e^{i\delta}] e^{i\omega t}$$
$$= A e^{i\gamma} e^{i\omega t} = A e^{i(\omega t + \gamma)}.$$

Die Summe in der eckigen Klammer ist eine komplexe Zahl, die man in Polardarstellung als $Ae^{i\gamma}$ schreiben kann. Die resultierende Überlagerungsschwingung hat A als Amplitude und eine Phasenverschiebung γ gegenüber der ersten Schwingung.

2. Weichen die Frequenzen der sich überlagernden Schwingungen nur geringfügig voneinander ab, so ändert sich der Winkel zwischen z_1 und z_2 beständig, verglichen mit der Drehgeschwindigkeit jedoch nur langsam. Der resultierende Vektor $z_1(t)+z_2(t)$ ändert dauernd seinen Betrag und ist maximal, wenn z_1 und z_2 dasselbe Argument haben, und minimal, wenn die jeweiligen Argumente gerade entgegengesetzt gerichtet sind. Die resultierende Überlagerungsschwingung verändert somit ständig ihre Amplitude (siehe Abbildung 1.27). Der Einfachheit halber nehmen wir an, beide Schwingungen haben eine Amplitude von 1 und haben zum

Zeitpunkt $t = 0$ keine Phasenverschiebung. Dann ist

$$z(t) = z_1(t) + z_2(t) = e^{i\omega_1 t} + e^{i\omega_2 t}$$
$$= e^{i\frac{\omega_1+\omega_2}{2}t}\left(e^{i\frac{\omega_1-\omega_2}{2}t} + e^{-i\frac{\omega_1-\omega_2}{2}t}\right)$$
$$= e^{i\frac{\omega_1+\omega_2}{2}t}\left(2\cos\frac{\omega_1-\omega_2}{2}t\right).$$

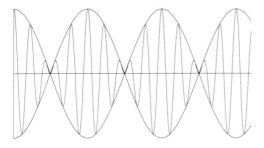

Abb. 1.27: Überlagerung zweier Schwingungen mit unterschiedlichen Frequenzen

1.11 Spiralen

Spiralen haben die Menschen schon immer fasziniert. Sie sind außerordentlich beeindruckende und ästhetisch attraktive Gebilde, für die sich die Menschheit zu allen Zeiten interessiert hat (Schupp & Dabrock, 1995). Es gibt Spiralen überall:

Abb. 1.28: Spiralen gibt es überall

- In der Natur vom Schneckenhaus über den Luftwirbel und Wasserwirbel, bei Schnecken und Muscheln und beim Fruchtstand der Sonnenblume bis hin zum Spiralnebel; in der Technik vom Korbboden über die Bandwicklung und Turbinen bis zur Datenspur einer CD (siehe Abbildung 1.28).

- In der Kunst von der Höhlenmalerei und neolithischen Keramikzieraten über arabische Ornamente bis hin zu phantastischen Figuren bei Friedensreich Hundertwasser ebenso wie in der Musik (Ravels „Bolero").
- In der Mystik von Formen und Verzierungen an antiken Kultgegenständen über mittelalterliche Mandalas bis hin zu Symbolfiguren moderner Sekten.

Gemeinsam ist allen diesen Gebilden dass ein Zentrum in immer größeren (bzw. kleineren) Windungen stetig umlaufen wird. Mit Hilfe von komplexen Zahlen lassen sich Spiralen auf einfache Weise mathematisch darstellen. Auch vom Mathematischen her sind Spiralen höchst interessante Objekte, die geeignet erscheinen, zu wesentlichen Inhalten und Zielen des Geometrieunterrichts hinzuführen (Schupp, 2000).

Definition 1.6. Unter einer **Spirale** versteht man eine Kurve, die in der Gaußschen Zahlenebene durch eine Gleichung der Form

$$z(t) = f(t) \cdot e^{it}$$

mit einer stetigen und streng monotonen Funktion f dargestellt wird.

Der Einfachheit halber betrachten wir nur sich um den Ursprung windende Spiralen. Ansonsten addiere man das Zentrum z_0 zu $z(t)$ hinzu. In Polarkoordinaten gibt die Funktion f den Abstand vom Ursprung und t den Winkel des Punktes $z(t)$ an.

Spezielle Spiralen sind über den jeweiligen Typ der Funktion f definiert.

1. Ist f eine proportionale Funktion

$$f(t) = a \cdot t \quad \text{mit} \quad t \in \mathbb{R}_0^+, a \in \mathbb{R}^+,$$

so heißt die resultierende Kurve **Archimedische Spirale**. Sie hat die Gleichung

$$z(t) = at \cdot e^{it}.$$

Ein Beispiel einer Archimedischen Spirale ist in Abbildung 1.30 (linkes Bild) dargestellt. Bei einer Archimedischen Spirale wächst die Entfernung zum Ursprung proportional zum Winkel. Diese Spirale ist somit die Bahnkurve eines Punktes, der sich auf einem mit konstanter Winkelgeschwindigkeit drehenden Strahl vom Rotationszentrum aus mit konstanter Geschwindigkeit bewegt. Die Windungen einer Archimedischen Spirale sind gleichabständig. Oder anders ausgedrückt: Aus allen Ursprungsgeraden schneidet diese Spirale Strecken gleicher Länge aus. Die Entfernungen benachbarter Kurvenpunkte auf einer Ursprungsgeraden sind konstant, nämlich immer $2\pi a$.

2. Bei der Archimedischen Spirale ist der Radius $r = f(t)$ proportional zum Winkel t. Die 1. Ableitung der Funktion f ist daher konstant, d. h. r wächst konstant. Betrachten wir hingegen eine Spirale, bei der das Wachsen des Radius proportional zu r geschieht, d. h.

$$f'(t) = r' = a \cdot r = a \cdot f(t)$$

ist, so hat diese Differenzialgleichung die Lösung

$$f(t) = ce^{at}.$$

Eine Spirale mit der Gleichung

$$z(t) = ce^{(a+i)t}$$

heißt **logarithmische Spirale**. Ein Beispiel einer logarithmischen Spirale ist in der mittleren Darstellung von 1.30 abgebildet.

Die Darstellung einer logarithmischen Spirale lässt sich noch vereinfachen zu

$$z = ce^{(a+i)t} = c\left(e^{a+i}\right)^t = cz_0^t$$

mit $z_0 = e^a(\cos 1 + i \sin 1)$.

Andererseits ist für jede komplexe Zahl z_0 mit $\text{Im}(z_0) \neq 0$

$$\begin{aligned}z = z_0^t &= e^{t \ln z_0} = e^{t(\ln |z_0| + i\arg(z_0))} \\ &= |z_0|^t e^{it\arg(z_0)},\end{aligned}$$

so dass jede Exponentialfunktion mir reellen Exponenten und komplexer Basis mit Imaginärteil $\neq 0$ zu einer logarithmischen Spirale führt.

Logarithmische Spiralen finden sich auch in der Natur, z. B. beim Nautilus, einem lebenden Fossil (siehe Abbildung 1.29). Hier wird auch deutlich, dass logarithmische Spiralen bei biologischen Wachstumsprozessen eine wichtige Rolle spielen.[2] Die logarithmische Spirale hat eine Reihe einzigartiger Eigenschaften, die Jakob Bernoulli (1654–1705) so begeisterten, dass er sie als „wundersame Spirale" (spira mirabilis) bezeichnete.

Einige der besonderen Eigenschaften logarithmischer Spiralen sind:

Abb. 1.29: Nautilus

---

2 Die heutigen Vertreter der Nautiliden leben in Wassertiefen bis zu 600 m, meist um 400 m, nur selten beobachtet man sie nahe der Wasseroberfläche. Soweit man dies in Erfahrung bringen konnte, halten sich die Tiere am Boden oder in Bodennähe auf. Ihr Verbreitungsgebiet sind die tropischen Meere außerhalb der Korallenriffe, die die Inseln des westlichen Pazifiks umgeben.

(a) Unterzieht man eine logarithmische Spirale einer zentrischen Streckung, so kommt dies einer Drehung gleich. Denn

$$k \cdot ce^{at} = e^{\ln k} ce^{at} = ce^{a(t+\frac{\ln k}{a})},$$

d. h. die logarithmische Spirale wurde um den Winkel $\frac{\ln k}{a}$ gedreht. Diese Tatsache entspricht dem optischen Phänomen, dass eine logarithmische Spirale beim Drehen um ihr Zentrum zu wachsen bzw. zu schrumpfen scheint.

(b) Mit jeder Windung wächst der Radius um einen konstanten Faktor:

$$f(t+2\pi) = ce^{a(t+2\pi)} = ce^{at}e^{2\pi a} = e^{2\pi a}f(t).$$

Diese Eigenschaft unterscheidet die logarithmische Spirale von der archimedischen, die sich mit jeder Windung um eine Konstante ausdehnt. Da $e^{2\pi} \approx 535,5$ relativ groß ist, ergeben nur Spiralen mit sehr kleinem $a \ll 1$ „hübsche" Spiralen.

(c) Jede Nullpunktgerade schneidet die Spirale unter demselben Winkel.

(d) Nimmt man irgendeine beliebige komplexe Zahl z_0 mit nichtverschwindendem Imaginärteil $\mathrm{Im}(z_0) \neq 0$, und bildet die Folge der ganzzahligen Potenzen

$$z_0, z_0^2, z_0^3, z_0^4, \ldots,$$

so liegen diese Punkte in der Gaußschen Zahlenebene auf einer logarithmischen Spirale. Abbildung 1.30 (rechte Darstellung) zeigt die ersten 25 Potenzen der komplexen Zahl $z = 0,7 + 0,6i$.

Unter einer Vielzahl von weiteren Spiralen stellen wir zwei weitere Exemplare vor:

3. **Hyperbolische Spirale**

Wählt man als Radiusfunktion

$$|z| = f(t) = \frac{a}{t},$$

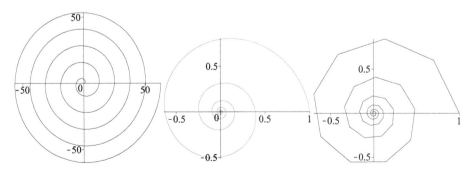

Abb. 1.30: Archimedische Spirale (links) $z(t) = 2te^{it}$, Logarithmische Spirale (Mitte) $z(t) = (0,15 + 0,8i)^t$ und Potenzen der komplexen Zahl $z = 0,7 + 0,6i$ (rechts)

so erhält man die **hyperbolische Spirale** mit der Gleichung

$$z = \frac{a}{t}e^{it} = \frac{a}{t}(\cos t + i \sin t).$$

Sie hat die Eigenschaft, dass sie sich dem Wert 0 nähert, wenn t immer größer wird, und sich dem Wert ia nähert, falls $t \to 0$, da

$$\frac{\sin t}{t} \longrightarrow 1 \quad \text{falls } t \to 0.$$

Abbildung 1.31, linke Darstellung, zeigt eine hyperbolische Spirale.

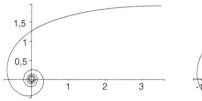
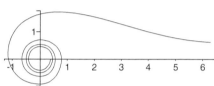

Abb. 1.31: Hyperbolische Spirale $z(t) = \frac{2}{t}e^{it}$ (links), Krummstab $z(t) = \frac{2}{\sqrt{t}}e^{it}$ (rechts)

Jede Archimedische Spirale geht durch Spiegelung am Einheitskreis (siehe Kapitel 7.4) in eine hyperbolische Spirale über und umgekehrt geht jede hyperbolische Spirale durch Spiegelung am Einheitskreis in eine Archimedische Spirale über.

4. **Krummstab**

   Der Krummstab ist definiert durch die Gleichung

$$z = \frac{a}{\sqrt{t}}e^{it}.$$

Der Anblick der dazugehörigen Kurve, siehe 1.31 (rechte Darstellung), erinnert an einen Bischofsstab, daher wohl die Namensgebung. Der Krummstab windet sich um den Ursprung für $t \to \infty$ und hat die Asymptote $y = 0$ für $t \to 0$. Letzteres gilt wegen

$$\frac{\sin t}{\sqrt{t}} \to 0 \quad \text{falls } t \to 0.$$

Es ist offensichtlich, dass nach Definition 1.6 kaum Grenzen gesetzt sind, weitere Typen von Spiralen zu definieren und ihre mitunter bemerkenswerten Eigenschaften zu studieren. Wir verweisen für weitere lohnenswerte Untersuchungen auf die Literatur (Schupp & Darbrock, 1995; Davis, 1993).

1.12 Komplexe Zahlen und Fraktale

Wolken sind keine Kugeln, Berge keine Kegel, Küstenlinien keine Kreise. Die Rinde ist nicht glatt – und auch der Blitz bahnt sich seinen Weg nicht gerade. Die Existenz solcher Formen fordert zum Studium dessen heraus, was Euklid als formlos beiseite lässt und führt zu einer Morphologie des Amorphen. Als Antwort darauf wurde seit der zweiten Hälfte des 20. Jahrhunderts in der Mathematik eine neue Geometrie der Natur entwickelt, die heutzutage insbesondere in der Computergrafik zur Erzeugung naturgetreuer Landschaften für Computerspiele und Filme Anwendung findet. Diese neue Geometrie beschreibt viele der unregelmäßigen und zersplitterten Formen um uns herum – und zwar mit einer Familie von Figuren, die man als Fraktale bezeichnet. Die Begriffe „Fraktal" und „fraktale Geometrie" wurden in den siebziger Jahren von Benoît B. Mandelbrot (polnisch-französischer Mathematiker, geb. 1924.) eingeführt.

Abb. 1.32: Mandelbrot

Fraktale Geometrie beschäftigt sich nicht mit einfachen Formen wie z. B. Gerade, Kreis, Würfel, Kugel, sondern mit komplexeren Gebilden, wie sie auch in der Natur vorkommen: ein Berg, ein Farn oder die Küstenlinie eines Meeres. *Fraktal* ist ein Oberbegriff für eine ziemlich reichhaltige Klasse von geometrischen Objekten, die die Eigenschaft der Selbstähnlichkeit aufweisen. Selbstähnlich bedeutet, dass diese Strukturen aus mehreren verkleinerten Kopien ihrer selbst bestehen. Ein einfaches Beispiel eines Fraktals in der Mathematik ist die Koch-Kurve, benannt nach dem schwedischen Mathematiker Helge von Koch (1870–1924). Ausgangspunkt der Kochkurve ist eine gerade Linie („Initiator"), die in drei gleiche Strecken geteilt wird. Über dem mittleren Teilstück wird ein gleichseitiges Dreieck errichtet. Dadurch entsteht eine Figur aus vier Linien („Generator"). Durch Rekursion erhält man die gleiche Figur längs jeder Verbindungsstrecke. Auf jedes gerade Teilstück der nun entstandenen Kurve lässt sich das Verfahren rekursiv wiederholen. Es entsteht eine immer stärker „gezackte Kurve" (Abbildung 1.33).

Konstruiert man die Kochkurve über den drei Seiten eines gleichseitigen Dreiecks, so entsteht die Kochsche Schneeflocke, eine Kurve – ähnlich wie die Küstenlinie – von unendlicher Länge, die dennoch eine endliche Fläche umfasst (Abbildung 1.34).

Abb. 1.33: Eine Strecke als Ausgangsfigur und fünf Konstruktionsschritte der Kochkurve

Abb. 1.34: Kochsche Schneeflocke, entstanden aus drei Kochkurven

Ein anderes bekanntes Beispiel ist das Sierpinski-Dreieck, das beim Übergang von einer Iterationsstufe zur nächsten Stufe die dreifache Kopie seiner selbst mit dem Verkleinerungsfaktor 2 enthält. Ausgehend von einem gleichseitigen Dreieck als Initiator wird in jedem Iterationsschritt das Mittendreieck (gegeben durch die drei Seitenmittelpunkte) herausgeschnitten. Abbildung 1.35 zeigt das Sierpinski-Dreieck bis zur 5-sten Iterationsstufe.

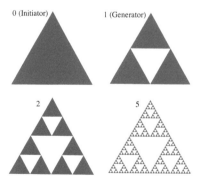

Abb. 1.35: Konstruktion des Sierpinski-Dreieck

Ein Fraktal besitzt die Eigenschaft der Selbstähnlichkeit: Jeder kleine Ausschnitt ähnelt dem gesamten Objekt. So ähnelt z. B. die Struktur eines vergrößerten Ausschnittes eines Berggipfels dem gesamten Gebirge selbst, während demgegenüber z. B. der Ausschnitt einer Kugeloberfläche bei Vergrößerung mehr und mehr einer ebenen Fläche ähnelt. Ein Maß für die „Ausdehnung" einer fraktalen Menge und für ihre gleichmäßige Verteilung ist die Selbstähnlichkeitsdimension, die man als Verhältnis des Logarithmus der Anzahl der Kopien der Menge in jedem Konstruktionsschritt zu dem Logarithmus des Verkleinerungsfaktors definiert. So ist z. B. die Selbstähnlichkeitsdimension vom Sierpinski-Dreieck (drei Kopien seiner selbst pro Konstruktionsschritt, Verkleinerungsfaktor 2) $\log(3)/\log(2) = 1,58496$. Dieser Begriff verallgemeinert die uns wohlbekannte Dimension des Raumes. Stellen wir uns z. B. einen (dreidimensionalen) Würfel vor. Wenn wir den Würfel in jeder Richtung halbieren, d. h. um den Verkleinerungsfaktor $a = 2$ reduzieren, so entstehen $n = 8$ kleine Würfel. Die Zahl $d = 3$ löst die Gleichung $\log(a) \cdot d = \log(n)$. Somit ist die erweiterte Definition verträglich mit dem uns vertrauten Dimensionsbegriff. Die Dimension vieler Fraktale, die in einer Ebene dargestellt werden können, liegt zwischen 1 (Dimension einer Geraden) und 2 (Dimension einer Ebene). Die Koch-Kurve hat z. B. die Dimension $\log(4)/\log(3) = 1,26186$.

Fraktale erlauben uns, komplexe Naturerscheinungen mathematisch zu erfassen und auf dem Computer zu modellieren. Die Fraktale werden dabei oft sehr einfach definiert. Allerdings muss die Definitionsvorschrift sehr oft iterativ auf die anfallenden Daten angewandt werden, was einen enormen Rechenaufwand bedeutet. Das erklärt, warum die bereits zwischen 1875 und 1925 entdeckten und beschriebenen Fraktale erst durch die Verfügbarkeit leistungsfähiger Computer visualisiert werden konnten und schließlich Popularität erlangten. Praktische Anwendungen finden Fraktale beim Studium der Form von so unterschiedlichen Objekten der Natur wie z. B. Küstenlinien, Schneeflocken, Wolken, Gehirnfurchen, Zellmembranen, Lungenbläschen oder Speisen wie Broccoli und Blumenkohl.

Mandelbrot-Menge und Julia-Mengen

Im Abschnitt über Spiralen hatten wir gesehen, dass die durch fortgesetztes Potenzieren einer komplexen Zahl z_0 erhaltenen Zahlen $z_n = z_0^{n+1}$ auf einer logarithmischen Spirale liegen, vorausgesetzt $Im(z_0) \neq 0$. Die Vorschrift zur Berechnung der Zahlenfolge lässt sich auch durch eine Rekusionsvorschrift ausdrücken

$$z_n = z_{n-1} \cdot z_0.$$

Eine andere einfache Rekursionsvorschrift komplexer Zahlen führt auf Fraktale. Das berühmteste Fraktal in der Mathematik ist die Mandelbrot-Menge, dargestellt als Apfelmännchen (Abbildung 1.36). Es ist mathematisch wie folgt zu beschreiben:

Wir betrachten die Folge, deren Glieder sich berechnen mittels

$$z_{n+1} = z_n^2 + c, \; c \in \mathbb{C}. \tag{1.4}$$

Dadurch entsteht für jede komplexe Zahl c und jedes Anfangsglied z_0 eine andere Folge komplexer Zahlen. Die ersten Glieder dieser Folge lauten

$$z_0, z_0^2 + c, (z_0^2 + c)^2 + c, [(z_0^2 + c)^2 + c]^2 + c, \ldots.$$

Divergiert diese Folge, d. h. gilt $|z_n| \to \infty$, oder bleibt die Folge beschränkt? Das hängt von der Wahl von c und z_0 ab! Wir wählen $z_0 = 0$. Es lässt sich dann leicht zeigen: Gilt für irgendein n erstmalig $2 < |z_n|$, so strebt die Folge im weiteren Verlauf dem Betrage nach monoton gegen unendlich. Andererseits gibt es Werte c, für welche die Folge (z_n) beschränkt bleibt. Die „Mandelbrotmenge" ist definiert als die Menge derjenigen c, für welche die Folge (z_n) nicht divergiert.

Somit ist die Mandelbrotmenge definiert als die Menge aller komplexen Zahlen c, für die die Folge komplexer Zahlen (1.4) mit fest gewähltem $z_0 = 0$ beschränkt bleibt.

$$\mathcal{M} = \{c \,|\, |z_n| \text{ ist beschränkt, wobei } z_n = z_{n-1}^2 + c, z_0 = 0\}.$$

Die grafische Darstellung dieser Menge erfolgt in der komplexen Ebene. Die Mandelbrotmenge erscheint auf dem Bildschirm als „Apfelmännchen", wenn man für jeden (als Pixel sichtbaren) Punkt c der Gaußschen Zahlenebene die Folge z_n iteriert und einen Pixel setzt, wenn sie beschränkt bleibt. Abbildung 1.36 zeigt die Mandelbrotmenge. In plastischer Sprache besteht das Apfelmännchen genau aus den Punkten, die durch wiederholte Anwendung der Iterationsvorschrift „gefangen" sind, während Punkte außerhalb durch wiederholte Iteration in die Unendlichkeit entfliehen.

Das Apfelmännchen hat folgende Eigenschaften (Zeitler & Neidhardt 1993):
- Das Apfelmännchen ist symmetrisch zur reellen Achse.
- $\mathcal{M} \cap \mathbb{R} = [-2, \frac{1}{4}]$, d.h. liegen die Punkte c auf der reellen Achse, so gilt $-2 \leq c \leq \frac{1}{4}$.
- Im Ursprung beginnend, finden sich nach links entlang der reellen Achse („Hauptantenne") aneinandergereihte Kreisscheiben („Knospen"). Sie berühren sich und werden nach links hin immer kleiner.

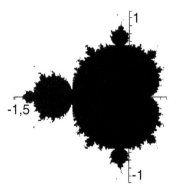

Abb. 1.36: Mandelbrots Apfelmännchen

- Betrachtet man vergrößerte Ausschnitte des Apfelmännchen an ausgewählten Stellen – etwa an den Hauptantennenverdickungen – so entdeckt man wiederum ein Apfelmännchen. Das Apfelmännchen ist also selbstähnlich.
- Der japanische Mathematiker Shishikura konnte 1998 zeigen, dass der Rand der Mandelbrotmenge die Dimension 2 hat, d. h. der Rand allein kann eine ganze Fläche ausfüllen.

Die Mandelbrotmenge ist eng verwandt mit einem anderen Fraktal: der Juliamenge, benannt nach dem französischen Mathematiker Gaston Julia, der 1918 – lange vor dem Auftreten von Computern – eine große grundlegende Arbeit über die Eigenschaften komplexer Iterationen publizierte. Genau genommen handelt es sich bei der Juliamenge nicht um *eine* bestimmte Menge, sondern um eine ganze Klasse von Mengen.

Gegeben eine Abbildung f der komplexen Ebene auf sich selbst, dann ist die Julia-Menge $\mathcal{J}(f)$ definiert als diejenige Teilmenge von $\mathbb{C}$, für die die wiederholte Anwendung $f(f(f\ldots f(z)))$ von f nicht nach unendlich divergiert. Die Elemente von $\mathcal{J}(f)$ sind also „gefangen". Beispielsweise sind bei der Abbildung $f_0(z) = z^2$ genau alle Punkte im Einheitskreis gefangen. Diese Juliamenge $\mathcal{J}(f_0)$ ist nicht gerade spektakulär. Das ändert sich aber vehement, wenn wir f_0 durch Addition einer komplexen Konstanten $j \in \mathbb{C}$ verändern zu $f_j(z) = z^2 + j$. Beginnen wir mit einer komplexen Zahl $c \in \mathbb{C}$, so betrachten wir die komplexe Folge

$$z_{n+1} = z_n^2 + j, \quad z_0 = c.$$

Die Folge (z_n) fängt also wie folgt an

$$c,\ c^2 + j,\ (c^2 + j)^2 + j,\ [(c^2 + j)^2 + j]^2 + j,\ \ldots.$$

Die zur komplexen Zahl j gehörende Juliamenge ist definiert als

$$\mathcal{J}(f_j) = \{c \,|\, |z_n| \text{ ist beschränkt, wobei } z_n = f_j(z_{n-1}) = z_{n-1}^2 + j, z_0 = c\}.$$

Für jeden Wert von j erhält man eine andere Juliamenge. Faszinierend ist der Zusammenhang zwischen der Mandelbrotmenge $\mathcal{M}$ und Juliamengen der Form $\mathcal{J}(f_j)$, d.h. Juliamengen bezüglich $f_j(z) = z^2 + j$. Besonders interessant aussehende Juliamengen ergeben sich gerade dann, wenn man die komplexe Zahl j im Randbereich der Mandelbrot-Menge wählt. Abbildung 1.37 zeigt drei verschiedene Juliamengen. Die „Gefangenen" sind jeweils mit schwarzen Punkten markiert. Ästhetisch besonders eindrucksvolle Bilder erhält man in farblichen Darstellungen, bei denen man die „Flüchtlinge" nach der Anzahl ihrer Iterationen einfärbt, die sie bis zum Verlassen eines vorgegebenen kritischen Bereichs benötigen. Dabei werden Juliamengen $\mathcal{J}(f)$ beliebiger Abbildungen f der komplexen Ebene betrachtet, die zu einer faszinierenden Vielfalt ästhetischer Darstellungen führt.

Die beeindruckende Welt der Fraktale und der Juliamengen lässt sich dank der Verfügbarkeit moderner Computer detailliert studieren. Auf interaktive Grafiken mit

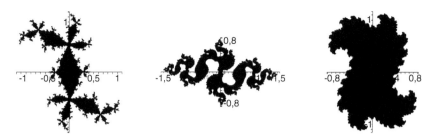

Abb. 1.37: Juliamenge mit $j = 0,3 + 0,55i$ (links), $j = -0,769531 + 0,117187i$ (Mitte) und $j = 0,34 + 0,16i$ (rechts)

der Geometrie-Software Cinderella sowie MAPLE Programme zur Erstellung von Juliamengen und der Mandelbrotmenge finden sich in den Kapiteln 10 und 11 und auf der zum Buch gehörenden Internetseite. Hier geben wir nur einen kleinen Einblick in die wunderbare Welt der Fraktale. Zum vertieften Studium muss auf die Literatur verwiesen werden, z. B. Peitgen & Richter (1986) oder Mandelbrot (1987). Darüber hinaus finden sich im Internet eine Vielzahl von interaktiven Applets, mit denen man diese Mengen eingehend studieren kann. Man gebe in eine Suchmaschine nur die Begriffe `Mandelbrot, Juliamenge, Applet` ein.

Das Feigenbaum-Diagramm

Ein weiterer bemerkenswerter Zusammenhang besteht zwischen der Mandelbrotmenge und dem Feigenbaumdiagramm. Dazu beschränken wir die Iterationen, die zur Mandelbrotmenge führen, auf reelle Zahlen und studieren das Konvergenzverhalten etwas detaillierter. Ausgehend von

$$z_{n+1} = z_n^2 + c \quad \text{mit} \quad c \in \mathbb{R}, -2 \leq c \leq \tfrac{1}{4}.$$

setzen wir

$$z_n = -r\left(x_n - \frac{1}{2}\right)$$

und

$$c = \frac{r}{2} - \frac{r^2}{4}.$$

Dann wird die obige Iteration in die logistische Iteration überführt

$$x_{n+1} = rx_n(1 - x_n).$$

Man sieht leicht, dass für feste Werte $0 \leq r \leq 4$ die Folge x_n im Intervall $[0, 1]$ „gefangen" ist, d.h. $|x_n| \leq 1$ während für $r > 4$ die Folge divergiert. Dies entspricht der Tatsache, dass reelle Zahlen $c = r/2 - r^2/4 < -2$ nicht zur Mandelbrotmenge gehören können. Für $0 < r \leq 3$ konvergiert die Folge gegen $1 - 1/r$, und zwar unabhängig vom Startwert x_0. Für $r > 3$ schwankt der Wert der Folgenglieder zunächst in einem 2er, dann in einem 4er-, 8er- etc. Zyklus. Diese Verzweigungen oder Aufspaltungen des Grenzzyklus nennt man Bifurkation. Schließlich, bei etwa $r \approx 3,57$, ist ein Punkt erreicht, von dem ab die Folgeglieder ziellos auf- und abhüpfen und keine Perioden mehr erkennbar sind. Winzige Änderungen des Anfangswertes resultieren in unterschiedlichsten Folgewerten. Das Chaos ist ausgebrochen.

Abbildung 1.38 zeigt eine graphische Veranschaulichung. Beginnend mit einem beliebigen Startwert $x_0 \in (0, 1)$ wurden für verschiedene Werte von r, $0 \leq r \leq 4$ über einem Gitter 5000 Iterationen von x_n berechnet. Zu jedem r wurden die letzten 300 Werte von x_n in eine Datei geschrieben. Konvergiert x_n, so ist nach 4700 Iterationen zu erwarten, dass die Folgeglieder alle ununterscheidbar sind. Dem entsprechende r wird dann eine einzige Zahl zugeordnet. Alterniert die Folge zwischen zwei oder mehreren Werten, so werden dem dazugehörigen r mehrere Werte zugeordnet. Im Fall des unkontrollierten Verhaltens für $3,57 < r \leq 4$ erhält man eine Vielzahl von Werten. Das auf diese Weise entstehende Diagramm heißt **Feigenbaum-Diagramm** und ist in Abbildung 1.38 dargestellt.

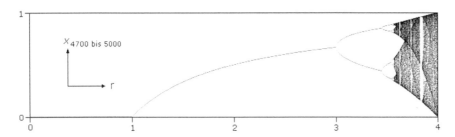

Abb. 1.38: Feigenbaum-Diagramm

Abbildung 1.39 zeigt einen Ausschnitt aus dem Feigenbaum-Diagramm aus Abbildung 1.38. Sehr bemerkenswert ist die Tatsache, dass im „chaotischen" Bereich $r > 3.57$ auch vereinzelte Inseln der Ordnung existieren, die wiederum eine Ähn-

Abb. 1.39: Ausschnitt aus Abbildung 1.38 für $3.5 < r < 3.6$, $0.345 < x < 385$

lichkeit – ganz im geometrischen Sinne – mit den geordneten Strukturen im Bereich $1 < r < 3$ aufweisen. Wenn wir mit der Lupe den Graphen z.B. zwischen $3.5 < r < 3.6$ und $0.345 < x < 0.385$ anschauen, dann finden wir plötzlich wieder Inseln der Ordnung mitten im Chaos. Wir entdecken eine Selbstähnlichkeit.

Aufgaben

1.18 Berechnen Sie die Polarkoordinaten von
(a) -13 (b) $20i$ (c) $-5i$ (d) $-3 + 3i$ (e) $5 + 12i$
(f) $-20 + 21i$ (g) $7 - 24i$

1.19 Berechnen Sie die rechtwinkligen Koordinaten des Produktes und des Quotienten der in Polarkoordinaten gegebenen Punkte $P = (2; 3/4\pi)$, $Q = (\sqrt{3}; 5/12\pi)$ auf zwei Arten:
(a) Man berechne zuerst die Polarkoordinaten des Produktes und des Quotienten und daraus die rechtwinkligen Koordinaten.
(b) Man berechne die rechtwinkligen Koordinaten der gegebenen Punkte und daraus das Produkt und den Quotienten.

1.20 Ein Kreis hat seinen Mittelpunkt auf der reellen Achse und geht durch den Ursprung. Stellen Sie die Kreisgleichung auf
(a) im kartesischen Koordinatensystem
(b) in betragsfreier komplexer Form
(c) in Polarkoordinaten.
Was ändert sich, wenn der Mittelpunkt des Kreises auf der imaginären Achse liegt?

1.21 Gegeben sind die beiden komplexen Zahlen $z_1 = 2 + 2\sqrt{3}i$, $z_2 = 1 + i$. Konstruieren Sie in der Zahlenebene über Polarkoordinaten
(a) $z_1 \cdot z_2$ (b) z_1^2 (c) z_2^2 (d) $z_1^2 \cdot z_2^2$

1.22 Gegeben sei eine komplexe Zahl $z = x + iy$, $x, z \in \mathbb{R}$. Berechnen Sie die Polarkoordinaten von $\bar{z}$ und $\frac{1}{z}$.

1.23 Gegeben sei eine komplexe Zahl z. Wie lässt sich $z \cdot e^{i\alpha}$ geometrisch darstellen für $\alpha \in \mathbb{R}$?

1.24 Gegeben sei eine komplexe Zahl mit Polarkoordinaten mit $r = 2\sqrt{2}$ und $\theta = 7/6\pi$. Stellen Sie die Zahl geometrisch in der Gaußschen Zahlenebene und in der Form $z = x + iy$, $x, y \in \mathbb{R}$ dar.

1.25 Gegeben sei die komplexe Zahl $z = \frac{-1+\sqrt{5}}{4} + \frac{\sqrt{2}\sqrt{5+\sqrt{5}}}{4}i$. Stellen Sie z in Polarkoordinaten und als Punkt in der Gaußschen Zahlenebene dar.

1.26 Beweisen Sie folgende Identitäten:
(a) $\sin^3(\theta) = \frac{3}{4}\sin\theta - \frac{1}{4}\sin 3\theta$ (b) $\cos^4\theta = \frac{1}{8}\cos 4\theta + \frac{1}{2}\cos 2\theta + \frac{3}{8}$.

1.27 Zeigen Sie, dass
(a) $\cos\theta = \frac{e^{i\theta}+e^{-i\theta}}{2}$ (b) $\sin\theta = \frac{e^{i\theta}-e^{-i\theta}}{2i}$

1.28 Was ist
(a) 2^i (b) $\ln i$ (c) $(-1)^i$ (d) $5^{\frac{1}{i}}$ (e) $\log_{10}(-2)$?

1.29 Wandeln Sie folgende komplexe Zahlen in die Form $x+iy$ um:
$\frac{(2 \cdot e^{i \cdot \alpha})^7}{(e^{i\beta})^3}$, wobei $\alpha = \pi/12$ und $\beta = \pi/4$.

1.30 Gegeben seien die beiden komplexen Zahlen $z_1 = \sqrt{2}\left(\cos\frac{5\pi}{4} + i\sin\frac{5\pi}{4}\right)$, $z_2 = \sqrt{18}\left(\cos\frac{5\pi}{6} + i\sin\frac{5\pi}{6}\right)$. Berechnen Sie mittels Polarkoordinaten
(a) $z_1 \cdot z_2$ (b) $\frac{z_1}{z_2}$

1.31 Beweisen Sie mit Hilfe der Euler-Formel die Additionstheoreme für Sinus und Cosinus

$$\sin(\alpha + \beta) = \sin\alpha\cos\beta + \sin\beta\cos\alpha$$
$$\cos(\alpha + \beta) = \cos\alpha\cos\beta - \sin\alpha\sin\beta.$$

1.32 Berechnen Sie die Potenzen $(1, 1 \cdot i), (1, 1 \cdot i)^2, \ldots, (1, 1 \cdot i)^{10}$. Welche Figur ergibt sich, wenn man die entsprechenden Punkte in der Gaußschen Zahlenebene verbindet?

1.33 Experimentieren Sie mit einer Visualisierung der Mandelbrotmenge, indem Sie den Zoomfaktor und den Bildausschnitt verändern. Wo finden Sie weitere, kleinere Apfelmännchen? Geben Sie verschiedene Positionen und Zoomfaktoren an.

2 Primzahlen im Komplexen

2.1 Die Menge der ganzen Gaußschen Zahlen

Um eine Teilbarkeitslehre für komplexe Zahlen entwickeln zu können, bilden wir eine Teilmenge $\mathbb{G}$ von $\mathbb{C}$, die vergleichbar mit der Teilmenge $\mathbb{Z}$ von $\mathbb{R}$ ist.

Definition 2.1. Unter der Menge der **ganzen Gaußschen Zahlen** versteht man die Menge der komplexen Zahlen, deren Realteil und Imaginärteil beide ganzzahlig sind, in Zeichen
$$\mathbb{G} = \{a + bi \mid a, b \in \mathbb{Z}\}.$$

$(\mathbb{G}, +, \cdot)$ ist ein kommutativer, nullteilerfreier Ring mit Einselement. $\mathbb{G}$ ist isomorph zu $\mathbb{Z} \times \mathbb{Z}$ und lässt sich in der Gaußschen Zahlenebene als Menge aller ganzzahligen Gitterpunkte darstellen. Der Teilbarkeitsbegriff in $\mathbb{G}$ ist analog zur Teilbarkeit in $\mathbb{Z}$ definiert. Im Folgenden notieren wir ganze Gaußsche Zahlen mit griechischen Buchstaben $\alpha, \beta, \ldots$

Definition 2.2. Für $\alpha, \beta \in \mathbb{G}$ nennen wir α einen **Teiler** von β (in Zeichen $\alpha | \beta$), wenn es ein $\gamma \in \mathbb{G}$ gibt mit $\alpha \cdot \gamma = \beta$.

Es ist somit
- $1 + i \mid 2$, denn $2 = (1 + i) \cdot (1 - i)$.
- $1 + i \mid 1 - i$, denn $1 - i = (1 + i) \cdot (-i)$.
- $6 + 3i \mid -9 + 48i$, denn $-9 + 48i = (6 + 3i) \cdot (2 + 7i)$.

Da $\mathbb{G}$ zwar ein Ring aber kein Körper ist, teilt nicht jede von 0 verschiedene Zahl jede andere Zahl. Zum Beispiel ist $1 + i$ kein Teiler von $1 + 2i$. Denn gäbe es eine ganze Gaußsche Zahl $x + iy$, für die $(1 + i) \cdot (x + iy) = x - y + i(x + y) = 1 + 2i$ ist, dann müsste $x - y = 1$ und $x + y = 2$. Diese beiden Gleichungen haben aber keine ganzzahligen Lösungen.

2.2 Norm und Einheiten

Definition 2.3. Für $\alpha = a + bi \in \mathbb{G}$ heißt die ganze Zahl $N(\alpha) = (a + bi) \cdot (a - bi) = a^2 + b^2$ die **Norm** von α.

Die Norm von α ist somit das Quadrat des Abstandes des Punktes (a, b) vom Ursprung bzw. das Quadrat des Betrages von α.

Satz 15. *Für alle $\alpha, \beta \in \mathbb{G}$ gilt: $N(\alpha \cdot \beta) = N(\alpha) \cdot N(\beta)$.*

Beweis. Es seien $\alpha = a_1 + b_1 i$, $\beta = a_2 + b_2 i$, somit $\alpha \cdot \beta = (a_1 a_2 - b_1 b_2) + i(b_1 a_2 + a_1 b_2)$. Dann ist

$$\begin{aligned} N(\alpha \cdot \beta) &= (a_1 a_2 - b_1 b_2)^2 + (a_1 b_2 + a_2 b_1)^2 \\ &= (a_1 a_2)^2 - 2a_1 a_2 b_1 b_2 + (b_1 b_2)^2 + (a_1 b_2)^2 + 2a_1 b_2 a_2 b_1 + (a_2 b_1)^2 \\ &= a_1^2 a_2^2 + b_1^2 b_2^2 + a_1^2 b_2^2 + a_2^2 b_1^2 \\ &= (a_1^2 + b_1^2)(a_2^2 + b_2^2) \\ &= N(\alpha) \cdot N(\beta). \end{aligned}$$

□

Hieraus folgt unmittelbar

Satz 16. *Wenn $\alpha | \beta$, dann gilt auch $N(\alpha) | N(\beta)$.*

Beweis. Aus $\alpha \cdot \gamma = \beta$ folgt aus dem gerade bewiesenen Satz

$$N(\alpha) \cdot N(\gamma) = N(\beta),$$

also die Teilbarkeitsbeziehung $N(\alpha) | N(\beta)$ in $\mathbb{N}$. □

In der Menge der ganzen Zahlen $\mathbb{Z}$ hat die 1 nur die beiden Teiler 1 und -1. Jede Zahl $z \in \mathbb{Z}, z \neq 1, -1$ hat somit mindestens vier Teiler, nämlich $-1, 1, z$ und $-z$. Welche Teiler hat die 1 im Ring der ganzen Gaußschen Zahlen?

Definition 2.4. Eine ganze Gaußsche Zahl ε heißt Einheit von $\mathbb{G}$, wenn gilt:

$$\varepsilon | 1 \text{ in } \mathbb{G}.$$

Ist ε eine Einheit von $\mathbb{G}$, ist also $\varepsilon | 1$, so muss – wie wir bei der Norm schon gesehen haben – $N(\varepsilon) | N(1) = 1$ gelten. Wir setzen nun für $\varepsilon = x + iy$ und erhalten, dass dann

$$x^2 + y^2 | 1$$

gelten muss. Diese Gleichung hat genau vier ganzzahlige Lösungen

$$\begin{aligned} x &= 1, \quad y = 0; \quad x = -1, \quad y = 0 \\ x &= 0, \quad y = 1; \quad x = 0, \quad y = -1. \end{aligned}$$

Hieraus können wir die Menge aller Einheiten $\mathcal{E}$ ablesen:

$$\mathcal{E} = \{1, -1, i, -i\}.$$

Definition 2.5. Ist ε eine Einheit und ist $\alpha = \varepsilon \beta$, so heißen α und β **zueinander assoziiert**.

Jedes $\alpha \in \mathbb{G}$ hat vier assoziierte Elemente: $\alpha, i\alpha, -\alpha$ und $-i\alpha$.

Zwei zueinander assoziierte ganze Gaußsche Zahlen haben die gleiche Norm. Denn es gilt

$$N(\varepsilon \alpha) = N(\varepsilon) N(\alpha) = N(\alpha).$$

Hieraus können wir schließen, dass jede ganze Gaußsche Zahl durch die Einheiten $1, i, -1$ und $-i$ sowie durch alle zu α assoziierten Zahlen $\alpha, i\alpha, -\alpha$ und $-i\alpha$ teilbar ist. Jede ganze Gaußsche Zahl hat somit mindestens acht Teiler.

2.3 Die Gaußschen Primzahlen

Definition 2.6. Eine ganze Gaußsche Zahl heißt **Gaußsche Primzahl**, wenn sie außer den Einheiten und ihren Assoziierten keine weiteren Teiler hat. $\alpha \in \mathbb{G}$ ist somit eine Primzahl, wenn für die Teilermenge $T(\alpha)$ gilt:

$$T(\alpha) = \{1, i, -1, -i, \alpha, i\alpha, -\alpha, -i\alpha\}.$$

Wir notieren die Menge aller Gaußschen Primzahlen mit $\mathbb{GP}$.

Im Folgenden wollen wir nun eine Methode vorstellen, mit der man einige Gaußsche Primzahlen auf leichte Art finden kann. Dabei wird überprüft, ob die Norm einer Zahl π eine Primzahl in $\mathbb{Z}$ ist. Gilt nämlich für eine Zahl $\pi = \alpha \cdot \beta$ mit $\alpha, \beta \in \mathbb{G}$, so folgt $N(\pi) = N(\alpha) \cdot N(\beta)$. Hieraus folgt nun, dass entweder $N(\alpha) = 1$ oder $N(\beta) = 1$ sein muss, d. h. entweder ist $\alpha \in \mathcal{E}$ oder $\beta \in \mathcal{E}$. Somit haben wir bewiesen:

Satz 17. *Eine ganze Gaußsche Zahl, deren Norm eine Primzahl $\mathbb{Z}$ ist, ist auch eine Gaußsche Primzahl.*

Beispiel 2.1. $\alpha = 2 + i$ ist Primelement in $\mathbb{G}$, da $N(\alpha) = 5$ eine Primzahl in $\mathbb{Z}$ ist.

Hieraus kann man aber nicht die Umkehrung schließen. Wenn π eine Gaußsche Primzahl ist, so muss die Norm von π nicht unbedingt eine Primzahl in $\mathbb{Z}$ sein. Beispielsweise betrachten wir $3 = 3 + 0 \cdot i \in \mathbb{G}$. 3 ist eine Gaußsche Primzahl. Nehmen wir nämlich an, $3 = \alpha \cdot \beta$ ließe sich als Produkt zweier ganzer Gaußscher Zahlen schreiben mit

$$\alpha = a_1 + b_1 i, \quad \beta = a_2 + b_2 i, \quad a_1, b_1, a_2, b_2 \in \mathbb{Z},$$

so muss gelten, da α und β keine Einheiten sind,

$$a_1^2 + b_1^2 = 3.$$

Ebenso folgt $a_2^2 + b_2^2 = 3$. Wie man leicht überprüfen kann, gibt es aber keine ganzen Zahlen a_1, b_1 mit dieser Eigenschaft. Daher muss $3 \in \mathbb{G}$ eine Primzahl sein. Für die Norm $N(3)$ gilt aber: $N(3) = 9$, d. h. $N(3)$ ist nicht prim.

Eine ganze Zahl a, die Primelement in $\mathbb{G}$ ist, muss auch eine Primzahl in $\mathbb{Z}$ sein. Denn jede nicht-triviale Zerlegung von a in $\mathbb{Z}$ würde eine nicht-triviale Zerlegung in $\mathbb{G}$ nach sich ziehen, weil die Norm jedes dieser nicht-trivialen Faktoren in $\mathbb{G}$ größer als 1, der Faktor selbst somit keine Einheit ist.

Lässt sich die eben gewonnene Erkenntnis verallgemeinern zu der Feststellung, dass jede Primzahl p in $\mathbb{Z}$ auch in $\mathbb{G}$ prim ist? Diese Aussage lässt sich am Beispiel der 2 oder 5 widerlegen. Denn es gilt: $2 = (1 + i) \cdot (1 - i)$, $5 = (2 + i) \cdot (2 - i)$. Da jedes Mal keiner der beiden Faktoren eine Einheit ist, können die Zahlen 2 und 5 in $\mathbb{G}$ nicht prim sein. Allgemein gilt der

Satz 18. *Genügt die in $\mathbb{Z}$ prime Zahl p der Bedingung $p \equiv 3 \pmod 4$, dann ist p eine Gaußsche Primzahl.*

Beweis. Angenommen p hätte in $\mathbb{G}$ die Zerlegung $p = \alpha \cdot \beta$, wobei weder α noch β Einheiten sind, so folgt aus $p^2 = N(p) = N(\alpha) \cdot N(\beta)$ sowohl $N(\alpha) = p$ als auch $N(\beta) = p$. Ist etwa $\alpha = a + bi$, so muss $p = a^2 + b^2$ sein.

Eine Quadratzahl ist aber immer entweder $\equiv 0 (\mod 4)$ oder $\equiv 1 (\mod 4)$. Somit kann die Summe von zwei Quadratzahlen niemals $\equiv 3 \pmod 4$ sein. Da aber nach Voraussetzung $p \equiv 3 (\mod 4)$ ist, erhalten wir einen Widerspruch zur angenommen Zerlegbarkeit von p. □

Als Folgerung ergibt sich, dass es unendlich viele Gaußsche Primzahlen gibt. Denn es gibt unendlich viele Primzahlen in $\mathbb{Z}$ mit $p \equiv 3 (\mod 4)$.

Von Satz 18 gilt auch die Umkehrung.

Satz 19. *Ist die in $\mathbb{Z}$ prime Zahl p auch eine Gaußsche Primzahl, so gilt $p \equiv 3 \pmod 4$.*

Beweis. Wir führen die Annahme, dass p bei Division durch 4 den Rest 1 lässt, zum Widerspruch. Sei also $p = 4n + 1$ für eine natürliche Zahl n. Wir stellen zunächst fest, dass die Kongruenz

$$-1 \equiv x^2 \mod p$$

eine Lösung besitzt, und zwar

$$x = (2n)!.$$

Nach dem Satz von Wilson aus der Zahlentheorie ist nämlich $-1 \equiv (p-1)! \mod(p)$ und somit

$$-1 \equiv (p-1)! = [1 \cdot 2 \cdot \cdots \cdot (2n)][(p-1) \cdot (p-2) \cdot \cdots \cdot (p-2n)]$$
$$\equiv [(2n)!][(-1)^{2n}(2n)!] = [(2n)!]^2 \mod p,$$

da $p - k \equiv -k (\mod p, k = 1, \ldots, 2n)$. Wir erhalten

$$p | x^2 + 1 = (x+i)(x-i).$$

p teilt jedoch keinen der Faktoren $x+i$, $x-i$ und ist daher kein Primelement im Ring $\mathbb{G}$. □

Es folgt, dass die in $\mathbb{Z}$ primen Zahlen 3, 7, 11, 19, 23, 31 etc. auch Gaußsche Primzahlen sind.

Wir sind jetzt in der Lage, alle Gaußschen Primzahlen zu beschreiben.

Satz 20. *Die Primzahlen π in $\mathbb{G}$ sind bis auf Assoziierte wie folgt gegeben:*
(1) $\pi = 1 + i$
(2) $\pi = a + bi$ *mit* $a^2 + b^2 = p, p \equiv 1 \mod 4, a > |b| > 0$
(3) $\pi = p, p \equiv 3 \mod 4$
Dabei bedeutet p eine Primzahl in $\mathbb{Z}$.

Beweis. Die Zahlen unter (1) und (2) sind prim, weil aus einer Zerlegung $\pi = \alpha \cdot \beta$ in $\mathbb{G}$ die Gleichung

$$p = N(\pi) = N(\alpha) \cdot N(\beta)$$

mit einer Primzahl p folgt, so dass entweder $N(\alpha) = 1$ oder $N(\beta) = 1$, d. h. α oder β sind Einheiten. Zahlen der Form (3) sind Gaußsche Primzahlen, wie in Satz 18 gezeigt wurde.

Es bleibt noch umgekehrt zu zeigen, dass eine beliebige Gaußsche Primzahl zu einer Zahl der Form (1), (2) oder (3) assoziiert ist. Zunächst folgt aus

$$N(\pi) = \pi \cdot \overline{\pi} = p_1 \cdot \ldots \cdot p_r,$$

p_i Primzahl in $\mathbb{Z}$, dass $\pi | p$ für ein $p = p_i$. Daher ist

$$N(\pi) | N(p) = p^2,$$

d. h. entweder ist $N(\pi) = p$ oder $N(\pi) = p^2$. Falls $N(\pi) = p$, so ist $\pi = a + bi$ mit $a^2 + b^2 = p$, d. h. π ist vom Typ (2) oder – falls $p = 2$ – assoziiert zu $1 + i$. Ist jedoch $N(\pi) = p^2$, so ist π assoziiert zu p, weil p/π wegen $N(p/\pi) = 1$ eine Einheit ist. Es muss außerdem gelten, dass $p \equiv 3 \mod 4$, weil sonst $p = 2$ oder $p \equiv 1 \mod 4$ und daher $p = a^2 + b^2 = (a + bi)(a - bi)$ nicht prim wäre. □

2.4 Division mit Rest im Ring der ganzen Gaußschen Zahlen

Die komplexen Zahlen besitzen nicht die Anordnungseigenschaft. Wenn wir daher ein Analogon zum Teilen mit Rest und somit auch zum Euklidischen Algorithmus aufstellen wollen, so müssen wir dabei auf die Normen zurückgreifen, die ja der Menge $\mathbb{N}_0$ angehören. Es gilt

Satz 21. *Zu zwei Zahlen $\alpha_0, \alpha_1 \in \mathbb{G}$ mit $\alpha_1 \neq 0$ gibt es ein Zahlenpaar $\kappa_1, \alpha_2 \in \mathbb{G}$ mit*

$$\alpha_0 = \kappa_1 \alpha_1 + \alpha_2, \text{ wobei } N(\alpha_2) < N(\alpha_1) \text{ ist.}$$

Beweis. Der Quotient der zwei Zahlen ist wiederum eine komplexe Zahl

$$\frac{\alpha_0}{\alpha_1} = A + Bi \quad \text{mit } A, B \in \mathbb{Q}.$$

Es bezeichne $\kappa_1 = x + yi$ den nächstgelegenen Punkt im Gitter der ganzen Gaußschen Zahlen, d. h. x und y sind so gewählt, dass $|A - x| \leq \frac{1}{2}$ und $|B - y| \leq \frac{1}{2}$. Darüber hinaus notieren wir $\alpha_2 = \alpha_0 - \kappa_1 \alpha_1$. Dann ist

$$\alpha_2 = \alpha_1 \left(\frac{\alpha_0}{\alpha_1} - \kappa_1 \right) = \alpha_1 [(A - x) + (B - y)i]$$

und somit

$$|\alpha_2| = |\alpha_1| \cdot \sqrt{(A - x)^2 + (B - y)^2} \leq |\alpha_1| \cdot \sqrt{\frac{1}{4} + \frac{1}{4}} < |\alpha_1|.$$

Daraus folgt, dass

$$N(\alpha_2) = |\alpha_2|^2 < |\alpha_1|^2 = N(\alpha_1). \qquad \square$$

Wiederholte Anwendung von Satz 21 führt zu einem Analogon zum **Euklidischen Algorithmus.** Gegeben ganze Gaußsche Zahlen α_0 und $\alpha_1 \neq 0$, so existieren nach Satz 21 ganze Gaußsche Zahlen $\kappa_1, \alpha_2 \in \mathbb{G}$ mit

$$\alpha_0 = \kappa_1 \alpha_1 + \alpha_2 \quad \text{mit } N(\alpha_2) < N(\alpha_1).$$

Ist $\alpha_2 \neq 0$, so können wir den Satz erneut anwenden, und erhalten

$$\alpha_1 = \kappa_2 \alpha_2 + \alpha_3 \quad \text{mit } N(\alpha_3) < N(\alpha_2)$$

und so weiter. Dabei bilden die $N(\alpha_1), N(\alpha_2), \ldots$ eine abnehmende Folge von Zahlen in $\mathbb{N}_0$. Es muss daher ein n geben, für das $N(\alpha_{n+1}) = 0$ und somit auch $\alpha_{n+1} = 0$ ist. Der Algorithmus bricht daher ab, und die beiden letzten Schritte lauten

$$\alpha_{n-2} = \kappa_{n-1} \alpha_{n-1} + \alpha_n \text{ mit } N(\alpha_n) < N(\alpha_{n-1})$$

$$\alpha_{n-1} = \kappa_n \alpha_n.$$

Wie in der Teilbarkeitslehre innerhalb der ganzen Zahlen lässt sich hieraus schließen, dass α_n ein gemeinsamer Teiler von α_0 und α_1 ist und dass jeder andere gemeinsame Teiler von α_0 und α_1 auch ein Teiler von α_n ist.

Definition 2.7.
(a) Ist $\beta \in \mathbb{G}$ ein gemeinsamer Teiler von $\alpha_0, \alpha_1 \in \mathbb{G}$ und jeder andere Teiler von α_0, α_1 ein Teiler von β, so heißt β **größter gemeinsamer Teiler** von α_0 und α_1, in Zeichen

$$ggT(\alpha_0, \alpha_1) = \beta.$$

(b) Zwei Zahlen $\alpha_0, \alpha_1 \in \mathbb{G}$ heißen **teilerfremd**, falls ihr größter gemeinsamer Teiler eine Einheit ist.

Der größte gemeinsame Teiler in $\mathbb{G}$ ist nicht eindeutig bestimmt, da jedes assoziierte Element eines ggT auch ein größter gemeinsamer Teiler ist.

2.5 Primfaktorzerlegung in $\mathbb{G}$

Nachdem wir nun die Gaußschen Primzahlen kennen gelernt haben, stellt sich die Frage, ob man jede ganze Gaußsche Zahl als Produkt von Gaußschen Primzahlen darstellen kann, wie dies für Primzahlen in $\mathbb{Z}$ der Fall ist, und ob diese Darstellung eindeutig ist. Nun gilt

$$2 = (1 + i) \cdot (1 - i) = (-1 - i) \cdot (-1 + i).$$

Die Darstellungen von 2 als Produkt von Primfaktoren unterscheiden sich hier nur in der Reihenfolge der Faktoren oder in Einheitsfaktoren bei den einzelnen Primfaktoren.

Auch in $\mathbb{G}$ gilt der Satz der eindeutigen Primfaktorzerlegung. Zunächst zeigen wir einige Sätze der Teilbarkeitslehre in $\mathbb{G}$, die ganz analog wie in $\mathbb{Z}$ auch im Komplexen ihre Gültigkeit haben.

Satz 22. *Ist der größte gemeinsame Teiler zweier ganzer Gaußscher Zahlen α_0 und α_1 eine Einheit und teilt α_0 das Produkt $\beta \cdot \alpha_1$, so teilt α_0 die ganze Gaußsche Zahl β.*

Beweis. Multiplizieren wir jede Zeile des Euklidischen Algorithmus, angewandt auf α_0 und α_1, mit β, so erhalten wir $\mathrm{ggT}(\beta\alpha_0, \beta\alpha_1) = \beta\alpha_n$. Da α_0 und α_1 teilerfremd sind, ist α_n eine Einheit. Somit ist der $\mathrm{ggT}(\beta\alpha_0, \beta\alpha_1) = \beta'$ ein zu β assoziiertes Element. Nach Voraussetzung gilt $\alpha_1|\beta\alpha_0$ und somit auch $\alpha_1|\mathrm{ggT}(\beta\alpha_0, \beta\alpha_1) = \beta'$. Mit β' teilt α_1 auch β. □

Satz 23. *Teilt eine Gaußsche Primzahl $\pi \in \mathbb{GP}$ ein Produkt von zwei ganzen Gaußschen Zahlen, so teilt die Primzahl schon einen der beiden Faktoren, d. h. aus $\pi|\alpha\beta$ folgt entweder $\pi|\alpha$ oder $\pi|\beta$. Verallgemeinernd gilt: Teilt eine Gaußsche Primzahl ein Produkt mehrerer ganzer Gaußscher Zahlen, so teilt die Primzahl mindestens einen der Faktoren, in Zeichen*

$$\pi | \alpha_1\alpha_2\ldots\alpha_s \Rightarrow \pi|\alpha_1 \quad \text{oder} \quad \pi|\alpha_2 \quad \text{oder}\ldots \text{oder} \quad \pi|\alpha_s.$$

Beweis. Es sei $\mathrm{ggT}(\pi, \alpha) = \gamma$. Da π prim ist, ist γ entweder zu π assoziiert oder selbst eine Einheit. Im ersten Fall folgt aus $\gamma|\alpha$ dass auch π ein Teiler von α ist. Im zweiten Fall folgt aus Satz 22, dass π ein Teiler von β ist.

Die Verallgemeinerung folgt direkt per vollständiger Induktion. □

Satz 24. *Die Primfaktorzerlegung einer ganzen Gaußschen Zahl ist bis auf assoziierte Elemente eindeutig, d. h. aus $\alpha = \pi_1\pi_2\ldots\pi_r = \pi'_1\pi'_2\ldots\pi'_s, r, s \geq 1$, folgt*
1. $r = s$
2. *Die Primelemente π_i sind, von der Reihenfolge abgesehen, assoziiert mit entsprechenden Elementen π_j.*

Beweis. Die erste Aussage wird mittels vollständiger Induktion bewiesen.

Der Satz ist richtig für $N(\alpha) = 2$. Denn eine Zahl, deren Norm 2 (oder irgendeine Primzahl) ist, ist eine Gaußsche Primzahl. In diesem Fall ist $r = s = 1$ und $\pi_1 = \pi'_1$.

Es sei $N(\alpha) > 2$ und die Behauptung für jedes β mit $1 < N(\beta) < N(\alpha)$ schon bewiesen. Ist α prim, so ist $r = s = 1, \pi_1 = \pi'_1$ und der Satz gezeigt. Andernfalls sind $r, s > 1$. Aus Satz 22 folgt aus $\pi_r|\pi'_1\pi'_2\ldots\pi'_s$, dass $\pi_r|\pi'_j$ für ein gewisses $1 \leq j \leq s$. Da wir von der Reihenfolge der Primfaktoren ohnehin absehen, können wir ohne Einschränkung $j = s$ annehmen, d. h. $\pi_r|\pi'_s$. Das bedeutet wegen $N(\pi_r) > 1$, dass π_r und π'_s miteinander assoziiert sind. Daher gilt

$$\beta = \frac{\alpha}{\pi_r} = \pi_1\pi_2\ldots\pi_{r-1} = \varepsilon\pi'_1\pi'_2\ldots\pi'_{s-1}.$$

Für β ist wegen $1 < N(\beta) < N(\alpha)$ die Induktionsvoraussetzung erfüllt, und weil mit π'_1 auch $\varepsilon\pi'_1 = \pi''_1$ prim ist, folgt $r - 1 = s - 1$, d. h. $r = s$, und abgesehen von der Reihenfolge sind $\pi_1, \pi_2, \ldots, \pi_{r-1}$ zu $\pi''_1, \pi'_2, \ldots, \pi'_{s-1}$ zueinander assoziiert. Dasselbe gilt dann auch für $\alpha = \beta\pi_r$, weil π_r zu π'_s assoziiert ist. □

Wir fassen diese Resultate zusammen im **Hauptsatz der Gaußschen Zahlen**.

Satz 25. *Jede ganze Gaußsche Zahl α mit N(α) > 1 kann als ein Produkt von endlich vielen Primzahlen geschrieben werden. Diese Primfaktordarstellung ist abgesehen von der Reihenfolge der Faktoren und von Faktoren aus ε eindeutig.*

Aufgaben

2.1 Zeigen Sie, dass $(\mathbb{G}, +, \cdot)$ ein kommutativer, nullteilerfreier Ring mit Einselement ist.

2.2 Weisen Sie nach: $1 + i \mid 2$ und $1 + i \nmid 1 + 2i$

2.3 Zeigen Sie: Die $\mid$-Relation in $\mathbb{G}$ ist reflexiv und transitiv, jedoch nicht antisymmetrisch.

2.4 Bestimmen Sie alle zu $\alpha = 3 + i$ assoziierten Zahlen. Geben Sie eine graphische Darstellung.

2.5 Bestimmen Sie alle Gaußschen Primzahlen, deren Norm ≤ 15 ist.

2.6 Zeigen Sie: Gibt es zu $n \in \mathbb{N}$ zwei Zahlen $r, s \in \mathbb{N}$, so dass $n = r^2 + s^2$, so ist n keine Gaußsche Primzahl.

2.7 Zeigen Sie:
(a) Jede Primzahl p, für welche p keine Gaußsche Primzahl ist, ist Summe von zwei Quadratzahlen (aus $\mathbb{N}$).
(b) Es sei p Primzahl in $\mathbb{Z}$. p zerfällt in $\mathbb{G}$ genau dann, wenn sich p in $\mathbb{N}$ als Summe von zwei Quadratzahlen darstellen lässt.

3 Lösungen algebraischer Gleichungen

3.1 Quadratwurzeln und quadratische Gleichungen

Quadratwurzeln

Die Zahlbereichserweiterung von $\mathbb{R}$ nach $\mathbb{C}$ wurde vorgenommen, weil in $\mathbb{R}$ nicht jede quadratische Gleichung lösbar ist, d. h. nicht zu jeder Zahl die Quadratwurzel gefunden werden kann.

In $\mathbb{R}$ gilt zum Beispiel:
$x^2 = a, a \geq 0$, hat als Lösungen $x_0 = +\sqrt{a}, x_1 = -\sqrt{a}$. Damit $x \mapsto \sqrt{x}, x \geq 0$ eine Funktion ist, wird gewöhnlich festgesetzt:

Für $a \geq 0$ ist $\sqrt{a}$ die *positive* reelle Zahl, die mit sich selbst multipliziert a ergibt.

Auf der Grundlage dieser Festsetzung sind dann auch bestimmte Regeln möglich wie z. B. das Wurzelgesetz $\sqrt{a \cdot b} = \sqrt{a} \cdot \sqrt{b}$.

In $\mathbb{C}$ ist die Situation komplizierter:
$z^2 = 5$ hat als Lösungen: $z_0 = \sqrt{5}, z_1 = -\sqrt{5}$, denn $(\sqrt{5})^2 = (-\sqrt{5})^2 = 5$. Aber $z^2 = -5$ hat auch zwei Lösungen: $z_0 = +\sqrt{5}i, z_1 = -\sqrt{5}i$, denn $(\sqrt{5}i)^2 = (-\sqrt{5}i)^2 = -5$.

Lässt sich auch die Wurzel aus der imaginären Einheit i bilden? Wir schreiben

$$z^2 = i = 1 \cdot (\cos \pi/2 + i \sin \pi/2).$$

Was ist z?

Wir setzen an über Polarkoordinaten:

$$\sqrt{z} = r \cdot (\cos \varphi + i \sin \varphi)$$

und erhalten

$$(\sqrt{z})^2 = r^2 (\cos 2\varphi + i \sin 2\varphi).$$

Ein direkter Vergleich ergibt:

$$r^2 = 1 \Rightarrow r = 1 (r > 0),$$
$$2\varphi = \pi/2 + k \cdot 2\pi, k \in \mathbb{Z}, \varphi = \pi/4 + k \cdot \pi.$$

Wir erhalten somit die beiden Lösungen

$$\varphi_0 = \pi/4 \qquad \text{für } k = 0$$

und

$$\varphi_1 = \pi/4 + \pi = \frac{5\pi}{4} \quad \text{für } k = 1.$$

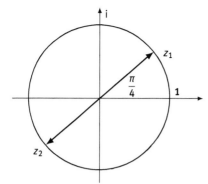

Abb. 3.1: Die Wurzel aus der imaginären Einheit i hat zwei Lösungen.

Für $k = 2, 3, \ldots$ ergeben sich Werte, die sich von φ_0 und φ_1 um Vielfache von 2π unterscheiden. Daher sind die Lösungen

$$z_0 = \cos\frac{\pi}{2} + i\sin\frac{\pi}{2} = \frac{1}{2}\sqrt{2} + \frac{1}{2}\sqrt{2}i$$
$$= \frac{\sqrt{2}}{2}(1 + i)$$
$$z_1 = \cos\frac{5\pi}{2} + i\sin\frac{5\pi}{2} = -\frac{1}{2}\sqrt{2} - \frac{1}{2}\sqrt{2}i$$
$$= -\frac{\sqrt{2}}{2}(1 + i).$$

Probe: $\left(\frac{\sqrt{2}}{2}(1+i)\right)^2 = \frac{1}{2}(1 + 2i - 1) = i.$

Allgemein lässt sich aus komplexen Zahlen wie folgt die Wurzel ziehen:
Gegeben sei $z = x + iy = r(\cos\varphi + i\sin\varphi)$.
Gesucht sind Zahlen w mit $w^2 = z$ bzw. $w = \sqrt{z}$.

Wir setzen wiederum über die Polardarstellung an, die besser für die Multiplikation im Komplexen geeignet ist:

$$w = s \cdot (\cos\alpha + i\sin\alpha)$$
$$w^2 = s^2(\cos 2\alpha + i\sin 2\alpha).$$

Es soll $w^2 = z$ sein. Ein direkter Vergleich ergibt

$$s^2 = r \Rightarrow s = \sqrt{r}$$
$$2\alpha = \varphi + k \cdot 2\pi, k \in \mathbb{Z}$$
$$\alpha = \varphi/2 + k\pi$$
$$\alpha_0 = \varphi/2, \alpha_1 = \varphi/2 + \pi$$

Ergebnis:
$$w_0 = \sqrt{r}(\cos \varphi/2 + i \sin \varphi/2)$$
$$w_1 = \sqrt{r}[\cos(\varphi/2 + \pi) + i \sin(\varphi/2 + \pi)].$$

Wir fassen zusammen:

Satz 26. *Jede komplexe Zahl $z \neq 0$ hat in $\mathbb{C}$ zwei Quadratwurzeln. Für $z = r(\cos \varphi + i \sin \varphi)$ sind dies die Zahlen*
$$w_0 = \sqrt{r}[\cos \varphi/2 + i \sin \varphi/2]$$
$$w_1 = \sqrt{r}[\cos(\varphi/2 + \pi) + i \sin(\varphi/2 + \pi)] = -z_1.$$
*Die Zahl mit $0 \leq \varphi/2 < \pi$ heißt der **Hauptwert** und wird mit $\sqrt{z}$ bezeichnet.*

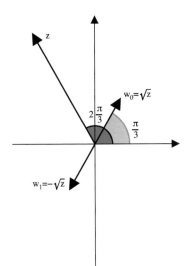

Abb. 3.2: Die Wurzel aus jeder von 0 verschiedenen komplexen Zahl hat zwei Lösungen

Beispiel 3.1. Für
$$z = -3 + 3\sqrt{3}i = 6\left(\cos \frac{2\pi}{3} + i \sin \frac{2\pi}{3}\right)$$
erhalten wir
$$w_0 = \sqrt{6}\left(\cos \frac{\pi}{3} + i \sin \frac{\pi}{3}\right)$$
$$= \sqrt{6}\left(\frac{1}{2} + \frac{i}{2}\sqrt{3}\right)$$
$$= \frac{\sqrt{6}}{2} + 3\frac{\sqrt{2}}{2}i$$
$$w_1 = -\frac{\sqrt{6}}{2} - 3\frac{\sqrt{2}}{2}i.$$

Wenn die komplexe Zahl $z = x + iy$ nicht in Polarform gegeben ist, ist die Berechnung der Wurzel weniger elegant. Dies illustriert folgende, zweite Methode zur Berechnung der Quadratwurzel einer komplexen Zahl, die natürlich zum gleichen Ergebnis führt.

Ansatz:
Zu $z = x + iy$ ist $w = a + bi$ mit
$$w^2 = z = (a + bi)^2 = a^2 - b^2 + 2abi$$
gesucht.

Ein direkter Vergleich führt zu:
$$a^2 - b^2 = x \qquad (3.1)$$
$$2ab = y. \qquad (3.2)$$

Auflösen von (3.2) und Einsetzen in (3.1) resultiert in
$$a^2 - \left(\frac{y}{2a}\right)^2 = x$$
$$4a^4 - 4a^2 x - y^2 = 0$$
$$a^4 - xa^2 - \left(\frac{y}{2}\right)^2 = 0$$
$$a_{1,2}^2 = \frac{x}{2} \pm \sqrt{\frac{x^2 + y^2}{4}} = \frac{x \pm |z|}{2}.$$

Nun ist a eine reelle Zahl, a^2 daher nicht negativ. Da aber $x \leq |z|$, entfällt die zweite Lösung und wir erhalten durch Wurzelziehen
$$a = \pm \sqrt{\frac{x + |z|}{2}} = \pm \frac{1}{\sqrt{2}} \sqrt{x + |z|}.$$

Einsetzen in (3.2) führt dann auch zu einer Lösung für b
$$b = \frac{y}{2a} = \pm \frac{\sqrt{2} y}{2 \sqrt{x + |z|}}$$
$$= \pm \frac{1}{\sqrt{2}} \frac{y \sqrt{|z| - x}}{\sqrt{|z| + x} \cdot \sqrt{|z| - x}} = \pm \frac{1}{\sqrt{2}} \frac{y \sqrt{|z| - x}}{\sqrt{|z|^2 - x^2}}$$
$$= \pm \frac{1}{\sqrt{2}} \sqrt{|z| - x}.$$

Welche Vorzeichen sind für a und b möglich?

Wegen $2ab = y$ gilt: Für $y > 0$ haben a und b das gleiche Vorzeichen, für $y < 0$ haben a und b verschiedene Vorzeichen. Wir bezeichnen das Vorzeichen von y mit $\operatorname{sgn}(y)$ (Signum), d. h.
$$\operatorname{sgn}(y) = \begin{cases} 1 & \text{falls } y > 0 \\ -1 & \text{falls } y < 0 \\ 0 & \text{sonst} \end{cases}.$$

Mit der Festlegung $a \geq 0$ ergibt sich

Satz 27. *Die Quadratwurzeln von $z = x + iy$ sind*

$$w_0 = \frac{1}{\sqrt{2}}\left(\sqrt{|z|+x} + i\,\mathrm{sgn}(y)\sqrt{|z|-x}\right),$$

$$w_1 = -\frac{1}{\sqrt{2}}\left(\sqrt{|z|+x} + i\,\mathrm{sgn}(y)\sqrt{|z|-x}\right).$$

Der Hauptwert ergibt sich aus der Lage in der Zahlenebene.

Beispiel 3.2.
(a) Was ist $\sqrt{3+4i}$? Mit $x = 3$, $y = 4$, $\mathrm{sgn}(y) = +1$, $|z| = 5$ ergibt sich

$$w_0 = 2 + i \text{ (Hauptwert)}, \quad w_1 = -2 - i.$$

Probe: $(2+i)^2 = 3 + 4i$
(b) Was ist $\sqrt{3-4i}$? Mit $x = 3$, $y = -4$, $\mathrm{sgn}(y) = -1$ und $|z| = 5$ ergibt sich

$$w_0 = \frac{1}{\sqrt{2}}\left(\sqrt{8} - i\sqrt{2}\right) = 2 - i$$

sowie $w_1 = -2 + i$, wobei w_1 der Hauptwert ist.
(c) Für $\sqrt{1+i}$ erhalten wir mit $x = y = 1$ mit den obigen Formeln

$$w_0 = \frac{1}{\sqrt{2}}\left(\sqrt{\sqrt{2}+1} + i\sqrt{\sqrt{2}-1}\right)$$

$$w_1 = -\frac{1}{\sqrt{2}}\left(\sqrt{\sqrt{2}+1} + i\sqrt{\sqrt{2}-1}\right).$$

Quadratische Gleichungen

Mit Hilfe der Quadratwurzeln aus komplexen Zahlen kann jede allgemeine quadratische Gleichung in $\mathbb{C}$

$$z^2 + pz + q = 0 \quad p, q \in \mathbb{C}$$

gelöst werden. Quadratische Ergänzung führt zu:

$$z^2 + 2 \cdot \frac{p}{2}z + \left(\frac{p}{2}\right)^2 - \left(\frac{p}{2}\right)^2 + q = 0$$

$$\left(z + \frac{p}{2}\right)^2 = \left(\frac{p}{2}\right)^2 - q$$

$$z_0 = -\frac{p}{2} + \sqrt{\left(\frac{p}{2}\right)^2 - q}$$

$$z_1 = -\frac{p}{2} - \sqrt{\left(\frac{p}{2}\right)^2 - q}.$$

Die aus $\mathbb{R}$ bekannte Lösungsformel gilt somit auch in $\mathbb{C}$. Die Quadratwurzel kann in $\mathbb{C}$ jedoch stets berechnet werden, so dass gilt:

Satz 28. *In $(\mathbb{C}, +, \cdot)$ hat jede quadratische Gleichung genau zwei Lösungen.*

Beispiel 3.3. $z^2 + 2iz + 1 + 2i = 0$ hat die beiden Lösungen

$$z_{0,1} = -i \pm \sqrt{-2 - 2i} = -i \pm \sqrt{2}i\sqrt{1 + i}$$
$$= -i \pm \sqrt{2}i \left(\frac{1}{\sqrt{2}} \sqrt{\sqrt{2} + 1} + \frac{i}{\sqrt{2}} \sqrt{\sqrt{2} - 1} \right)$$
$$= \pm \sqrt{\sqrt{2} - 1} - (1 \pm \sqrt{\sqrt{2} + 1})i,$$

(siehe Beispiel 3.2c).

3.2 Allgemeine Wurzeln

Eine n-te Wurzel w einer komplexen Zahl $z \neq 0$ ist Lösung der Gleichung $w^n = z$. Da sich die Potenzen einer komplexen Zahl besonders einfach in der Polarform darstellen lassen, verwenden wir diese Form:

$$z = r \cdot (\cos \varphi + i \sin \varphi).$$

Wir verfolgen den Ansatz:

$$w = s \cdot (\cos \alpha + i \sin \alpha) \Rightarrow w^n = s^n (\cos n\alpha + i \sin n\alpha).$$

Ein Vergleich ergibt:

$$s^n = r \quad \text{bzw.} \quad s = \sqrt[n]{r},$$
$$n\alpha = \varphi + 2\pi k, \quad k \in \mathbb{Z},$$

d. h.

$$\alpha = \frac{\varphi + 2\pi k}{n}, k \in \mathbb{Z} \quad \text{für } k = 0, 1, \ldots, n-1.$$

Es ergeben sich somit n verschiedene Werte.

Satz 29. *Für jedes $n \in \mathbb{N}$ hat die komplexe Zahl $z = r(\cos \varphi + i \sin \varphi)$, $z \neq 0$, genau n verschiedene Wurzeln, nämlich*

$$w_k = \sqrt[n]{r} \left(\cos \frac{\varphi + 2\pi k}{n} + i \sin \frac{\varphi + 2\pi k}{n} \right), \quad k = 0, \ldots, n-1.$$

$w = \sqrt[n]{r} \left(\cos \frac{\varphi}{n} + i \sin \frac{\varphi}{n} \right)$ mit $0 \leq \frac{\varphi}{n} < \frac{2\pi}{n}$ heißt der **Hauptwert**. Für ihn schreibt man $w = \sqrt[n]{z} = z^{\frac{1}{n}}$.

Achtung: Beim Rechnen mit Wurzeln im Komplexen ist Vorsicht geboten. Die aus dem Rechnen in $\mathbb{R}$ bekannten Wurzelgesetze wie z. B. $\sqrt{a \cdot b} = \sqrt{a} \cdot \sqrt{b}$ gelten im Komplexen nur eingeschränkt. Was ist verkehrt mit folgender Rechnung? Es ist

$$\sqrt{(-1) \cdot (-1)} = \sqrt{1} = 1.$$

Andererseits gilt doch auch nach den Wurzelgesetzen

$$\sqrt{(-1) \cdot (-1)} = \sqrt{-1} \cdot \sqrt{-1} = i \cdot i = i^2 = -1.$$

Ist also $1 = -1$?

Das in $\mathbb{R}$ gültige Wurzelgesetz $\sqrt{a \cdot b} = \sqrt{a} \cdot \sqrt{b}$ gilt in $\mathbb{C}$ so nicht! Eine auch für $\mathbb{C}$ gültige Fassung müsste lauten: „Irgendeine Wurzel von a multipliziert mit irgendeiner Wurzel von b ergibt irgendeine Wurzel von $a \cdot b$."

Beispiel 3.4. $z = -32$ hat folgende fünfte Wurzeln:

$$w_0 = 2\left(\cos\frac{\pi}{5} + i\sin\frac{\pi}{5}\right)$$
$$w_1 = 2\left(\cos\frac{3\pi}{5} + i\sin\frac{3\pi}{5}\right)$$
$$w_2 = 2(\cos\pi + i\sin\pi)$$
$$w_3 = 2\left(\cos\frac{7\pi}{5} + i\sin\frac{7\pi}{5}\right)$$
$$w_4 = 2\left(\cos\frac{9\pi}{5} + i\sin\frac{9\pi}{5}\right)$$

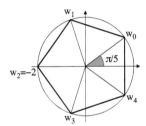

Abb. 3.3: $z^5 = -32$ hat fünf verschiedene Lösungen

Betrachten wir ein weiteres Beispiel.

Beispiel 3.5.

$$z = -2\sqrt{3} - 2i = 4\left(-\frac{1}{2}\sqrt{3} - \frac{1}{2}i\right)$$
$$= 4\left(\cos\frac{7\pi}{6} + i\sin\frac{7\pi}{6}\right)$$

hat folgende vierte Wurzeln:

$$w_0 = \sqrt{2}\left(\cos\frac{7\pi}{24} + i\sin\frac{7\pi}{24}\right)$$
$$w_1 = \sqrt{2}\left(\cos\frac{19\pi}{24} + i\sin\frac{19\pi}{24}\right)$$
$$w_2 = \sqrt{2}\left(\cos\frac{31\pi}{24} + i\sin\frac{31\pi}{24}\right)$$
$$w_3 = \sqrt{2}\left(\cos\frac{43\pi}{24} + i\sin\frac{43\pi}{24}\right)$$

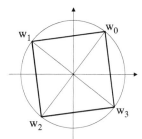

Abb. 3.4: Vierte Wurzeln von $z = -2\sqrt{3} - 2i$

3.3 Einheitswurzeln: *n*-te Wurzeln aus der Zahl 1

Definition 3.1. Die Lösungen der Gleichung

$$w^n = 1 \qquad (3.3)$$

heißen ***n*-te Einheitswurzeln.** Die Gleichung (3.3) heißt **Kreisteilungsgleichung**.

n-te Einheitswurzeln haben alle den Betrag 1 und liegen somit auf dem Einheitskreis.

Satz 30. *Die n-ten Einheitswurzeln sind*

$$\varepsilon_k = \cos\frac{2\pi k}{n} + i\sin\frac{2\pi k}{n}, \quad k = 0, 1, \ldots, n-1$$

Es ist

$$\varepsilon_0 = 1$$
$$\varepsilon_1 = \cos\frac{2\pi}{n} + i\sin\frac{2\pi}{n}$$
$$\varepsilon_2 = \cos\frac{4\pi}{n} + i\sin\frac{4\pi}{n} = \varepsilon_1^2$$
$$\varepsilon_3 = \cos\frac{6\pi}{n} + i\sin\frac{6\pi}{n} = \varepsilon_1^3$$
$$\varepsilon_{n-1} = \cos\frac{2(n-1)\pi}{n} + i\sin\frac{2(n-1)\pi}{n} = \varepsilon_1^{n-1}.$$

3.3 Einheitswurzeln: n-te Wurzeln aus der Zahl 1

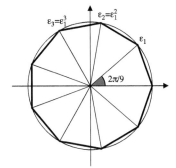

Abb. 3.5: Neun 9-te Einheitswurzeln

Die n-ten Einheitswurzeln bilden ein regelmäßiges n-Eck, das dem Einheitskreis einbeschrieben ist und die Ecke 1 enthält. Mit der Multiplikation als Verknüpfung bilden sie eine zyklische Gruppe, die isomorph zur Drehgruppe dieses regelmäßigen n-Ecks ist. Wegen der Punktsymmetrie der Sinusfunktion ergibt sich Folgendes:

$$\varepsilon_1 + \varepsilon_{n-1} = \cos\frac{2\pi}{n} + i\sin\frac{2\pi}{n} + \cos\frac{2\pi(n-1)}{n} + i\sin\frac{2\pi(n-1)}{n}$$
$$= 2\cos\frac{2\pi}{n} \in \mathbb{R}$$
$$\varepsilon_2 + \varepsilon_{n-2} = 2\cos\frac{4\pi}{n} \in \mathbb{R},$$
$$\varepsilon_3 + \varepsilon_{n-3} = 2\cos\frac{6\pi}{n} \in \mathbb{R},$$
$$\ldots$$

Mit Hilfe der Einheitswurzeln können die Wurzeln der Gleichung $w^n = z$ einfacher geschrieben werden.

Satz 31. *Die n-ten Wurzeln einer komplexen Zahl z erhält man, wenn man eine n-te Wurzel von z mit den n-ten Einheitswurzeln multipliziert.*

Beispiel 3.6.

$$w^4 = -2\sqrt{3} - 2i = 4\left(-\frac{1}{2}\sqrt{3} - \frac{1}{2}i\right) = 4\left(\cos\frac{7\pi}{6} + i\sin\frac{7\pi}{6}\right)$$

$$w_0 = \sqrt{2}\left(\cos\frac{7\pi}{24} + i\sin\frac{7\pi}{24}\right)$$

$$w_1 = \sqrt{2}\left(\cos\left(\frac{7\pi}{24} + \frac{2\pi}{4}\right) + i\sin\left(\frac{7\pi}{24} + \frac{2\pi}{4}\right)\right) = w_0 \cdot \varepsilon_1$$

$$w_2 = \sqrt{2}\left(\cos\left(\frac{7\pi}{24} + \frac{2\pi}{4}\cdot 2\right) + i\sin\left(\frac{7\pi}{24} + \frac{2\pi}{4}\cdot 2\right)\right) = w_0 \cdot \varepsilon_1^2$$

$$w_3 = \sqrt{2}\left(\cos\left(\frac{7\pi}{24} + \frac{2\pi}{4}\cdot 3\right) + i\sin\left(\frac{7\pi}{24} + \frac{2\pi}{4}\right)\cdot 3\right) = w_0 \cdot \varepsilon_1^3$$

Dritte Einheitswurzeln

Die dritten Einheitswurzeln sind Lösungen der Gleichung $z^3 - 1 = 0$ (**Kreisteilungsgleichung** für $n = 3$). Eine Lösung wissen wir: $\varepsilon_0 = 1$. Polynomdivision ergibt

$$(z^3 - 1) : (z - 1) = z^2 + z + 1.$$

$z^2 + z + 1 = 0$ hat als Lösungen

$$\varepsilon_1 = -\frac{1}{2} + \frac{1}{2}\sqrt{3}i = \cos(2\pi/3) + i\sin(2\pi/3)$$

$$\varepsilon_2 = -\frac{1}{2} - \frac{1}{2}\sqrt{3}i = \cos(4\pi/3) + i\sin(4\pi/3).$$

Es ist

$$\varepsilon_2 = \varepsilon_1^2 = \left(-\frac{1}{2} + \frac{1}{2}\sqrt{3}i\right)^2 = -\frac{1}{2} - \frac{1}{2}\sqrt{3}i = \overline{\varepsilon_1} = \frac{1}{\varepsilon_1}$$

$$\varepsilon_1 + \varepsilon_2 = \varepsilon_1 + \overline{\varepsilon_1} = \varepsilon_1 + \frac{1}{\varepsilon_1} = -1 = 2\cos\frac{2\pi}{3}.$$

Fünfte Einheitswurzeln

Fünfte Einheitswurzeln sind Lösungen der Kreisteilungsgleichung $z^5 - 1 = 0$, in Polarform

$$\varepsilon_k = \cos\frac{2\pi k}{5} + i\sin\frac{2\pi k}{5}, \quad k = 0, 1, 2, 3, 4.$$

Wir suchen eine Darstellung der 5. Einheitswurzeln in kartesischen Koordinaten mit Wurzelausdrücken. Wir spalten zunächst die Lösung $\varepsilon_0 = 1$ ab und erhalten mittels Polynomdivision

$$(z^5 - 1) : (z - 1) = z^4 + z^3 + z^2 + z + 1.$$

Es ist

$$\varepsilon_1 + \varepsilon_4 = \varepsilon_1 + \frac{1}{\varepsilon_1} = 2\cos\frac{2\pi}{5} = 2\mathrm{Re}(\varepsilon_1) =: t_1$$

$$\varepsilon_2 + \varepsilon_3 = \varepsilon_2 + \frac{1}{\varepsilon_2} = 2\cos\frac{4\pi}{5} = 2\mathrm{Re}(\varepsilon_2) =: t_2$$

Wir versuchen eine Lösung für t_1 und t_2 zu finden.

Wir stellen zunächst fest, dass $\varepsilon_1, \ldots, \varepsilon_4$ als fünfte Einheitswurzeln eine Lösung der Gleichung

$$z^4 + z^3 + z^2 + z + 1 = 0$$

sind. Definieren wir $t = z + \frac{1}{z}$, so ist dies gleichbedeutend mit

$$t^2 + t - 1 = 0,$$

was

$$t_{1,2} = -\frac{1}{2} \pm \frac{1}{2}\sqrt{5}$$

zur Lösung hat. Damit erhalten wir

$$\operatorname{Re}(\varepsilon_1) = \operatorname{Re}(\varepsilon_4) = \frac{1}{2}t_1 = -\frac{1}{4} + \frac{\sqrt{5}}{4}$$

$$\operatorname{Re}(\varepsilon_2) = \operatorname{Re}(\varepsilon_3) = \frac{1}{2}t_2 = -\frac{1}{4} - \frac{\sqrt{5}}{4}.$$

Für die Imaginärteile erhält man, da ε_i als Einheitswurzel auf dem Einheitskreis liegt,

$$\operatorname{Im}(\varepsilon_1) = \sqrt{1 - \operatorname{Re}^2(\varepsilon_1)} = \frac{1}{4}\sqrt{10 + 2\sqrt{5}}$$

$$\operatorname{Im}(\varepsilon_2) = \sqrt{1 - \operatorname{Re}^2(\varepsilon_2)} = \frac{1}{4}\sqrt{10 - 2\sqrt{5}}.$$

Damit lauten die 5. Einheitswurzeln

$$\varepsilon_0 = 1$$
$$\varepsilon_1 = \frac{1}{4}\left(-1 + \sqrt{5} + i\sqrt{2}\sqrt{5 + \sqrt{5}}\right)$$
$$\varepsilon_2 = \frac{1}{4}\left(-1 - \sqrt{5} + i\sqrt{2}\sqrt{5 - \sqrt{5}}\right)$$
$$\varepsilon_3 = \frac{1}{4}\left(-1 - \sqrt{5} - i\sqrt{2}\sqrt{5 - \sqrt{5}}\right)$$
$$\varepsilon_4 = \frac{1}{4}\left(-1 + \sqrt{5} - i\sqrt{2}\sqrt{5 + \sqrt{5}}\right).$$

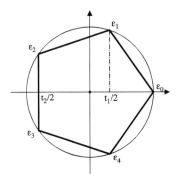

Abb. 3.6: Regelmäßiges Fünfeck

Somit ist auch die Frage beantwortet, ob das regelmäßige Fünfeck mit Zirkel und Lineal konstruierbar ist. Da nur Quadratwurzeln auftreten, ist die Konstruktion möglich. In der Wurzelschnecke (Abbildung 3.7) ergibt sich

$$a = \sqrt{2}, \quad b = \sqrt{3}, \quad c = \sqrt{4}, \quad d = \sqrt{5}.$$

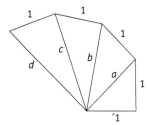

Abb. 3.7: Wurzelschnecke

Die klassische Mathematik des Altertums, d. h. die griechische Mathematik zwischen ca. 600 bis 200 v. Chr., beschäftigte sich mit mehreren Problemen, auf die man im Altertum keine Antwort fand. Dazu gehören
- die Dreiteilung des Winkels, d. h. einen gegebenen Winkel in drei Teile zu teilen;
- die Verdoppelung des Würfels, d. h. zu einem gegebenen Würfel einen Würfel mit dem doppelten Volumen zu konstruieren;
- die Quadratur des Kreises, d. h. zu einem gegebenen Kreis ein Quadrat mit gleichem Flächeninhalt zu konstruieren;
- die Konstruktion des regelmäßigen Vielecks.

Alle Aufgaben durften nur mit Zirkel und Lineal und in endlich vielen Schritten durchgeführt werden. Erst im 19. Jahrhundert konnte dann für die ersten drei Probleme bewiesen werden, dass sie so nicht lösbar sind. Durch die Arbeiten von Carl Friedrich Gauß (1777–1855) und Evariste Galois (1811–1832) konnten geometrische Probleme jetzt auch algebraisch angegangen werden.

Abb. 3.8: Gauß (links); Galois (rechts)

Bezüglich der Konstruierbarkeit des regelmäßigen n-Ecks kannte man im Altertum neben den Konstruktionen des Dreiecks, des Quadrates und des Fünfecks mit Zirkel und Lineal nur noch die darauf aufbauenden, nämlich das 15-Eck durch Überlagerung von Drei- und Fünfeck, sowie aus den genannten durch Kantenverdoppelung bzw. Winkelhalbierung hervorgehenden Vielecken mit 6, 8, 10, 12, 16, 20, 24, 30, 32, 40, ... Ecken.

Das dabei verwendete Verfahren führt nur für spezielle n zum Ziel. Carl Friedrich Gauß hat im Alter von 20 Jahren bewiesen, dass für Primzahlen der Form $p = 2^{2^k} + 1$, $k \in \mathbb{N}_0$ das regelmäßige p-Eck konstruierbar ist. Das bedeutet, dass dann die p-ten Einheitswurzeln durch Quadratwurzeln ausgedrückt werden können. Damit hat der junge Gauß ein Problem gelöst, das die Mathematik schon seit dem Altertum beschäftigt hat.

$k = 0$	regelmäßiges Dreieck	$2^{2^0} + 1 = 2^1 + 1 = 3$
$k = 1$	regelmäßiges Fünfeck	$2^{2^1} + 1 = 2^2 + 1 = 5$
$k = 2$	regelmäßiges Siebzehneck	$2^{2^2} + 1 = 2^4 + 1 = 17.$

Nicht alle diese Zahlen sind Primzahlen. Man weiß nicht, wie viele solcher sogenannter **Fermatsche Primzahlen** es gibt. Es gilt folgender

Satz 32. *Ein reguläres n-Eck ist genau dann mit Zirkel und Lineal konstruierbar, falls $n = 2^k \cdot p_1 \cdot \ldots \cdot p_r$, wobei p_i verschiedene Fermatsche Primzahlen sind.*

Aufgaben

3.1 Berechnen Sie jeweils die beiden Quadratwurzeln und stellen Sie das Ergebnis in der Gaußschen Zahlenebene dar:
(a) $z = -3 + 3\sqrt{3}i$ (b) $z = 3 + 4i$ (c) $z = -4 + 5i$

3.2 Berechnen Sie:
(a) $(-4 + 4i)^{1/5}$ (b) $(64)^{1/6}$ (c) $(i)^{2/3}$

3.3 Bestimmen Sie die Lösungen der Gleichungen:
(a) $z^2 - 6z + 10 = 0$ (b) $z^2 + (-5 - 2i)z + (5 + 5i) = 0$
(c) $z^2 + (-2i)z - 1 = 0$

3.4 Berechnen Sie alle Lösungen von
(a) $z^5 = -32$ (b) $z^3 = 64i$ (c) $z^5 = -16 + 16\sqrt{3}i$

3.5 Es seien $\varepsilon_0, \ldots, \varepsilon_{n-1}$ die n-ten Einheitswurzeln.
(a) Was ist $\varepsilon_0 \cdot \varepsilon_1 \cdot \ldots \cdot \varepsilon_{n-1}$? (*Hinweis: Erst mit $n = 2, 3, 4, 5, 6$ probieren*)
(b) Was ist $\varepsilon_0 + \varepsilon_1 + \cdots + \varepsilon_{n-1}$?

3.6 Gibt es zu beliebigen $z_1, z_2 \in \mathbb{C}$ immer eine quadratische Gleichung $z^2 + bz + c = 0$, deren Lösungen z_1, z_2 sind?

3.7 Es sei $z^2 + bz + c = 0$ eine Gleichung mit $b, c \in \mathbb{R}$. Zeigen Sie: Sind die Lösungen z_1, z_2 nicht reell, so gilt $z_2 = \bar{z}_1$.

3.8 (a) Es sei $w^2 = z$. Gesucht sind die Wurzeln aus dem konjugiert Komplexen von z, d. h. $\sqrt{\bar{z}}$.
(b) Es sei $\sqrt[n]{z} = w$, und $\varepsilon_0, \ldots, \varepsilon_{n-1}$ die n-ten Einheitswurzeln. Berechnen Sie alle Lösungen von $\sqrt[n]{\bar{z}}$.

3.9 Es sei EW_n die Menge aller n-ten Einheitswurzeln und $EW = \{z | \exists k \in \mathbb{N} : z^k = 1\}$ die Menge aller Einheitswurzeln. Zeigen Sie:
(a) $(EW, \cdot)$ ist eine Gruppe.
(b) Für jedes $n \in \mathbb{N}$ ist $(EW_n, \cdot)$ eine Untergruppe von $(EW, \cdot)$.
(c) Ist k ein Teiler von $n \in \mathbb{N}$, so ist $(EW_k, \cdot)$ eine Untergruppe von $(EW_n, \cdot)$.
(d) Gilt auch die Umkehrung der Aussage in (c)?

3.10 Bilden Sie alle möglichen Produkte aus einer 2-ten und einer 3-ten Einheitswurzel und zeichnen Sie diese Produkte in die Gaußsche Zahlenebene ein. Interpretieren die das Ergebnis!

3.11 Zeigen Sie:
(a) Ist z eine n-te Einheitswurzel, so ist auch $\bar{z}$ eine n-te Einheitswurzel. Was bedeutet das geometrisch?
(b) Ist z eine n-te Einheitswurzel, so auch $\frac{1}{z}$

3.12 Berechnen Sie die Lösungen der Gleichungen
(a) $z^2 = 2 + 2\sqrt{3}i$ (b) $z^3 = 1 - \sqrt{3}i$ (c) $z^4 = -3 + 3\sqrt{3}i$

3.13 Lösen Sie die Gleichungen
(a) $iz^3 + 2 = 0$ (b) $9z^3 - i = 0$
(c) $(z - i)^3 + i = 0$ (d) $(z + \sqrt{3})^3 + 24 = 0$

3.14 Zeigen Sie rechnerisch und geometrisch, dass eine komplexe Zahl nur dann eine reelle n-te Wurzel hat, wenn sie selbst reell ist.

3.15 Zeigen Sie: Ist $q \in \mathbb{R}$, dann ist mit z auch $\bar{z}$ eine n-te Wurzel aus q. Erklären Sie diese Tatsache auch geometrisch. Ist in diesem Fall auch stets mit z die Zahl $\frac{1}{z}$ eine n-te Wurzel aus q?

3.4 Kubische Gleichungen

Wir betrachten Gleichungen der Form
$$x^3 + ax^2 + bx + c = 0, \quad a, b, c \in \mathbb{R}.$$

Zur Geschichte

Die Lösung der kubischen Gleichung mit Hilfe von Wurzeln ist eng mit der Entwicklung der komplexen Zahlen verknüpft. Gleichungen 3. Grades waren aus der Antike (Babylon, Griechenland) bekannt: Ein klassisches Problem der Antike war die Frage nach der Möglichkeit, einen beliebigen Winkel φ mit Hilfe von Zirkel und Lineal in drei gleiche Teile zu teilen. Das Problem lässt sich zurückführen auf die Gleichung
$$4x^3 - 3x = b \text{ mit } b = \cos \varphi.$$
Für $\varphi = \pi/3$ (d. h. $b = 1/2$) ist x jedoch nicht konstruierbar.

Die Auflösung von Polynomgleichungen hat die Mathematiker mehrere Jahrhunderte lang beschäftigt. Die ersten interessanten Beiträge stammen dabei aus dem Italien der Renaissance. Der Franziskanermönch Luca Pacioli (1445–1509) hatte noch keine Lösung gefunden. Scipione del Ferro (1465–1526) und Niccolo Tartaglia (1499–1557) fanden ein Lösungsverfahren. Sie stritten heftig um den Ruhm der Entdeckung. Geronimo Cardano (1501–1576) lernte 1539 das Verfahren von Tartaglia und veröffentlichte es 1545 in seiner *„Ars magna de Regulis Algebraicis"*. Die Geschichte der Cardanoschen Formeln zur Auflösung von Gleichungen dritten Grades ist abenteuerlich. Cardano hat die Formeln von Tartaglia gestohlen. Doch auch dieser ist nicht ihr erster Entdecker. Vielmehr sind sie wahrscheinlich zum ersten Mal von del Ferro aufgestellt worden. Schwierigkeiten bereitete der sogenannte „casus irreducibilis", bei dem Wurzeln aus negativen reellen Zahlen auftraten. Mindesten eine der sich ergebenden Lösungen war aber reell. Dieser Weg über komplexe Zahlen war lange Zeit sehr umstritten. Man sprach von „unmöglichen Lösungen", „sophistischen Größen", „nur eingebildeten Wurzeln".

Cardano und viele seiner Nachfolger haben quadratische oder auch kubische Gleichungen keineswegs als Anlass gesehen, einen neuen Typ von Zahlen, nämlich die komplexen Zahlen, einzuführen. Sie betrachteten viele quadratische und kubische Gleichungen als skurrile, aber „falsche" oder „unmögliche" Aufgaben (siehe Führer, 2001). „Wahre" Aufgaben mussten anschaulich, und das heißt vor allem geometrisch deutbar sein. Sie durften somit nur positive reelle Koeffizienten enthalten wie das folgende Beispiel von Bombelli illustriert.

Rafael Bombelli (1526–1572) entwickelte die Algebra von Cardano weiter, indem er mit den „komplexen" Zahlen rechnete und quadratische und kubische Gleichungen löste. Er konnte spezielle dritte Wurzeln ausrechnen und damit bestimmte Gleichungen lösen: Die Gleichung
$$x^3 = 15x + 4$$
führt auf
$$x_1 = \sqrt[3]{2 + \sqrt{-121}} + \sqrt[3]{2 - \sqrt{-121}} = (2 + \sqrt{-1}) + (2 - \sqrt{-1}) = 4.$$
Denn
$$2 + \sqrt{-121} = (2 + \sqrt{-1})^3, \quad 2 - \sqrt{-121} = (2 - \sqrt{-1})^3,$$
wie sich leicht nachrechnen lässt.

Er überlegte geometrisch, dass die Gleichung $x^3 = ax + b$, $a, b > 0$ stets eine positive reelle Lösung hat. Dazu benutzte er ein Rechteck mit der Seite a und dem Flächeninhalt b, also $h = b/a$, und konstruierte eine Strecke x, die die Gleichung erfüllt. Das war der Grund, warum er das Rechnen mit $\sqrt{-1}$ für sinnvoll hielt.

Abb. 3.9: Von links nach rechts: Pacioli, Tartaglia, Cardano

ⓘ Bombellis Sicht der Gleichung $x^3 = ax + b$

Eine Gleichung der Form $x^3 = ax + b$ mit $a > 0, b > 0$ hat stets eine positive reelle Lösung:

Gegeben sei die Strecke AB der Länge a. Diese sei Seite eines Rechtecks $ABCD$ mit dem Flächeninhalt b. Man verlängere die Strecke AB über B hinaus bis zum Punkt E, so dass BE die Länge 1 hat. Auf der verlängerten Gerade CD wähle man nun einen Punkt F wie folgt: Die Verlängerung der Verbindungsgerade FA schneide die Verlängerung von DB in G. Man errichte auf GE in G die Senkrechte. Sie schneide die Verlängerung von AB in H. F ist so zu wählen, dass FH auf FD senkrecht steht.

Behauptung: Die Strecke BG hat die Länge x mit $x^3 = ax + b$.

Beweis. Es bezeichne x die Länge von BG. Dann hat BH die Länge x^2 (x ist nämlich die Höhe im rechtwinkligen Dreieck HEG). Nach dem Höhensatz gilt $x^2 = |BE| \cdot |BH|$. Es ist aber $|BE| = 1$. Folglich hat das Rechteck $HBIG$ den Flächeninhalt x^3. Andererseits ist dieser Flächeninhalt die Summe der Flächeninhalte der Rechtecke $ABKG$ (mit dem Inhalt ax) und $AHIK$. $AHIK$ hat aber den gleichen Flächeninhalt wie $ABCD$, also b. Es gilt also in der Tat $x^3 = ax + b$. Für beliebige positive a, b erhalten wir somit einen positiven Wert für x. □

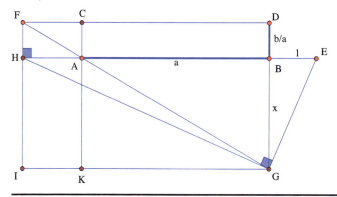

Erste Lösungsansätze für kubische Gleichungen: Spezialfälle

Allgemein geht es um Lösungen von Gleichungen der Form

$$f(x) = x^3 + ax^2 + bx + c = 0 \quad a, b, c \in \mathbb{R}. \tag{3.4}$$

Ist $c = 0$, so ist $x(x^2 + ax + b) = 0$, also $x_0 = 0$ eine Lösung und $x_{1,2}$ können nach der Lösungsformel für quadratische Gleichungen berechnet werden.

Hat man eine Lösung x_0 mit $f(x_0)$ gefunden, so lässt sich $f(x)$ faktorisieren mit $(x - x_0)$ als einem Faktor. Allgemein definiert man

Definition 3.2. Ein Term der Form

$$f(x) = a_n x^n + a_{n-1} x^{n-1} + \cdots + a_1 x + a_0$$

in dem x eine Variable ist und $a_n, \ldots, a_0 \in \mathbb{R}$ heißt **Polynom** in $\mathbb{R}$. Die natürliche Zahl n heißt Grad des Polynoms, wobei $a_n \neq 0$, da sonst x^n wegfällt und der Grad $\leq n - 1$ wäre.

Mit Hilfe dieses Polynoms lässt sich eine ganzrationale Funktion $x \mapsto f(x) = a_n x^n + \cdots + a_1 x + a_0$ definieren. Man erhält eine Gleichung n-ten Grades, wenn man $f(x) = 0$ setzt. Deren Lösungen heißen Nullstellen der Funktion f.

Satz 33. *Ist x_0 Nullstelle eines Polynoms n-ten Grades, d. h.*

$$f(x_0) = a_n x_0^n + a_{n-1} x_0^{n-1} + \cdots + a_1 x_0 + a_0 = 0,$$

so lässt sich f schreiben als Produkt von $(x - x_0)$ mit einem Polynom $f_1(x)$ vom Grade $n - 1$.

Beweis.

$$f(x) - \underbrace{f(x_0)}_{=0} = \left(a_n x^n + a_{n-1} x^{n-1} + \cdots + a_1 x + a_0 \right)$$
$$- \left(a_n x_0^n + a_{n-1} x_0^{n-1} + \cdots + a_1 x_0 + a_0 \right)$$
$$= a_n (x^n - x_0^n) + a_{n-1}(x^{n-1} - x_0^{n-1}) + \cdots + a_1(x - x_0).$$

In jedem Term der Form $x^k - x_0^k$ kann der Faktor $x - x_0$ abgespalten werden:

$$x^k - x_0^k = (x - x_0)\left(x^{k-1} + x_0 x^{k-2} + x_0^2 x^{k-3} + \cdots + x_0^{k-1} \right)$$
$$= (x - x_0) g_k(x, x_0)$$

mit

$$g_k(x, x_0) = x^{k-1} + x_0 x^{k-2} + x_0^2 x^{k-3} + \cdots + x_0^{k-1}.$$

Also folgt

$$f(x) = f(x) - f(x_0)$$
$$= (x - x_0)[g_n(x, x_0) + a_{n-1} g_{n-1}(x, x_0) + \cdots + a_1 g_1(x, x_0)]$$
$$= (x - x_0) \cdot f_1(x). \qquad \square$$

Ist x_0 eine Lösung von (3.4), so ist $f(x) = (x - x_0)(x^2 + px + q)$. Die weiteren Lösungen $x_{1,2}$ können mit Hilfe der $p - q$-Formel berechnet werden. Denn es gilt ja

$$0 = x_0^3 + a x_0^2 + b x_0 + c$$

und somit
$$\begin{aligned}f(x) &= f(x) - 0 = x^3 + ax^2 + bx + c - 0 \\ &= x^3 + ax^2 + bx + c - (x_0^3 + ax_0^2 + bx_0 + c) \\ &= (x^3 - x_0^3) + a(x^2 - x_0^2) + b(x - x_0) \\ &= (x - x_0)\left[x^2 + xx_0 + x_0^2 + a(x + x_0) + b\right].\end{aligned}$$

Bei manchen Gleichungen kann man die erste Nullstelle durch Probieren in wenigen Schritten erhalten. Diese Methode ist auch unter dem Namen „Nullstellen erraten" bekannt. Wir formulieren gleich allgemein:

Satz 34. *Gegeben sei eine Gleichung n-ten Grades mit ganzzahligen Koeffizienten*
$$a_n x^n + a_{n-1} x^{n-1} + \cdots + a_1 x + a_0 = 0 \quad \text{mit } a_k \in \mathbb{Z}. \tag{3.5}$$

Ist $\frac{r}{s} \in \mathbb{Q}$ mit $\mathrm{ggT}(r,s) = 1$ eine Lösung von (3.5), so gilt
$$r | a_0, \quad s | a_n.$$

Insbesondere gilt: Hat (3.5) eine ganzzahlige Lösung $x_0 \in \mathbb{Z}$, so ist diese Lösung Teiler des absoluten Gliedes, d. h. $x_0 | a_0$.

Beweis. Nach Voraussetzung gilt
$$a_n \frac{r^n}{s^n} + a_{n-1} \frac{r^{n-1}}{s^{n-1}} + \cdots + a_1 \frac{r}{s} + a_0 = 0. \tag{3.6}$$

Multiplikation mit $\frac{s^n}{r}$ und Subtraktion von a_0 führt zu
$$a_n r^{n-1} + a_{n-1} r^{n-2} s + \cdots + a_1 s^{n-1} = -\frac{a_0 s^n}{r}.$$

Da auf der linken Seite nur ganze Zahlen additiv und multiplikativ verrechnet werden, muss auch die rechte Seite eine ganze Zahl ergeben. Da aber r und s teilerfremd sind, folgt $r | a_0$.

Analog ergibt sich aus (3.6) durch Multiplikation von s^{n-1} und Subtraktion von $\frac{a_n r^n}{s}$
$$a_{n-1} r^{n-1} + a_{n-2} r^{n-2} s + \cdots + a_1 r s^{n-2} + a_0 s^{n-1} = -\frac{a_n r^n}{s},$$

woraus folgt, dass die rechte Seite eine ganze Zahl ist. Wegen der Teilerfremdheit von r und s bedeutet dies aber, dass s ein Teiler von a_n ist. □

Beispiel 3.7.
(a) Welche Lösungen hat
$$x^3 - 6x^2 + 15x - 14 = 0?$$

Falls diese Gleichungen rationale Lösungen r/s hat, so muss $r|14$ und $s|1$ sein, d. h. es kommen lediglich die Zahlen $\pm 1, \pm 2, \pm 7, \pm 14$ in Frage. Ausprobieren dieser 8 Möglichkeiten führt auf $x_0 = 2$ als Lösung. Polynomdivision ergibt
$$x^3 - 6x^2 + 15x - 14 = (x - 2) \cdot (x^2 - 4x + 7).$$

Für die beiden anderen Lösungen ergeben sich die konjugiert komplexen Werte
$$x_1 = 2 + \sqrt{3}i, \quad x_2 = 2 - \sqrt{3}i.$$

(b) Welche Lösungen hat
$$6x^4 - 25x^3 + 32x^2 + 3x - 10 = 0?$$

Falls diese Gleichung überhaupt rationale Lösungen hat, kommen nur Brüche $\pm r/s$ in Frage, für die gilt $r|10$, d. h. $r \in \{1, 2, 5, 10\}$ und $s|6$, d. h. $s \in \{1, 2, 3, 6\}$. Ausprobieren führt zu $\frac{r}{s} = -\frac{1}{2}$ und $\frac{r}{s} = \frac{2}{3}$, d. h. wir haben die beiden Nullstellen
$$x_0 = -\frac{1}{2}, \quad x_1 = \frac{2}{3}.$$

Daher lässt sich die Gleichung teilen durch
$$(2x + 1) \cdot (3x - 2) = 6x^2 - x - 2$$

und Polynomdivision führt zu
$$(6x^4 - 25x^3 + 32x^2 + 3x - 10) = (6x^2 - x - 2) \cdot (x^2 - 4x + 5).$$

Hieraus ergeben sich die anderen Nullstellen mit Hilfe der $p - q$–Formel
$$x_2 = 2 + i, \quad x_3 = 2 - i.$$

Herleitung der Formel von Cardano

Überlegungen am Graph einer kubischen Funktion weisen darauf hin, dass jede kubische Gleichung mindestens eine Nullstelle hat, gegeben als Schnittpunkt von Funktionsgraph und horizontaler Achse. Mittels Polynomdivision lässt sich die Gleichung auf eine quadratische Gleichung mit reellen Koeffizienten reduzieren. Diese hat zwei weitere Lösungen, die entweder reell oder einander komplex konjugiert sind (siehe Aufgabe 3.7).

Satz 35. *Jede kubische Gleichung mit reellen Koeffizienten hat stets entweder eine reelle und zwei konjugiert komplexe Lösungen oder drei reelle Lösungen.*

Aber: Wie findet man die eine reelle Lösung? Das ist oft sehr schwierig. Deshalb ist eine Lösungsformel wichtig.

Es zeigt sich, dass man stets das quadratische Glied beseitigen kann und dann eine reduzierte kubische Gleichung erhält, die einfacher zu bearbeiten ist. Dazu dient folgender Ansatz: Wir setzen $x = t + k$ (Koordinatentransformation) und erhalten
$$x^3 = t^3 + 3kt^2 + 3k^2t + k^3$$
$$ax^2 = at^2 + 2akt + ak^2$$
$$bx = bt + bk$$
$$c = c.$$

Addiert man die linken und rechten Seiten zusammen, so ergibt sich

$$f(x) = f(t + k) = t^3 + \underbrace{(3k + a)t^2}_{=0 \text{ für } k=-a/3} + (3k^2 + 2ak + b)t + k^3 + ak^2 + bk + c. \quad (3.7)$$

Für $k = -a/3$ fällt der Koeffizient des quadratischen Terms weg und es ergibt sich für die anderen Koeffizienten

$$3k^2 + 2ak + b = \frac{a^2}{3} - \frac{2a^2}{3} + b = -\frac{a^2}{3} + b =: p$$

$$k^3 + ak^2 + bk + c = -\frac{a^3}{27} + \frac{a^3}{9} - \frac{ab}{3} + c = \frac{2a^3}{27} - \frac{ab}{3} + c =: q.$$

Somit erhalten wir die reduzierte Gleichung

$$t^3 + pt + q = 0, \, p, q \in \mathbb{R}.$$

Aus einer Lösung dieser Gleichung erhalten wir eine Lösung von (3.4) durch Rücktransformation $x = t - \frac{a}{3}$.

Man kann diese Gleichung grafisch lösen, indem man den Schnittpunkt aus kubischer Parabel und einer Geraden bestimmt:

$$\underbrace{t^3}_{\text{kubische Parabel}} = \underbrace{-pt - q}_{\text{Gerade}}.$$

Für die rechnerische Lösung von

$$t^3 = -pt - q \quad (3.8)$$

hilft ein Ansatz mittels der Substitution $t = u + v$ weiter:

$$t^3 = (u + v)^3 = u^3 + 3u^2v + 3uv^2 + v^3$$
$$= 3uv \underbrace{(u + v)}_{t} + u^3 + v^3.$$

Ein Vergleich mit (3.8) ergibt

$$3uv = -p \quad (3.9)$$
$$u^3 + v^3 = -q. \quad (3.10)$$

Wir nehmen an, wir hätten Zahlen u, v schon gefunden, die (3.9) und (3.10) erfüllen. Dann gilt

$$\text{wegen (3.10)} \quad u^3 + v^3 = -q \quad (3.11)$$

$$\text{und wegen (3.9)} \quad u^3 \cdot v^3 = -\left(\frac{p}{3}\right)^3. \quad (3.12)$$

u^3 und v^3 sind nach dem Satz von Vieta Lösungen der quadratischen Gleichung („Resolventengleichung")

$$y^2 + q \cdot y - \left(\frac{p}{3}\right)^3 = 0. \quad (3.13)$$

Also ist

$$y_0 = u^3 = -\frac{q}{2} + \sqrt{\left(\frac{q}{2}\right)^2 + \left(\frac{p}{3}\right)^3} \quad \text{und}$$

$$y_1 = v^3 = -\frac{q}{2} - \sqrt{\left(\frac{q}{2}\right)^2 + \left(\frac{p}{3}\right)^3} \tag{3.14}$$

oder

$$y_0 = v^3 = -\frac{q}{2} - \sqrt{\left(\frac{q}{2}\right)^2 + \left(\frac{p}{3}\right)^3} \quad \text{und}$$

$$y_1 = u^3 = -\frac{q}{2} + \sqrt{\left(\frac{q}{2}\right)^2 + \left(\frac{p}{3}\right)^3}.$$

Durch Vertauschen von u und v bleiben (3.9) und (3.10) unverändert, also reicht das erste Paar.

Ist u_0 eine Lösung von (3.14), so ist $u_1 = u_0 \cdot \varepsilon$ und $u_2 = u_0 \cdot \varepsilon^2$ auch eine Lösung, wobei ε die dritte Einheitswurzel (Hauptwert) ist.

Analog gilt: Ist v_0 Lösung von (3.14), so auch $v_1 = v_0 \cdot \varepsilon$, $v_2 = v_0 \cdot \varepsilon^2$. Welche (u_i, v_j) bilden Lösungspaare, die neben (3.10) auch (3.9) erfüllen?

Sei u_0 eine Lösung von (3.14). Dann ist v_0 so zu wählen, dass (3.9) erfüllt ist, also $3u_0 \cdot v_0 = -p$, somit

$$v_0 = \frac{-p}{3u_0}.$$

Dieses v_0 ist dann auch Lösung von (3.14), denn

$$v_0^3 = -\left(\frac{p}{3}\right)^3 \cdot \frac{1}{-\frac{q}{2} + \sqrt{(\frac{q}{2})^2 + (\frac{p}{3})^3}}$$

$$= -\frac{q}{2} - \sqrt{\left(\frac{q}{2}\right)^2 + \left(\frac{p}{3}\right)^3}.$$

Der Übergang von der ersten zur zweiten Zeile lässt sich leicht verifizieren, wenn man den Nenner des zweiten Faktors aus der ersten Zeile mit der zweiten Zeile multipliziert.

Für die dritten Einheitswurzeln gilt $\varepsilon^3 = 1$, also $\varepsilon \cdot \varepsilon^2 = \varepsilon^2 \cdot \varepsilon = 1$. Somit sind die Lösungen für $t^3 = -pt - q$

$$t_0 = u_0 + v_0, \quad t_1 = u_0\varepsilon + v_0\varepsilon^2, \quad t_2 = u_0\varepsilon^2 + v_0\varepsilon. \tag{3.15}$$

Denn es ist in Erfüllung von (3.9) $u_0\varepsilon \cdot v_0\varepsilon^2 = u_0 \cdot v_0 = -p/3$ und $u_0\varepsilon^2 \cdot v_0\varepsilon = u_0 \cdot v_0 = -p/3$.

Wir fassen zusammen:

Satz 36. *Die kubische Gleichung*

$$x^3 + ax^2 + bx + c = 0$$

hat als eine Lösung (**Cardanosche Formel**)

$$x_0 = \sqrt[3]{-\frac{q}{2} + \sqrt{D}} + \sqrt[3]{-\frac{q}{2} - \sqrt{D}} - \frac{a}{3}$$

$$\text{mit} \quad D = \left(\frac{q}{2}\right)^2 + \left(\frac{p}{3}\right)^3 \quad \text{(Diskriminante)}.$$

Dabei ist bei den dritten Wurzeln der Hauptwert zu nehmen. Die beiden anderen Lösungen x_1, x_2 erhält man z. B., indem man die dritten Wurzeln mit $\varepsilon = -\frac{1}{2} + \frac{\sqrt{3}}{2}i$ bzw. $\varepsilon^2 = -\frac{1}{2} - \frac{\sqrt{3}}{2}i$ gemäß (3.15) multipliziert und dann addiert. Alternativ kommt man zu den beiden anderen Lösungen, indem nach Division durch $(x - x_0)$ die kubische Gleichung auf eine quadratische Gleichung reduziert ist, die mit Hilfe der $p - q$-Formel gelöst werden kann.

Beispiel 3.8. Gegeben die Gleichung

$$x^3 - 3x^2 - 3x + 9 = 0, \quad \text{d. h. } a = -3, b = -3, c = 9.$$

Es errechnet sich

$$p = -\frac{a^2}{3} + b = -6, \quad q = \frac{2a^3}{27} - \frac{ab}{3} + c = 4$$

$$t^3 - 6t + 4 = 0, \quad D = \left(\frac{q}{2}\right)^2 + \left(\frac{p}{3}\right)^3 = -4$$

und somit

$$u^3 = -\frac{q}{2} + \sqrt{\left(\frac{q}{2}\right)^2 + \left(\frac{p}{3}\right)^3} = -2 + 2i$$

$$u^3 = r(\cos\varphi + i\sin\varphi): \quad r = (\sqrt{2})^3, \varphi = \frac{3\pi + 2k\pi}{4}$$

$$u_0 = \sqrt[3]{r}\left(\cos\frac{\varphi}{3} + i\sin\frac{\varphi}{3}\right) = \sqrt{2}\left(\cos\frac{\pi}{4}\right) + i\sin\left(\frac{\pi}{4}\right)$$

$$= \sqrt{2}\left(\frac{1}{2}\sqrt{2} + \frac{1}{2}\sqrt{2}i\right)$$

$$= 1 + i$$

$$v_0 = \frac{-p}{3u_1} = \frac{6}{3(1+i)} = \frac{2(1-i)}{(1+i)(1-i)} = 1 - i$$

$$t_0 = u_0 + v_0 = 2, \quad x_0 = t_0 - a/3 = 3$$

$$t_1 = u_0\varepsilon + v_0\varepsilon^2$$

$$= (1+i)\left(-\frac{1}{2} + \frac{\sqrt{3}}{2}i\right)$$

$$+ (1-i)\left(-\frac{1}{2} - \frac{\sqrt{3}}{2}i\right)$$

$$= -1 - \sqrt{3}, \quad x_1 = -\sqrt{3}$$

$$t_2 = u_0\varepsilon^2 + v_0\varepsilon = -1 + \sqrt{3}, \quad x_2 = \sqrt{3}.$$

Untersuchung der drei Fälle $D > 0$, $D = 0$, $D < 0$

Zur Klassifizierung der Lösungen werfen wir einen Blick zurück auf die Herleitung der Cardanoschen Formeln: Für die Lösung ist die Diskriminante entscheidend

$$D = \left(\frac{q}{2}\right)^2 + \left(\frac{p}{3}\right)^3.$$

Da p in der dritten Potenz auftritt, kann dieser Term und damit D negativ werden.

1. Fall $D > 0$: $\sqrt{D}$ ist reell

$$u^3 = -\frac{q}{2} + \sqrt{D}, \quad v^3 = -\frac{q}{2} - \sqrt{D}$$

u_0, v_0 sind reell, $t_0 = u_0 + v_0$ ist reell,

$$t_1 = u_0\varepsilon + v_0\varepsilon^2 = u_0\left(-\frac{1}{2} + \frac{1}{2}\sqrt{3}i\right) + v_0\left(-\frac{1}{2} - \frac{1}{2}\sqrt{3}i\right)$$
$$= -\frac{1}{2}(u_0 + v_0) + i\frac{\sqrt{3}}{2}(u_0 - v_0)$$
$$t_2 = u_0\varepsilon^2 + v_0\varepsilon = u_0\left(-\frac{1}{2} - \frac{1}{2}\sqrt{3}i\right) + v_0\left(-\frac{1}{2} + \frac{1}{2}\sqrt{3}i\right)$$
$$= -\frac{1}{2}(u_0 + v_0) - i\frac{\sqrt{3}}{2}(u_0 - v_0),$$

d. h. t_1, t_2 sind konjugiert komplex.

2. Fall $D = 0$, d. h. es ist $(q/2)^2 = -(p/3)^3$ oder: $u^3 = -q/2$, $v^3 = -q/2$. Somit folgt

$$u_0 = -\sqrt[3]{\frac{q}{2}} \text{ reell}$$
$$v_0 = -\frac{p}{3u_1} = -\sqrt[3]{\left(\frac{p}{3}\right)^3 \cdot \frac{1}{-\frac{q}{2}}} = -\sqrt[3]{\frac{q}{2}} = u_1$$
$$t_0 = u_0 + v_0 = -2\sqrt[3]{\frac{q}{2}}$$
$$t_1 = u_0\varepsilon + v_0\varepsilon^2 = -u_0 = \sqrt[3]{\frac{q}{2}}$$

Beachte $\varepsilon + \varepsilon^2 = -1$, siehe Übung 3.5b

$$t_2 = u_0\varepsilon^2 + v_0\varepsilon = -u_0 = \sqrt[3]{\frac{q}{2}},$$

d. h. $t_1 = t_2$ reelle Doppellösung.

3. *Fall D < 0: $\sqrt{D}$ ist nicht reell (casus irreducibilis)*

$$\sqrt{D} = i\sqrt{-D}; \text{ wegen } D = \left(\frac{q}{2}\right)^2 + \left(\frac{p}{3}\right)^3 < 0 \text{ ist } p < 0$$

$$u^3 = -\frac{q}{2} + i\sqrt{-D} = r(\cos\varphi + i\sin\varphi)$$

$$v^3 = -\frac{q}{2} - i\sqrt{-D} = r(\cos\varphi - i\sin\varphi)$$

mit

$$r = \sqrt{\left(\frac{q}{2}\right)^2 + (\sqrt{-D})^2} = \sqrt{-\left(\frac{p}{3}\right)^3} \text{ reell, da } p < 0$$

$$\cos\varphi = \frac{-\frac{q}{2}}{r} = -\frac{q}{2\left(\sqrt{-\frac{p}{3}}\right)^3}$$

$$u_0 = = \sqrt[3]{r}\left(\cos\frac{\varphi}{3} + i\sin\frac{\varphi}{3}\right)$$

$$v_0 = -\frac{p}{3u_1} = \sqrt[3]{r}\left(\cos-\frac{\varphi}{3} + i\sin-\frac{\varphi}{3}\right) = \sqrt[3]{r}\left(\cos\frac{\varphi}{3} - i\sin\frac{\varphi}{3}\right)$$

$$\text{da} \left(-\frac{p}{3}\right)^3 = r^2$$

$$t_0 = u_0 + v_0 = 2\sqrt{-\frac{p}{3}}\cos\varphi/3 \text{ reell}$$

$$t_1 = u_0\varepsilon + v_0\varepsilon^2$$
$$= \sqrt[3]{r}\left[\cos\frac{\varphi+2\pi}{3} + i\sin\frac{\varphi+2\pi}{3} + \cos\frac{-\varphi+4\pi}{3} + i\sin\frac{-\varphi+4\pi}{3}\right]$$
$$= \sqrt[3]{r}\left[\cos\frac{\varphi+2\pi}{3} + i\sin\frac{\varphi+2\pi}{3} + \cos\frac{-\varphi-2\pi}{3} + i\sin\frac{-\varphi-2\pi}{3}\right]$$
$$= 2\sqrt{-\frac{p}{3}}\cos(\frac{\varphi}{3} + \frac{2\pi}{3}) \text{ reell}$$

$$t_2 = u_0\varepsilon^2 + v_0\varepsilon = 2\sqrt{-\frac{p}{3}}\cos\left(\frac{\varphi}{3} + \frac{4\pi}{3}\right) \text{ reell .}$$

Das Ergebnis fassen wir zusammen:

Satz 37. *Die kubische Gleichung $t^3 + pt + q = 0$, $(p, q \in \mathbb{R})$ mit $D = \left(\frac{q}{2}\right)^2 + \left(\frac{p}{3}\right)^3$ hat*
- *für D > 0 eine reelle und zwei konjugiert komplexe Lösungen,*
- *für D = 0 drei reelle Lösungen, von denen mindestens zwei zusammenfallen, und*
- *für D < 0 drei verschiedene reelle Lösungen.*

Das Bemerkenswerte hieran ist, dass man im ersten und zweiten Fall ($D > 0$ bzw. $D = 0$) auch ohne die Einführung komplexer Zahlen zu *einer* Lösung der kubischen Gleichung kommt. Lediglich die beiden anderen Lösungen sind dann zueinander konjugiert komplex. Im dritten Fall ($D < 0$) jedoch kommt man nicht um das Rechnen mit komplexen Zahlen herum. Aber komplexe Zahlen treten dort nur auf einer Zwischenstufe auf, die letztlich erhaltenen Nullstellen sind alle drei reelle Zahlen. Diese

Überraschung ist auch literarisch belegt. In seinem Roman „Verwirrungen des Zöglings Törless" schreibt Robert Musil:

> In solch einer Rechnung sind am Anfang ganz solide Zahlen, die Meter oder Gewichte oder irgend etwas anderes Greifbares darstellen können und wenigstens wirkliche Zahlen sind. Am Ende der Rechnung stehen ebensolche. Aber diese beiden hängen miteinander durch etwas zusammen, das es gar nicht gibt. Erscheint dies nicht wie eine Brücke, von der nur Anfangs- und Endpfeiler vorhanden sind und die man dennoch so sicher überschreitet, als ob sie ganz dastünde?

Historisches Beispiel (Stevin, 1585)

Wir betrachten die Gleichung
$$t^3 = 6t + 40 \Leftrightarrow t^3 - 6t - 40 = 0.$$

Hier ist
$$D = \left(\frac{q}{2}\right)^2 + \left(\frac{p}{3}\right)^3 = 400 - 8 = 392 > 0$$
$$u^3 = -\frac{q}{2} + \sqrt{D} = 20 + \sqrt{392}, \quad v^3 = -\frac{q}{2} - \sqrt{D} = 20 - \sqrt{392}$$
$$t_0 = u_0 + v_0 = \sqrt[3]{20 + \sqrt{392}} + \sqrt[3]{20 - \sqrt{392}} = 3,41421\ldots$$
$$+ 0,56787\ldots = 4.$$

Probe für $t_0 = 4$: $64 - 64 - 40 = 0 \checkmark$

Werte für t_1, t_2:
1. Möglichkeit mit 3. Einheitswurzeln
$$t_1 = u_0 \cdot \varepsilon + v_0 \cdot \varepsilon^2 = u_0 \left(-\frac{1}{2} + \frac{1}{2}\sqrt{3}i\right) + v_0 \left(-\frac{1}{2} - \frac{1}{2}\sqrt{3}i\right)$$
$$= -\frac{1}{2}(u_0 + v_0) + \frac{1}{2}\sqrt{3}i(u_0 - v_0) = -2 + \sqrt{6}i$$
$$t_2 = u_0 \varepsilon^2 + v_0 \varepsilon = u_0 \left(-\frac{1}{2} - \frac{1}{2}\sqrt{3}i\right) + v_0\left(-\frac{1}{2} + \frac{1}{2}\sqrt{3}i\right) = -2 - \sqrt{6}i.$$

2. Möglichkeit mittels Polynomdivision
$$(t^3 - 6t - 40) : (t - 4) = t^2 + 4t + 10$$
$$t^2 + 4t + 10 = 0 \Leftrightarrow t_{1,2} = -2 \pm \sqrt{4 - 10} = -2 \pm \sqrt{6}i$$

Daher sind die Lösungen:
$$t_0 = 4, t_1 = -2 + \sqrt{6}i, t_2 = -2 - \sqrt{6}i.$$

3.5 Ausblick

Über mehrere Jahrhunderte hinweg versuchten Mathematiker auch Gleichungen höheren Grades mit Wurzeln zu lösen. Für Gleichungen 4. Grades gelang dies Luigi Ferrari (1522–1565), einem Schüler von Cardano, der die Formeln in seine „*Ars Magna*" aufnahm.

Für Gleichungen 5. Grades gelang dies trotz eifriger Bemühungen im 17. und 18. Jahrhundert nicht.

Carl Friedrich Gauß vermutete 1799 in seiner Doktorarbeit, dass die allgemeine Gleichung 5. Grades nicht algebraisch auflösbar sei. Auch Paolo Ruffini (1765–1822) versuchte dies zu beweisen. Dass algebraische Gleichungen 5. und höheren Grades nicht allgemein durch Wurzelziehen gelöst werden können, konnte erst Nils Hendrik Abel (1802–1829) in den Jahren 1824–1826 beweisen. Abel war norwegischer Mathematiker und starb mit 27 Jahren an Schwindsucht. Er schloss damit die klassische Algebra, die sich mit der Auflösung von Gleichungen befasste, ab.

Zur gleichen Zeit etwa schrieb der Franzose Evariste Galois (1811–1832) in der Nacht vor einem tödlichen Duell eine neue Theorie auf, in der die Theorie der Gleichungen mit Hilfe des Gruppenbegriffs in eine ganz neue Richtung geöffnet wurde. Er gab Bedingungen an, unter denen Gleichungen höheren Grades auflösbar sind. Gleichzeitig wurden auch die berühmten klassischen Probleme der Geometrie gelöst, indem ihre Unmöglichkeit mathematisch bewiesen werden konnte: Die Dreiteilung des Winkels, die Verdoppelung des Würfels und die Quadratur des Kreises. Mit Hilfe der zugehörigen Gleichungen konnte nachgewiesen werden, dass eine Konstruktion mit Zirkel und Lineal nicht allgemein möglich ist.

3.6 Lösungen der Gleichung 4. Grades

Luigi Ferrari suchte einen Weg, Gleichungen 4. Grades

$$x^4 + ax^3 + bx^2 + cx + d = 0$$

durch Reduktion zu vereinfachen. Dazu eliminierte er den kubischen Term der Gleichung, indem er substituierte $x = z - \frac{a}{4}$:

$$0 = \left(z - \frac{a}{4}\right)^4 + a\left(z - \frac{a}{4}\right)^3 + b\left(z - \frac{a}{4}\right)^2 + c\left(z - \frac{a}{4}\right) + d.$$

Nach Ausmultiplizieren und Zusammenfassen gleichartiger Terme folgt

$$0 = z^4 - az^3 + 6z^2\left(\frac{a}{4}\right)^2 - 4z\left(\frac{a}{4}\right)^3 + \left(\frac{a}{4}\right)^4$$
$$+ az^3 - 3z^2\frac{a^2}{4} + 3az\left(\frac{a}{4}\right)^2 - a\left(\frac{a}{4}\right)^3 + bz^2 - 2z\frac{ab}{4} + \frac{a^2b}{16} + cz - \frac{ac}{4} + d$$
$$0 = z^4 + \left(b - \frac{3}{8}a^2\right)z^2 + \left(\frac{1}{8}a^3 - \frac{1}{2}ab + c\right)z + \left(-\frac{3}{256}a^4 + \frac{1}{16}a^2b - \frac{1}{4}ac + d\right).$$

Zur Vereinfachung und aus Gründen der besseren Übersicht wird nochmals substituiert. Ferrari setzte für die Koeffizienten p, q und r ein

$$p = b - \frac{3}{8}a^2$$
$$q = c - \frac{1}{2}ab + \frac{1}{8}a^3$$
$$r = d - \frac{1}{4}ac + \frac{1}{16}a^2b - \frac{3}{256}a^4,$$

womit die zu lösende Gleichung die Form hat

$$0 = z^4 + pz^2 + qz + r$$

bzw.

$$z^4 = -pz^2 - qz - r. \tag{3.16}$$

Nun versuchte Ferrari aus dieser Gleichung vierten Grades zwei quadratische Gleichungen zu machen, deren Produkt wiederum die ursprüngliche Gleichung ergeben sollte. Der Trick besteht in einer geschickt gewählten quadratischen Ergänzung auf beiden Seiten von Gleichung (3.16). Dazu wird auf beiden Seiten von (3.16) der Term $2z^2u + u^2$ mit noch zu präzisierendem u addiert

$$z^4 + 2z^2u + u^2 = 2z^2u + u^2 - pz^2 - qz - r$$
$$= (2u - p)z^2 - qz + (u^2 - r). \tag{3.17}$$

Damit ist die linke Seite schon ein vollständiges Quadrat, nämlich $(z^2 + u)^2$. Auf der rechten Seite erhält man ein vollständiges Quadrat durch eine geeignete quadratische Ergänzung, d. h. durch eine geeignete Wahl von u. Es ist nämlich

$$(2u-p)z^2 - qz + (u^2 - r) = (2u-p)z^2 - qz + \left(\frac{q}{2\sqrt{2u-p}}\right)^2 + (u^2 - r) - \left(\frac{q}{2\sqrt{2u-p}}\right)^2$$
$$= \left(\sqrt{2u-p}\, z - \frac{q}{2\sqrt{2u-p}}\right)^2 + (u^2 - r) - \frac{q^2}{4(2u-p)}.$$

Hieraus sieht man, dass die rechte Seite ein volles Quadrat wird, wenn

$$(u^2 - r) = \frac{q^2}{4(2u-p)},$$

d. h. wenn

$$q^2 = 4(2u-p)(u^2 - r).$$

Dies ist eine Gleichung dritten Grades für die Unbekannte u in der Form

$$u^3 - \frac{pu^2}{2} - ru + \frac{pr}{2} - \frac{q^2}{8} = 0.$$

Wie wir in Abschnitt 3.4 gesehen haben, hat diese Gleichung mindestens eine reelle Wurzel u_1. Diese reelle Wurzel eingesetzt in (3.17) ergibt

$$(z^2 + u_1)^2 = \left(z\sqrt{2u_1 - p} - \frac{q}{2\sqrt{2u_1 - p}}\right)^2.$$

Durch Wurzelziehen erhält man zwei quadratische Gleichungen

$$z^2 + u_1 = +\left(z\sqrt{2u_1 - p} - \frac{q}{2\sqrt{2u_1 - p}}\right)$$

und

$$z^2 + u_1 = -\left(z\sqrt{2u_1 - p} - \frac{q}{2\sqrt{2u_1 - p}}\right),$$

bzw.

$$z^2 - z\sqrt{2u_1 - p} + u_1 + \frac{q}{2\sqrt{2u_1 - p}} = 0$$

$$z^2 + z\sqrt{2u_1 - p} + u_1 - \frac{q}{2\sqrt{2u_1 - p}} = 0.$$

Somit wurde die ursprüngliche Gleichung vierten Grades in zwei quadratische Gleichungen aufgespalten, die wiederum beide je zwei Lösungen haben. Diese sind somit auch die vier Lösungen unserer ursprünglichen Gleichung.

Aufgaben

Die Probleme der Aufgaben 3.16 bis 3.18 führen auf die Lösung kubischer Gleichungen. Diese kubischen Gleichungen sollen aufgestellt werden.

3.16 Gegeben ist der Inhalt und der Umfang eines gleichschenkligen Dreiecks, gesucht sind die Seiten.

3.17 Gegeben seien Inhalt und Oberfläche eines Zylinders, gesucht sind der Radius und die Höhe.

3.18 Wie tief sinkt eine Eiskugel im Wasser ein? (Hinweis: *Bei Abkühlung unter 0° C wird unter Vergrößerung des Volumens um $\frac{1}{11}$ aus Wasser Eis.*)

3.19 Errechnen Sie für folgende historische kubische Gleichungen mit Hilfe der Formeln die Lösungen:
(a) $t^3 - 13t - 12 = 0$ (Girard, 1595–1632)
(b) $x^3 - 6x^2 + 13x - 10 = 0$ (Descartes, 1596–1650)
(c) $x^3 - 3x - 1 = 0$ (Al-Biruni, 973–1048)
(d) $x^3 + x = 4x^2 + 4$ (Diophant, um 250 n. Chr.)

3.20 Beweisen Sie folgende Erweiterung der Methode „Nullstellen erraten" auf ganze Gaußsche Zahlen (Kapitel 2):
Ist $z_0 \in \mathbb{G}$ eine Lösung der Gleichung

$$a_n z^n + \cdots + a_1 z + a_0 = 0, \, a_i \in \mathbb{G},$$

so gilt: z_0 ist Teiler von a_0.

3.21 Bestimmen Sie mit der Methode „Nullstellen erraten" die Lösungen von
(a) $z^3 - 9z^2 + 15z + 25 = 0$
(b) $z^3 + (1 + 2i)z^2 + (3 + 2i)z + 3 = 0$
(c) $z^3 - z^2 + (3 - i)z - 2 - 2i = 0$

3.22 Bestimmen Sie das Polynom $f(z) = z^3 + pz^2 + qz + r$, das die drei gegebenen Nullstellen hat
(a) $i, -5, 1+i$ (b) $-3, 7, -2$ (c) $2i, 9, -3+2i$
(d) $11, 4+6i, 4-6i$ (e) $2-i, 7+2i, 7-2i$ (f) $-1+i, 3+5i, 5-8i$

4 Fundamentalsatz der Algebra

4.1 Die Problemstellung

Haben Polynome *n*-ten Grades immer Nullstellen?

Für Polynome bis zum Grade 4 haben wir schon geklärt, dass sie im Komplexen immer Nullstellen haben. Im vorangegangenen Kapitel haben wir konkrete Lösungsformeln für diese Polynome entwickelt.
Man betrachte
- ein Polynom 1. Grades mit einer Gleichung der Form

$$a_1 z + a_0 = 0 \quad \text{mit } a_0, a_1 \in \mathbb{C}, a_1 \neq 0.$$

  Es besitzt genau eine Lösung: $z_1 = \frac{-a_0}{a_1}$;
- ein Polynom zweiten Grades mit einer quadratischen Gleichung der Form

$$a_2 z^2 + a_1 z + a_0 = 0 \quad \text{mit } a_2 \neq 0.$$

  Seine Lösungen werden nach der bekannten Lösungsformel quadratischer Gleichungen berechnet;
- für Polynome 3. und 4. Grades gibt es die Cardanoschen Lösungsformeln;
- um eine Lösung der allgemeinen Gleichung 5. Grades und höher durch Radikale (d. h. mit Hilfe von Wurzelausdrücken) bemühten sich Generationen von Mathematikern vergebens. Nur für Sonderfälle konnten Lösungen gefunden werden. Die Nichtauflösbarkeit von Gleichungen 5. Grades und höher bedeutet nicht, dass keine Lösungen existieren, sondern nur, dass es keine allgemeine Formeln aus den elementaren Rechenoperationen einschließlich Wurzeln beliebiger Ordnung für die Lösungen dieser Gleichungen gibt.

Die Lösbarkeit einer Gleichung $f(z) = 0$ hängt wesentlich von der zugelassenen Grundmenge ab, aus der die Zahl z_0 stammt, für die $f(z_0) = 0$ gelten soll. Zum Beispiel ist die Gleichung $z^2 + 1 = 0$ unlösbar, wenn wir die reellen Zahlen $\mathbb{R}$ zugrunde legen. Schließlich gab ja der Wunsch, diese Gleichung lösbar zu machen, den Anstoß für die Einführung der komplexen Zahlen.

4.2 Der Fundamentalsatz der Algebra

Satz 38 (1. Fassung von Carl Friedrich Gauß, 1799). *Jede Gleichung n-ten Grades ($n \geq 1$) der Form*

$$a_n z^n + a_{n-1} z^{n-1} + \cdots + a_1 z + a_0 = 0$$

mit $a_k \in \mathbb{C}$ hat in $\mathbb{C}$ mindestens eine Lösung.

Folgerungen aus diesem Satz:
- Ist z_0 eine Lösung von $f(z) = 0$, dann lässt sich – wie wir schon im vorangegangenen Kapitel gesehen haben, siehe Seite 79 – $f(z)$ in ein Produkt zerlegen:

$$f(z) = (z - z_0) \cdot f_1(z),$$

wobei $f_1(z)$ ein Polynom vom Grad $n - 1$ ist. Der Fundamentalsatz gilt aber ebenso für $f_1(z)$, d. h. $f_1(z)$ hat in $\mathbb{C}$ mindestens eine Nullstelle z_1 und kann somit geschrieben werden als

$$f_1(z) = (z - z_1) \cdot f_2(z),$$

wobei f_2 ein Polynom vom Grad $n - 2$ ist. Wenn wir dieses Argument fortsetzen so erhalten wir:
- Jede Gleichung n-ten Grades zerfällt über $\mathbb{C}$ völlig in Linearfaktoren, d. h. es gibt $z_0, \ldots, z_{n-1} \in \mathbb{C}$ mit

$$f(z) = a_n(z - z_0) \cdot (z - z_1) \cdot \; \cdots \; \cdot (z - z_{n-1}).$$

Satz 39 (Fundamentalsatz der Algebra, 2. Fassung). *Jede Gleichung n-ten Grades ($n \geq 1$) der Form*

$$a_n z^n + a_{n-1} z^{n-1} + \cdots + a_1 z + a_0 = 0$$

mit $a_k \in \mathbb{C}$, $a_n \neq 0$ hat genau n Nullstellen in $\mathbb{C}$.

Das bedeutet, dass in $\mathbb{C}$ jedes Polynom $f(z) = \sum_{k=0}^{n} a_k z^k$ in n Linearfaktoren zerfällt. Dies wiederum bedeutet: Der Körper $(\mathbb{C}, +, \cdot)$ ist **algebraisch abgeschlossen**. Es gibt keine unlösbaren algebraischen Gleichungen mehr, die eine Zahlbereichserweiterung erfordern würden.

Mit Hilfe des Fundamentalsatzes können auch Aussagen über Gleichungen mit reellen Koeffizienten gemacht werden: Es sei

$$f(z) = a_n z^n + a_{n-1} z^{n-1} + \cdots + a_1 z + a_0, \quad a_k \in \mathbb{R}, a_n \neq 0.$$

In $\mathbb{C}$ hat $f(z)$ genau n Nullstellen. Einige davon können auch in $\mathbb{R}$ liegen. Sei $x_0 \in \mathbb{R}$ Nullstelle von $f(z)$. Dann kann der Linearfaktor $(z - x_0)$ abgespalten werden:

$$f(z) = (z - x_0) \cdot f_1(z).$$

Dabei hat $f_1(z)$ wieder reelle Koeffizienten. Andernfalls hätte nämlich auch das Produkt $f(z) = (z-x_1) \cdot f_1(z)$ nicht-reelle Koeffizienten. Sei $z_1 \in \mathbb{C}$ eine komplexe Nullstelle von $f(z)$, d. h.

$$f(z_1) = a_n z_1^n + \cdots + a_1 z_1 + a_0 = 0.$$

Setzen wir anstelle von z_1 die konjugiert komplexe Zahl $\bar{z}_1$ ein, so ergibt sich

$$\begin{aligned} f(\bar{z}_1) &= a_n \bar{z}_1^n + a_{n-1} \bar{z}_1^{n-1} + \cdots + a_1 \bar{z}_1 + a_0 \\ &= \overline{a_n z_1^n + a_{n-1} z_1^{n-1} + \cdots + a_1 z_1 + a_0} \\ &= \overline{f(z_1)} = \overline{0} = 0, \end{aligned}$$

da ja für reelle Koeffizienten $\overline{a_k} = a_k$. Daher ist mit jeder komplexen Lösung z_1 eines Polynoms mit reellen Koeffizienten auch die konjugiert komplexe Zahl $\overline{z_1}$ ein Lösung.

Satz 40. *Hat die algebraische Gleichung $f(z) = a_n z^n + a_{n-1} z^{n-1} + \cdots + a_1 z + a_0 = 0$ mit reellen Koeffizienten $a_k \in \mathbb{R}$ die Lösung $z_1 \in \mathbb{C}$, so ist auch die konjugiert komplexe Zahl $\overline{z_1}$ eine Lösung.*

Für jede komplexe Lösung z_1 ergeben sich Linearfaktoren $z - z_1$ und $z - \overline{z_1}$. Es ist

$$(z - z_1)(z - \overline{z_1}) = z^2 - \underbrace{(z_1 + \overline{z_1})}_{2\cdot\mathrm{Re}(z_1)\in\mathbb{R}} z + \underbrace{z_1 \overline{z_1}}_{|z^2|\in\mathbb{R}} = z^2 + pz + q, \, p, q \in \mathbb{R}.$$

Also ergibt sich für je zwei konjugierte komplexe Lösungen ein reeller quadratischer Faktor. Wir haben damit bewiesen

Satz 41. *Jedes Polynom $f(z) = a_n z^n + a_{n-1} z^{n-1} + \cdots + a_1 z + a_0 = 0$ mit reellen Koeffizienten a_k, $k = 1, \ldots, n \in \mathbb{R}$ zerfällt in $\mathbb{R}$ in lineare und quadratische Faktoren:*

$$f(x) = a_n (x^2 + p_1 x + q_1) \cdot (x^2 + p_2 x + q_2) \cdot \cdots \cdot (x - x_1) \cdot (x - x_2) \cdot \cdots \cdot (x - x_r)$$

mit $p_i, q_i, x_i \in \mathbb{R}$ und $(p_i/2)^2 - q_i < 0$.

Für höhere Ordnungen n der Gleichungen oder Polynome ist es oft sehr schwierig die Zerlegungspolynome zu finden. Verfahren wie für die quadratische Gleichungen gibt es nur noch für Gleichungen 3. und 4. Grades. Der Hauptsatz sagt nur etwas über die Existenz der Lösungen aus. Wie man diese Lösungen findet, ist ein anderes Problem.

Zur Geschichte des Fundamentalsatzes

Das erste Auftreten komplexer Zahlen geht zwar bis in die Renaissance zurück, wo man vorsichtig mit komplexen Zahlen rechnete, ohne sie wirklich anzuerkennen. Auch die allgemeine Suche nach Lösungen quadratischer oder kubischer Gleichungen zu Zeiten Cardanos konnten den komplexen Zahlen keine allgemeine Anerkennung verschaffen. Bis zum Ende des 18. Jahrhunderts gelang keine exakte Begründung der Theorie der imaginären Zahlen. Jedoch verhalfen die immer erfolgreicher werdenden Arbeiten mit diesen Zahlen, ihre gute Verwendbarkeit, die mögliche Darstellung in der Ebene und schließlich die Gültigkeit des Fundamentalsatzes, den man mit ihnen beweisen konnte, zum Durchbruch. Erst allmählich wurde man im 18. Jahrhundert bereit, komplexen Zahlen – wie übrigens ein paar Jahre früher auch der Null und den negativen Zahlen – ein „Bürgerrecht" in der Mathematik einzuräumen (Führer, 2001). Erst Anfang des 19. Jahrhunderts wurden die Zweifel eines Cardano, Descartes, Leibniz oder Newton, ob die komplexen Zahlen wirklich existierten, endgültig beiseite geschoben. Sie funktionierten nicht nur gut, man erkannte dass man sie auch als geometrische „Größen" veranschaulichen kann, nämlich sowohl als Vektoren in der Ebene wie auch als Drehstreckungen.

Dabei dauerte es einige Zeit, bis der Fundamentalsatz in der uns heute bekannten Form bewiesen und anerkannt war. Ein kurzer Überblick:
- Ambrosius Roth (1577–1633) meinte, Gleichungen n-ten Grades haben höchstens n Lösungen. François Vieta (1540–1603) konnte mit seinem Wurzelsatz Gleichungen n-ten Grades notieren, die wirklich n Lösungen haben.
- Albert Girard (1595–1632) behauptete als Erster, dass immer n Lösungen vorhanden seien. Einen Beweis gab er aber nicht, er erläuterte den Satz nur an Beispielen.
- René Descartes (1596–1650) notiert den Satz, dass ein Polynom mit der Nullstelle c den Faktor $x - c$ abspalten lässt.
- Gottfried Wilhelm Leibniz (1646–1716) meinte, dass nicht jedes reelle Polynom als Produkt von Faktoren ersten und zweiten Grades darstellbar ist. Er kam nicht auf die Form $a + bi$ und machte daher falsche Behauptungen.
- Leonhard Euler (1707–1783) formuliert den Faktorisierungssatz für reelle Polynome genau in der Form, in der Leibniz ihn für falsch hielt. Er behauptet den Fundamentalsatz der Algebra für reelle Polynome: „Jedes Polynom n-ten Grades hat genau n Nullstellen im Oberkörper $\mathbb{C}$". Er konnte diesen Satz für Polynome vom Grade ≤ 6 beweisen.
- Jean-Baptiste D'Alembert (1717–1783) machte den ersten ernst zu nehmenden Versuch, den Faktorisierungssatz zu beweisen. Durch seine und Eulers Arbeit setzte sich die Ansicht durch, dass nur die fingierte Größe $\sqrt{-1}$ zugelassen werden müsse, damit eine Gleichung n-ten Grades n Nullstellen hat.
- Joseph-Louis Lagrange (1736–1813) gelang es, die Eulerschen Lücken zu schließen, jedoch benutzte auch er fiktive Wurzeln.
- Pierre-Simon Laplace (1749–1827) machte einen Ansatz zum Beweis des Fundamentalsatzes, der von den Ansätzen Eulers und Lagranges völlig verschieden ist.
- Carl Friedrich Gauß (1777–1855) veröffentlichte seine Abhandlung, in der er alle vorhandenen Beweisansätze kritisierte. Das eigentlich Neue an seinem Beweis ist, dass er die Nullstelle nicht berechnet, sondern zuerst ihre Existenz beweist. Er lieferte insgesamt vier Beweise, die jedoch nicht alle korrekt sind.
- Jean-Robert Argand (1768–1822) veröffentlichte den einfachsten Beweis des Fundamentalsatzes unter Anwendung der D'Alembertschen Grundidee. Er benutzt den Satz vom Vorhandensein des kleinsten Wertes einer stetigen Funktion.
- Augustin Louis Cauchy (1789–1857) gab im Wesentlichen denselben Beweis, aber in zugänglicherer Gestalt.

Beweis des Fundamentalsatzes nach Cauchy

Der Cauchysche Beweis ist ein Widerspruchsbeweis.
Annahme: $w = f(z)$ und somit auch $|w| = |f(z)|$ ist für jedes $z \in \mathbb{C}$ von 0 verschieden. Dann muss es eine komplexe Zahl z_0 geben, für die $|f(z)|$ einen minimalen Wert > 0

Abb. 4.1: Cauchy

hat:
$$|f(z_0)| = |w_0|.$$

Wir führen dies zu einem Widerspruch, indem wir zeigen, dass es dann in der z-Ebene Punkte $z = z_0 + \zeta$ gibt, für deren Bilder $w = f(z)$ gilt: $w = |f(z)| < |w_0|$.

Dazu entwickeln wir das Polynom $f(z)$ um die Stelle z_0:

$$w = f(z) = a_n(z_0 + \zeta)^n + a_{n-1}(z_0 + \zeta)^{n-1} + \cdots + a_1(z_0 + \zeta) + a_0,$$

und ordnen nach Auspotenzieren nach steigenden Potenzen von ζ

$$w = f(z) = a_n z_0^n + a_{n-1} z_0^{n-1} + \cdots + a_1 z_0 + a_0 + b_1 \zeta + b_2 \zeta^2 + \cdots + b_n \zeta^n$$
$$= w_0 + b_1 \zeta + b_2 \zeta^2 + \cdots + b_n \zeta^n$$

für geeignet definierte komplexe Zahlen $b_1, \ldots, b_n$. Einige der b's können dabei null sein. Benennen wir den ersten von null verschiedenen Koeffizienten mit b_k, $k \geq 1$, so haben wir die Darstellung

$$w = w_0 + b_k \zeta^k + \cdots + b_n \zeta^n.$$

Wir zeigen nun, dass w_0 nicht die Zahl mit dem kleinstmöglichen Betrag ist, sondern dass es bei geeigneter Wahl von ζ noch betragsmäßig kleinere Werte $w = f(z_0 + \zeta)$ gibt. Dazu teilen wir zunächst durch w_0 und erhalten für geeignet definierte komplexe Koeffizienten $c, c_1, \ldots, c_{n-k}$ die Darstellung

$$\frac{w}{w_0} = 1 + c\zeta^k + c_1 \zeta^{k+1} + \cdots + c_{n-k} \zeta^n \qquad (4.1)$$

$$= 1 + c\zeta^k + \zeta^k g(\zeta) \qquad (4.2)$$

wobei $g(\zeta) = c_1 \zeta + c_2 \zeta^2 + \cdots + c_{n-k} \zeta^{n-k}$.

Jetzt stellen wir c und ζ in Polarkoordinaten dar

$$c = r(\cos \alpha + i \sin \alpha), \quad \zeta = \varepsilon(\cos \varphi + i \sin \varphi).$$

Dann wird aus (4.2)

$$\frac{w}{w_0} = 1 + r\varepsilon^k[\cos(\alpha + k\varphi) + i \sin(\alpha + k\varphi)] + \zeta^k g(\zeta)$$

Da man ζ und somit ε und φ frei wählen kann, setzen wir

$$\alpha + k\varphi = \pi, \quad \text{d. h. } \varphi = \frac{\pi - \alpha}{k}.$$

Dann ist nach dem Einsetzen von φ

$$\cos(\alpha + k\varphi) + i\sin(\alpha + k\varphi) = -1,$$

also somit nach Dreiecksungleichung

$$\left|\frac{w}{w_0}\right| = |1 - r\varepsilon^k + \zeta^k g(\zeta)| \leq |1 - r\varepsilon^k| + \varepsilon^k |g(\zeta)|. \tag{4.3}$$

Man hat jetzt noch ε als frei wählbare Größe übrig. ε ist der Betrag von ζ. Wir wählen ε so klein, dass erstens $r\varepsilon^k < 1$ und dass zweitens $|g(\zeta)| < r$. Letzteres ist möglich, da für $g(\zeta) = c_1\zeta + c_2\zeta^2 + \cdots + c_{n-k}\zeta^{n-k}$ gilt, so dass $g(0) = 0$. Für ein so gewähltes ε erhält man dann aus (4.3)

$$\left|\frac{w}{w_0}\right| \leq |1 - r\varepsilon^k| + \varepsilon^k |g(\zeta)|$$

$$< 1 - r\varepsilon^k + r\varepsilon^k = 1.$$

Somit haben wir eine komplexe Zahl w gefunden, für die die Funktion f einen betragsmäßig noch kleineren Wert annimmt als $f(z_0)$, obwohl doch nach Annahme $w_0 = f(z_0)$ das Minimum der Funktion f ist. $\square$

Topologischer Beweis des Fundamentalsatzes

Der Beweis nach Cauchy ist sehr technisch und wenig anschaulich. Außerdem basiert er auf der Annahme, dass der Betrag der Funktion f an irgendeiner Stelle sein Minimum annimmt. Dies ist zwar korrekt, müsste aber der Vollständigkeit halber noch bewiesen werden, worauf wir verzichten. Wir präsentieren stattdessen einen zweiten, anschaulicheren Beweis des Fundamentalsatzes der Algebra.

Vorüberlegung: Wir betrachten ein beliebiges Polynom der Form

$$f(z) = a_0 + a_1 z + \cdots + a_n z^n.$$

Jedem z der Urbildebene wird mittels $w = f(z)$ ein $w = f(z)$ der Bildebene zugeordnet. Das Bild der 0 in der z-Ebene ist die komplexe Zahl a_0, die wir als von 0 verschieden annehmen (sonst ist nichts zu beweisen, weil $z = 0$ eine Nullstelle von f ist). Betrachten wir die Abbildung $f_1(z) = a_1 z + a_0$, so wird ein Kreis um den Ursprung auf einen Kreis um a_0 abgebildet. Hingegen wird durch $f_2(z) = z^n$ ein Kreis mit Radius r um den Ursprung auf einen Kreis mit Radius r^n um den Ursprung abgebildet, der n-mal umlaufen wird.

4.2 Der Fundamentalsatz der Algebra

Die Beweisidee besteht nun darin, dass wir die Bilder von konzentrischen Kreisen um den Ursprung mit wachsendem Radius betrachten. Bei kleinem Radius dominiert bei f wegen der Potenzen der Term $a_1 z + a_0$, und das Bild ist daher ungefähr ein kleiner Kreis um a_0. Bei großem Radius r dominiert der Term z^n und das Bild eines Kreises ist ungefähr ein n-fach umschlungener Kreis um den Ursprung mit großem Radius. Da f eine stetige Funktion ist, genügt jetzt die Überlegung, dass bei einer Deformierung eines kleinen einfachen Kreises um a_0 herum in einen n-fach durchlaufenen Kreis um den Ursprung dieser Ursprung mindestens einmal überschritten werden muss.

Wir machen diese Überlegung jetzt präzise: Es ist zu beweisen, dass es in der z-Ebene einen Punkt z_0 gibt, der auf den Punkt 0 der w-Ebene abgebildet wird, d. h. $f(z_0) = 0$. Um die Existenz eines solches Punktes zu beweisen, gehen wir davon aus, dass das Bild eines hinreichend großen Kreises K_R um den Punkt 0 der z-Ebene eine geschlossene, den Punkt 0 der w-Ebene n-mal umschlingende Kurve $K_R^{(n)}$ ist. Es kommt nicht darauf an, dass das Bild möglichst gut einem Kreis ähnelt, sondern nur, dass der Punkt 0 der w-Ebene umschlungen wird. Nun wird der Radius R des Kreises der z-Ebene kontinuierlich verkleinert und die Veränderung der Bildkurve $K_R^{(n)}$ betrachtet. Ist der Radius $R = 0$, dann besteht die Kurve nur aus einem einzigen Punkt, nämlich $w_0 = f(0)$. Ist R eine kleine positive Zahl, dann liegen alle Punkte der Kurve in einer Umgebung von $f(0)$, die beliebig klein gemacht werden kann, wenn R entsprechend klein ist. Ist $w_0 = f(0) \neq 0$, dann kann man die Umgebung von $f(0)$ so klein machen, dass sie den Punkt 0 nicht mehr enthält. Somit kann auch die Kurve den Punkt 0 nicht mehr umschlingen.

Wenn R so groß gewählt wird, dass die Kurve den Punkt 0 umschlingt, R andererseits auch so klein gemacht werden kann, dass die Kurve den 0-Punkt nicht mehr umschlingt, dann muss wenigstens einmal der Fall auftreten, dass die Kurve über den Punkt 0 streicht, da der Übergang vom einen zum anderen Fall als stetiger Deformationsvorgang betrachtet werden kann. Wir müssen nur noch zeigen, dass die Kurve $C_R^{(n)}$, also das Bild vom Kreis K_R, den Nullpunkt der w-Ebene n-fach umschlingt.

Dazu betrachten wir ein Polynom $f(z) = z^n + a_{n-1} z^{n-1} + \cdots + a_1 z + a_0$, d. h. $a_n = 1$. Dies ist keine Einschränkungen, da wir uns ja nur für die Nullstellen interessieren und wir jedes beliebige Polynom mittels Division durch a_n in ein Polynom mit $a_n = 1$ überführen können, ohne die Nullstellen zu verändern. Die Abbildung $f_2(z) = z^n$ führt den Kreis K_R in einen n-fach durchlaufenen Kreis $K_R^{(n)}$ über. Welchen Abstand hat der Punkt $w = f(z)$ von z^n?

$$\begin{aligned} |f(z) - z^n| &= |a_{n-1} z^{n-1} + a_{n-2} z^{n-2} + \cdots + a_1 z + a_0| \\ &\leq |a_{n-1}| \cdot |z^{n-1}| + |a_{n-2}| \cdot |z^{n-2}| + \cdots + |a_1| \cdot |z| + |a_0| \\ &= |z^n| \left(\frac{|a_{n-1}|}{|z|} + \frac{|a_{n-2}|}{|z^2|} + \cdots + \frac{|a_1|}{|z|^{n-1}} + \frac{|a_0|}{|z|^n} \right). \end{aligned}$$

Die Summe in der Klammer geht gegen 0, wenn R hinreichend groß gewählt wird, d. h. wenn $|z| = R \to \infty$ geht. Die Summe in der Klammer wird also beliebig klein, z. B. kleiner als $\frac{1}{2}$.

Man kann den Abstand ausdrücken durch

$$|f(z) - z^n| < \frac{1}{2}|z|^n = \frac{1}{2}R^n.$$

Der Abstand der Punkte $w = f(z)$ zu z^n ist unter dieser Voraussetzung kleiner als die Hälfte des Radius von $K_{R^n}^{(n)}$. Daraus folgt, dass w innerhalb einer Kreisscheibe mit dem Radius $\frac{1}{2}R^n$ liegt, deren Mittelpunkt z^n den Kreis $K_{R^n}^{(n)}$ n-mal durchläuft, während z den Kreis K_R einmal umläuft. Daher liegt die Kurve $C_R^{(n)}$ ganz im Kreisring mit den Radien $\frac{1}{2}R^n$ und $\frac{3}{2}R^n$. □

Zur Illustration und als exemplarischen Beweis (d. h. Demonstration am Beispiel einer konkreten Gleichung, die aber für jede beliebige Gleichung unter Beibehaltung desselben Arguments stehen kann) geben wir folgendes Beispiel: Wir betrachten die Gleichung

$$f(z) = z^3 + (2 + i)z^2 + iz + 2 + 1,5i = 0.$$

Abbildung 4.2 (linke Darstellung) zeigt einen kleinen Kreis mit Radius $r = 0,4$ um den Ursprung und das Bild dieses Kreises, das noch grob einem Kreis um den Punkt $f(0) = 2 + 1,5i$ ähnelt. Das überrascht nicht, da $|z| = 0,4$ recht klein ist, und für betragsmäßig kleine z der Term $iz + 2 + 1,5i$ in $f(z)$ dominiert. Multiplikation mit i bewirkt lediglich eine Drehung, Addition von $2 + 1,5i$ eine Verschiebung. Die Terme mit höherer Potenz bewirken eine Verzerrung des Urbildkreises, haben aber desto weniger Einfluss je kleiner dieser Urbildkreis ist.

Jetzt stellen wir uns vor, dass r immer größer wird. Die Bilder des Kreises um 0 werden umso mehr von Termen mit dem höheren Exponenten geprägt je größer r ist, weil für betragsmäßig große r der Term z^3 (bzw. der Term mit dem höchsten Exponenten) den Ausdruck $f(z)$ dominiert.

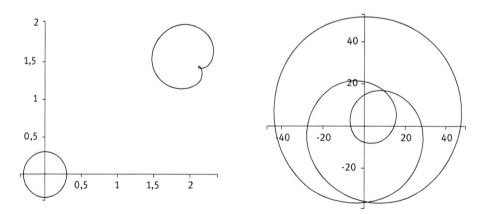

Abb. 4.2: Kreis um Ursprung mit Radius $r = 0,4$ als Urbild und Bild unter $w = f(z)$ (links); Bild des Kreises mit Radius $r = 3$ unter $w = f(z)$: Der Ursprung ist dreifach umschlungen (rechts).

Die rechte Darstellung von Abbildung 4.2 zeigt das Bild des Kreises mit Radius $r = 3$ um den Ursprung unter $w = f(z)$. Der Ursprung ist dreifach umschlungen. Da bei f als stetiger Funktion der Übergang vom Bild in der linken Darstellung zum Bild in der rechten Darstellung durch eine stetige Deformation erfolgt, muss der Ursprung (und somit der Wert $f(z) = 0$) dreimal überschritten worden sein, d. h. dreimal liegt eine Nullstelle von $w = f(z)$ vor.

Im Anhang beschreiben wir die Details eines MAPLE-Programms, mit dem dieser Schritt animiert nachvollzogen und auch an beliebigen anderen Beispielen durchgeführt werden kann. Auch wenn das letzte Argument an einem Beispiel vollzogen wurde, beachte man die Allgemeingültigkeit dieses Beispiels: Alles Gesagte lässt sich an jedem Polynom in $\mathbb{C}$ beliebigen Grades nachvollziehen, solange die beiden Radien geeignet gewählt sind.

4.3 Die Bedeutung des Fundamentalsatzes

Der Körper $(\mathbb{C}, +, \cdot)$ ist algebraisch abgeschlossen, denn es gibt keine unlösbaren algebraischen Gleichungen, die eine weitere Zahlbereichserweiterung erfordern würden. Wir erinnern daran: Ausgehend von den natürlichen Zahlen $\mathbb{N}$ wurden die ganzen Zahlen $\mathbb{Z}$ eingeführt, damit allgemeine Gleichungen der Form

$$a + z = b, a, b \in \mathbb{N}$$

lösbar werden. Zu den Bruchzahlen $\mathbb{Q}$ gelangt man, wenn auch Gleichungen der Form

$$a \cdot z = b, \quad a, b, \in \mathbb{Z}$$

lösbar werden sollen. Die reellen Zahlen $\mathbb{R}$ müssen eingeführt werden, damit auch Gleichungen der Form

$$x^n = b, \quad b \in \mathbb{R}_0^+, \ n \in \mathbb{N}$$

lösbar sind. Schließlich gelangen wir zu den komplexen Zahlen $\mathbb{C}$ mittels der Forderung, dass Gleichungen der Form

$$x^n = b, \quad b \in \mathbb{R}, \ n \in \mathbb{N}$$

lösbar sein sollen. Der Fundamantalsatz der Algebra besagt darüber hinaus, dass in $\mathbb{C}$ sogar alle Gleichungen der Form

$$a_n z^n + a_{n-1} z^{n-1} + \cdots + a_1 z + a_0 = 0, a_n, \ldots, a_0 \in \mathbb{C} \quad (4.4)$$

lösbar sind. Man nennt den Körper $\mathbb{C}$ deshalb **algebraisch abgeschlossen**. Eine weitere Zahlbereichserweiterung ist nicht mehr nötig, um algebraische Gleichungen über $\mathbb{C}$ lösbar zu machen.

Umgekehrt ist es keineswegs so, dass *jede* komplexe Zahl Lösung einer Gleichung der Form (4.4) mit rationalen Koeffizienten ist.

Definition 4.1. Eine Zahl z heißt **algebraisch** über einem Körper K, wenn z Lösung einer Gleichung der Form

$$a_n z^n + a_{n-1} z^{n-1} + \cdots + a_1 z + a_0 = 0 \quad \text{mit} \quad a_0, \ldots, a_n \in K$$

ist. Die Menge aller algebraischen Zahlen über K bezeichnen wir mit A_K. Zahlen, die nicht algebraisch sind, heißen **transzendent**.

Beliebige Wurzeln reeller Zahlen sind algebraische Zahlen über $\mathbb{Q}$, da $\sqrt[k]{a}$ die Lösung der Gleichung

$$x^k - a = 0$$

ist. Hingegen sind z. B. die Kreiszahl π oder die Eulersche Zahl e transzendent über $\mathbb{Q}$.

Satz 42. *Die Menge der über dem Körper $\mathbb{Q}$ algebraischen Zahlen $\mathbf{A} = A_{\mathbb{Q}}$ ist eine abzählbare Menge.*

Beweis. Wir verwenden die folgenden Aussagen aus der Mengenlehre, die im Grunde auf der Abzählbarkeit von $\mathbb{N} \times \mathbb{N}$ beruhen: Vereinigungen von abzählbar vielen abzählbaren Mengen und kartesische Produkte von endlich vielen abzählbaren Mengen sind jeweils wieder abzählbar.

Nach dem 1. Cantorschen Diagonalisierungsverfahren ist $\mathbb{Q}$ abzählbar. Ordnet man jedem $(a_0, \ldots, a_n) \in \mathbb{Q}^{n+1}$ die Gleichung

$$a_n z^n + \cdots a_1 z + a_0 = 0$$

zu, so erhält man eine bijektive Abbildung von $\mathbb{Q}^{n+1}$ auf die Menge der algebraischen Gleichungen vom Grade $\leq n$, die damit abzählbar ist. Dann ist auch die Menge *aller* algebraischen Gleichungen als Vereinigung dieser abzählbar vielen Mengen selbst abzählbar. Da jede algebraische Gleichung nur endlich viele Lösungen hat, ist schließlich $\mathbf{A}$ als Vereinigung von abzählbar vielen endlichen Lösungsmengen abzählbar. □

Da $\mathbb{R}$ überabzählbar, nach Satz 42 die Menge der über $\mathbb{Q}$ algebraischen Zahlen jedoch abzählbar ist, muss auch die Menge der transzendenten Zahlen überabzählbar sein. Trotz dieser Tatsache ist es bemerkenswert, dass es sehr schwierig ist, die Transzendenz einer konkreten transzendenten Zahl nachzuweisen.

Bei der Zahlbereichserweiterung von $\mathbb{R}$ auf $\mathbb{C}$ hat man einen kleinen Preis zu zahlen: Die Anordnungsaxiome gelten nicht mehr. Den Körper $\mathbb{C}$ können wir als zweidimensionalen reellen Vektorraum $\mathbb{R}^2$ auffassen, bei dem zusätzlich zu den üblichen Vektorraumaxiomen eine Vektormultiplikation definiert ist:

$$(a_1, a_2) \cdot (b_1, b_2) = (a_1 \cdot b_1 - a_2 \cdot b_2, \, a_1 \cdot b_2 + a_2 \cdot b_1).$$

Da diese Erweiterung für algebraische Betrachtungen offensichtlich so „erfolgreich" ist, liegt es nahe, noch einen Schritt weiter zu gehen: Lässt sich auf dem Vektorraum $\mathbb{R}^n$, $n > 2$ eine Multiplikation $\cdot$ definieren, so dass $(\mathbb{R}^n, +, \cdot)$ ein Körper ist? Dabei sollen folgende Eigenschaften gewahrt sein:

- $(1, 0, \ldots, 0)$ ist neutrales Element und die Elemente $(x_1, 0, \ldots, 0)$ bilden einen zu $\mathbb{R}$ isomorphen Unterkörper.
- Jedes Element $\neq (0, \ldots, 0)$ hat ein Inverses bezüglich der Multiplikation.
- Die Multiplikation $\cdot$ ist verträglich mit der Multiplikation von Vektoren und Skalaren.

Es lässt sich zeigen, dass es keinen Körper mit diesen Eigenschaften gibt, der isomorph zu $\mathbb{R}^3$ ist. Jedoch ist es möglich, in $\mathbb{R}^4$ eine solche Multiplikation zu definieren. Analog zu der Einführung von komplexen Zahlen gehen wir von (x_1, x_2, x_3, x_4) als Elemente des kartesischen Produkts $\mathbb{R}^4$ aus, die als **Quaternionen** bezeichnet werden. Sie werden notiert in der Form

$$x_1 \cdot e + x_2 \cdot i + x_3 \cdot j + x_4 \cdot k,$$

$\mathbb{R}^4$ wird dann mit seinen Verknüpfungen zu einem vierdimensionalen linearen Vektorraum mit den Basiselementen e, i, j und k. Dabei gilt folgende Multiplikationstabelle:

$\cdot$	e	i	j	k
e	e	i	j	k
i	i	$-e$	k	$-j$
j	j	$-k$	$-e$	i
k	k	j	$-i$	$-e$

Man kann leicht nachprüfen, dass bei dieser Multiplikation die Kommutativität verletzt ist: Die Elemente „spiegeln" sich nicht an der Diagonalen. Die Menge aller Quaternionen bildet somit einen assoziativen Schiefkörper.

Die Entdeckung der Quaternionen gehen auf die britischen Mathematiker Sir William Rowan Hamilton (1805–1865) und Arthur Cayley (1821–1895) zurück und werden auch als Hamilton-Zahlen oder hyperkomplexe Zahlen bezeichnet. Cayley entdeckte, dass sich mit Quaternionen Drehungen im Raum beschreiben lassen. Diese Tatsache wird heute im Bereich der interaktiven Computergrafik (z. B. bei Computerspielen) genutzt. Bei der Verwendung von Quaternionen anstatt Rotationsmatrizen werden weniger Rechenoperationen benötigt. Die schnellere Verarbeitungszeit macht sich vor allem bemerkbar, wenn mehrere Rotationen miteinander kombiniert werden.

Abb. 4.3: Hamilton (links); Cayley (rechts)

Für $n = 8$, also in $\mathbb{R}^8$ ist es ebenso möglich, eine Multiplikation mit den oben genannten Forderungen einzuführen. Allerdings ist dann zusätzlich auch die Assoziativität verletzt. Für alle anderen n ist es unmöglich, auf $\mathbb{R}^n$ eine Multiplikation einzuführen, bei der obige Forderungen gewahrt bleiben.

Aufgaben

4.1 Weisen Sie nach, dass die folgende Aussage äquivalent zum Fundamentalsatz der Algebra ist:
Gegeben ein beliebiges Polynom im Komplexen vom Grad ≥ 1

$$f(z) = \sum_{k=0}^{n} a_k z^k.$$

Dann nimmt $f(z)$ jede komplexe Zahl $w \in \mathbb{C}$ als Funktionswert an, d. h. $f(z) = w$ hat für alle $w \in \mathbb{C}$ (mindestens) eine Lösung.

4.2 Zeigen Sie:
Jedes Polynom mit komplexen Koeffizienten vom Grad $n \geq 1$ zerfällt völlig in Linearfaktoren, d. h. es gibt $z_1, \ldots, z_n \in \mathbb{C}$ mit:

$$p(z) = (z - z_1) \cdot (z - z_2) \ldots (z - z_n)$$

4.3 Zerlegen Sie in Linearfaktoren:
(a) $p(z) = z^2 - 2z + 2$ (b) $p(z) = z^4 + 1$ (c) $p(z) = z^4 - z^2(3 + 2i) + (8 - 6i)$

4.4 Bestimmen Sie das reelle Polynom $f(z) = z^3 + az^2 + bz + c$, das die Nullstellen 6 und $-5 + 7i$ hat. Warum ist das Polynom schon durch diese beiden Nullstellen eindeutig bestimmt?

5 Riemannsche Kugel

5.1 Einleitung

Bisher haben wir zur Veranschaulichung der komplexen Zahlen die Gaußsche Zahlenebene verwendet. Für manche Zwecke erweist es sich jedoch als nützlich, die komplexen Zahlen mithilfe der „Riemannschen Zahlenkugel" zu veranschaulichen. Soll die Darstellung der komplexen Zahlen als Punkte auf einer Kugel dasselbe leisten, so müssen wir eine bijektive Abbildung zwischen den Punkten der Ebene und denen auf der Kugel herstellen. Man muss die Kugel auf die Ebene abbilden und umgekehrt jedem Punkt der Ebene einen Punkt auf der Kugel zuordnen (Genau genommen lässt man bei der Kugel einen Punkt fort, meistens den Nordpol; alternativ könnte man auch die Ebene um einen Punkt erweitern, den „unendlich fernen Punkt").

Das mathematische Problem, das dabei auftritt, ist dasselbe wie bei der Anfertigung von geographischen Karten. Deswegen werden im Folgenden oft Begriffe wie Nordpol, Südpol, Äquator, Längen- und Breitenkreis verwendet. Dabei stellt sich folgendes heraus: Es gibt zwar eine Vielzahl möglicher Abbildungen, aber keine davon erhält alle geometrischen Eigenschaften wie Abstände, Flächen oder Winkel – es entstehen zwangsläufig Verzerrungen. Es ist nicht möglich, eine Abbildung durchzuführen, so dass die Bilder verschiedener Objekte den Urbildern ähnlich sind. Je nach Wahl der Abbildung können einige Größen (Abstände, Winkel, Flächen, Formen) erhalten werden, nie jedoch alle.

In unserem Zusammenhang sind sogenannte „konforme" Abbildungen (vgl. Kapitel 6.3) interessant, das sind Abbildungen, die Winkel erhalten und – zumindest im Kleinen – gestalterhaltend sind. Zwei bekannte Beispiele aus der Kartographie sind die Mercator-Abbildung und die stereographische Projektion.

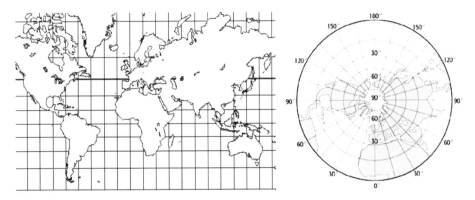

Abb. 5.1: Winkeltreue Mercator-Abbildung links; winkeltreue stereographische Projektion der Weltkugel rechts

Die Mercator-Abbildung liegt zum Beispiel Google Maps zugrunde. Dort kann man gut erkennen, dass kleine Strukturen (wie etwa Gebäude) praktisch verzerrungsfrei wiedergegeben werden. Man sieht aber auch, dass die Erhaltung der Winkel um den Preis erkauft wird, dass Flächen umso stärker vergrößert werden, je weiter sie vom Äquator entfernt liegen. Ein berühmtes Beispiel: Afrika ist in Wirklichkeit fünfzehn(!) Mal größer als Grönland. Mit dieser „Ungerechtigkeit" wurde in den 1970er Jahren eine scheinbar rein mathematische Frage unversehens zu einem Politikum, als der deutsche Historiker Arno Peters eine Debatte um kartographischen Eurozentrismus los stieß.

Der eigentliche Verdienst der Mercator-Abbildung ist es, dass Strecken unter konstantem Kompass-Kurs, die in der Navigation der frühen Neuzeit von großem Interesse waren, auf der Mercator-Karte als Geraden abgebildet werden – eine große Erleichterung für den Navigator. In Zeiten von GPS und computergesteuerten Schiffen spielt das freilich keine große Rolle mehr.

5.2 Stereografische Projektion

Für unsere Zwecke verwenden wir als Abbildung der Ebene auf die Oberfläche der Kugel die stereografische Projektion, die folgendermaßen zu denken ist: Wir fassen die Gaußsche Zahlenebene als die Ebene mit $z = 0$ im dreidimensionalen Euklidischen Raum auf und legen auf den Ursprung dieser Ebene eine Kugel mit Radius $1/2$. Den Berührpunkt $S(0, 0, 0)$ bezeichnen wir als Südpol, den diametral gegenüberliegenden Kugelpunkt $N(0, 0, 1)$ als Nordpol. Die Kugeloberfläche stellt eine zweidimensionale Fläche im dreidimensionalen Raum $\mathbb{R}^3$ dar.

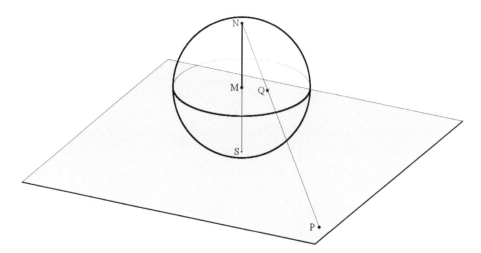

Abb. 5.2: Riemannsche Kugel mitsamt ihrer Projektion auf die Ebene

Einen beliebigen Punkt P der Ebene verbinden wir durch einen Halbstrahl mit dem Nordpol. Dieser Strahl schneidet die Kugel in genau einem weiteren, von N verschiedenen Punkt Q. Dieser Punkt wird dem Punkt P als Bild zugeordnet. Verschiedene Punkte der Ebene haben unter dieser Abbildung offensichtlich verschiedene Bilder. Außerdem wird jeder Punkt der Kugel außer dem Nordpol selbst von einem derartigen Strahl getroffen. Die so konstruierte Abbildung ist also injektiv und surjektiv (auf die Kugel ohne N) und somit bijektiv, d. h. umkehrbar eindeutig. Je weiter man sich auf der Ebene vom Ursprung entfernt, desto näher kommen die Bilder der entsprechenden Punkte dem Nordpol, ohne diesen jemals zu erreichen.

Abb. 5.3: Riemann

Führt man nun den Nordpol als Bild des uneigentlichen Punktes ∞ ein, so erhält man ein geschlossenes Gebilde, das die komplexen Zahlen repräsentiert. Die Wendung „im Unendlichen geschlossen" in der Geometrie bekommt durch die Darstellung auf der Kugel eine anschauliche Bedeutung. Diese Kugel wird zu Ehren des Mathematikers Bernhard Riemann (1826–1866) und in Anerkennung seiner Pionierarbeiten auf dem Gebiet der komplexen Funktionen Riemannsche Kugel genannt.

Geometrische Beispiele

Folgende Beispiele sollen das Prinzip der stereografischen Projektion und einige ihrer Eigenschaften verdeutlichen. Entfernt man sich auf der x-Achse der Ebene (d. h. der Geraden $z = y = 0$ im $\mathbb{R}^3$) immer weiter vom Ursprung, so erhält man als Verbindung der Punkte zum Nordpol immer „flachere" Strahlen, deren Schnittpunkte mit der Kugel sich auf dem Nullmeridian immer mehr dem Nordpol nähern. Bildlich gesprochen werden die beiden „Unendlichs" der Achse am uneigentlichen Punkt, dem Nordpol, zusammengeknotet.

Durch eine einfache geometrische Figur kann man sich veranschaulichen, dass der Punkt $P(1, 0)$ der Ebene (also der Punkt $P(1, 0, 0)$ des Raumes) und mit diesem der gesamte Einheitskreis auf den Äquator der Kugel abgebildet wird. Für die Punkte innerhalb des Einheitskreises werden die Strahlen entsprechend „steiler" und sie werden auf die Südhalbkugel abgebildet, während alle Punkte außerhalb des Einheitskreises auf die Nordhalbkugel ohne den Nordpol projiziert werden. Dieses einfache Beispiel veranschaulicht die Tatsache, dass es bei der stereografischen Projektion zu erheblichen Flächenverzerrungen kommt. Während die relativ „kleine" Fläche des Einheitskreises auf eine Halbkugel abgebildet wird, steht für den gesamten Rest der Ebene auch nur eine Halbkugel als Bild zur Verfügung.

So wie der Einheitskreis auf den Äquator abgebildet wird, werden alle konzentrischen Kreise um den Ursprung auf Breitenkreise projiziert. Umgekehrt sind sämtliche Breitenkreise Bilder von konzentrischen Kreisen um den Ursprung.

Das Bild einer Geraden in der Ebene ist ein Kreis auf der Kugel. Dies lässt sich wie folgt begründen: Die Verbindung der Geraden mit dem Nordpol ergibt eine Ebene im $\mathbb{R}^3$. Der Schnitt dieser Ebene mit der Zahlenkugel wiederum ist ein Kreis. Dieser Kreis ohne den Nordpol ist das Bild der Geraden unter der stereografischen Projektion. Speziell werden Ursprungsgeraden auf Längenkreise abgebildet, so wie das Bild der x-Achse der Nullmeridian ist.

5.3 Eigenschaften der stereografischen Projektion

Um Eigenschaften der stereografischen Projektion auch rechnerisch überprüfen zu können, benötigen wir Beziehungen zwischen den Koordinaten eines Punktes $P(\xi, \eta)$ der Ebene und seines Bildes $Q(u, v, w)$.

Koordinatenbeziehungen

Zur Bestimmung der drei Unbekannten u, v und w benötigen wir drei Gleichungen, die im Folgenden geometrisch hergeleitet werden. Die Skizze in Abbildung 5.4 zeigt einen Schnitt durch die Zahlenkugel entlang der Ebene durch S, N und $P \neq S$.

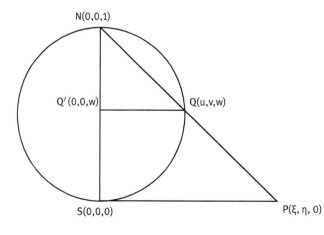

Abb. 5.4: Projektion der Riemannschen Kugel auf die Ebene

Die erste Gleichung erhalten wir mit Hilfe des Strahlensatzes. Mit den Bezeichnungen wie in Abbildung 5.4 gilt nämlich

$$\frac{\overline{SP}}{\overline{QQ'}} = \frac{\overline{SN}}{\overline{Q'N}}.$$

Daraus folgt für die Koordinaten ($P \neq S \Rightarrow (u, v) \neq (0, 0)$)

$$\frac{\sqrt{\xi^2 + \eta^2}}{\sqrt{u^2 + v^2}} = \frac{1}{1-w}$$

oder

$$(1-w)^2 = \frac{u^2 + v^2}{\xi^2 + \eta^2}. \tag{5.1}$$

Eine zweite Beziehung lässt sich wiederum mit dem Strahlensatz aus der in Abbildung 5.5 dargestellten „Draufsicht" auf die Kugel gewinnen. Das Verhältnis zwischen x- und y-Koordinate muss für Bild- und Urbildpunkt dasselbe sein, also

$$u : v = \xi : \eta. \tag{5.2}$$

Eine dritte Gleichung entspricht einfach der Tatsache, dass der Punkt $Q(u, v, w)$ auf der Kugel mit Radius $1/2$ und Mittelpunkt $M(0, 0, 1/2)$ liegt. Es gilt also

$$u^2 + v^2 + \left(w - \frac{1}{2}\right)^2 = \left(\frac{1}{2}\right)^2,$$

oder

$$u^2 + v^2 = w(1-w). \tag{5.3}$$

Setzt man (5.3) in die rechte Seite von (5.1) ein, so ergibt sich nach Division durch $1-w$

$$(1-w) = \frac{w}{\xi^2 + \eta^2}$$

bzw.

$$w = \frac{\xi^2 + \eta^2}{1 + \xi^2 + \eta^2}.$$

Für $\eta \neq 0$ kann man (5.2) nach u auflösen und erhält durch Einsetzen in (5.1)

$$(1-w)^2 = \frac{v^2 \xi^2 + v^2 \eta^2}{\eta^2 \xi^2 + \eta^4} = \frac{v^2}{\eta^2}. \tag{5.4}$$

Aus $0 < w < 1$ folgt $1 - w > 0$ und aus Abbildung 5.5 kann man entnehmen, dass η und v dasselbe Vorzeichen haben und somit $v/\eta > 0$. Also folgt aus (5.4)

$$\frac{v}{\eta} = 1 - w = 1 - \frac{\xi^2 + \eta^2}{1 + \xi^2 + \eta^2} = \frac{1}{1 + \xi^2 + \eta^2}$$

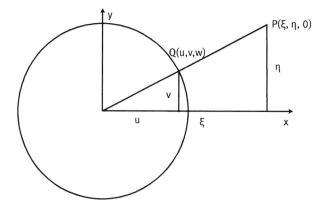

Abb. 5.5: Sicht auf Kugel und Gaußsche Zahlenebene von oberhalb des Nordpols

und somit

$$v = \frac{\eta}{1 + \xi^2 + \eta^2}.$$

Für $\eta = 0$ gilt diese Beziehung ebenfalls, da dann auch $v = 0$ ist. Aus Symmetriegründen folgt für u die Beziehung

$$u = \frac{\xi}{1 + \xi^2 + \eta^2},$$

und der Punkt $P(\xi, \eta)$ wird auf den Punkt

$$P'\left(\frac{\xi}{1 + \xi^2 + \eta^2}, \frac{\eta}{1 + \xi^2 + \eta^2}, \frac{\xi^2 + \eta^2}{1 + \xi^2 + \eta^2}\right)$$

abgebildet. Umgekehrt ist das Urbild eines Punktes $Q(u, v, w)$ gegeben durch den Punkt $P(\xi, \eta)$ mit den Koordinaten

$$\xi = \frac{u}{1 - w} \quad \text{und} \quad \eta = \frac{v}{1 - w}. \tag{5.5}$$

Kreisverwandtschaft

Die im vorigen Abschnitt hergeleiteten Koordinatenbeziehungen sollen nun verwendet werden, um die Kreisverwandtschaft der stereografischen Projektion zu zeigen. Kreisverwandt bedeutet, dass Kreise der Ebene auf Kreise im Raum auf der Oberfläche der Zahlenkugel abgebildet werden. Dazu betrachten wir einen allgemeinen Kreis der (x, y)-Ebene, dessen Punkte $P(\xi, \eta)$ die Gleichung

$$\xi^2 + \eta^2 + \alpha \xi + \beta \eta = \gamma \quad \text{mit} \quad \gamma > -\frac{\alpha^2 + \beta^2}{4}$$

erfüllen. Der Kreis hat den Mittelpunkt $Q(m_1, m_2)$ und den Radius r mit

$$m_1 = -\frac{\alpha}{2}, \quad m_2 = -\frac{\beta}{2}, \quad r^2 = \gamma + \frac{\alpha^2 + \beta^2}{4}.$$

Setzt man die Koordinatengleichung (5.5) in die Kreisgleichung ein, so erhält man eine Gleichung, die von den Bildern $Q(u, v, w)$ der Kreispunkte im $\mathbb{R}^3$ erfüllt werden, nämlich

$$\frac{u^2}{(1-w)^2} + \frac{v^2}{(1-w)^2} + \frac{\alpha u}{1-w} + \frac{\beta v}{1-w} = \gamma.$$

Multiplikation mit $(1-w)$ ergibt

$$\frac{u^2 + v^2}{1-w} + \alpha u + \beta v = \gamma(1-w).$$

Da die Bildpunkte außerdem auf der Riemannschen Zahlenkugel liegen, erfüllen sie deren Kugelgleichung (5.3). Einsetzen ergibt

$$\frac{w(1-w)}{1-w} + \alpha u + \beta v = \gamma(1-w)$$

oder

$$\alpha u + \beta v + w(1+\gamma) = \gamma.$$

Dies ist eine lineare Gleichung, die Gleichung einer Ebene im Raum. Also liegen alle Bildpunkte in einer Ebene. Die Schnittpunkte dieser Ebene mit der Kugel sind gerade das Bild des ursprünglichen Kreises unter der stereografischen Projektion und selbst wieder ein Kreis. Mit Hilfe der umgekehrten Koordinatenbeziehung lässt sich auch zeigen, dass das Urbild eines Kreises auf der Kugel ein Kreis in der Ebene oder eine Gerade ist.

Winkeltreue

In diesem Abschnitt soll gezeigt werden, dass die stereografische Projektion winkeltreu ist. Bezeichnen g und h zwei sich schneidende Geraden in der Zahlenebene, so sollen ihre Bilder g' und h' als Kreise auf der Riemannschen Zahlenkugel denselben Winkel einschließen. Dabei ist der Winkel zwischen Kreisen im Raum definiert als der Winkel zwischen ihren Tangenten im Schnittpunkt der Kreise. g' und h' schneiden sich, wenn man den Nordpol mitbetrachtet, in genau zwei Punkten: Im Nordpol und im Bildpunkt Q des Schnittpunktes $P = g \cap h$. In beiden Punkten schließen die Bildkreise denselben Winkel ein und es genügt zu zeigen, dass sie im Nordpol genau den Winkel einschließen, unter dem sich g und h in der Ebene schneiden.

Um Letzteres zu verifizieren, genügt es wiederum zu zeigen, dass eine beliebige Gerade g der (x, y)-Ebene (im Raum) parallel zur Tangente t_g ihres Bildkreises g' im Nordpol ist. Dann folgt nämlich

$$g \parallel t_g \quad \text{und} \quad h \parallel t_h \implies \angle g, h = \angle t_g, t_h.$$

Wir zeigen also $g \parallel t_g$. Die entsprechende Situation ist in Abbildung 5.6 dargestellt. Zunächst liegen g, g' und damit auch die Tangente t_g in einer Ebene E_g, die durch die

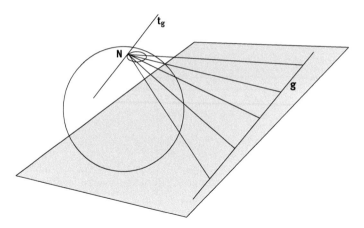

Abb. 5.6: g und t_g sind parallel

Projektionsstrahlen von g nach N aufgespannt wird. Außerdem liegt t_g in der Tangentialebene T an die Riemannsche Zahlenkugel im Nordpol. Diese Ebene ist durch die Gleichung $z = 1$ gegeben und ist parallel zur (x, y)-Ebene E (Gaußsche Zahlenebene). Wir können also schließen

$$g = E \cap E_g \quad \text{und} \quad t_g = T \cap E_g \quad \text{und} \quad E \parallel T \Longrightarrow g \parallel t_g.$$

5.4 Darstellung einer Funktion auf der Riemannschen Zahlenkugel – ein Beispiel

Gegeben sei eine komplexe Zahl $\zeta = \xi + i\eta$, die dem Punkt $P(\xi, \eta)$ in der Gaußschen Zahlenebene und dem Punkt $Q(u, v, w)$ auf der Riemannschen Zahlenkugel entspricht. Welcher Zahl wird der Punkt Q' zugeordnet, der auf der Kugel diametral gegenüber Q liegt? Diesen Gegenpunkt $Q'(-u, -v, 1-w)$ erhält man durch Spiegelung von Q am Mittelpunkt M der Kugel.

Das Urbild $P'(\xi', \eta')$ von Q' unter der stereografischen Projektion ergibt sich unter Verwendung der Koordinatenbeziehung (5.5). Es gilt

$$\xi' = \frac{-u}{1-(1-w)} = \frac{-u}{w} \quad \text{und} \quad \eta' = \frac{-v}{1-(1-w)} = \frac{-v}{w}.$$

Der Gegenpunkt Q' von Q entspricht also der komplexen Zahl

$$\zeta' = \xi' + i\eta' = \frac{-u - iv}{w}.$$

Setzt man darin die umgekehrten Koordinatenbeziehungen

$$w = \frac{\xi^2 + \eta^2}{1 + \xi^2 + \eta^2}, \quad u = \frac{\xi}{1 + \xi^2 + \eta^2}, \quad v = \frac{\eta}{1 + \xi^2 + \eta^2}$$

ein, so ergibt sich
$$\zeta' = -\frac{-\xi - i\eta}{\xi^2 + \eta^2}.$$

Bezeichnet $\overline{\zeta} = \xi - i\eta$ die zu ζ konjugiert komplexe Zahl, so ergibt Multiplikation mit ζ'
$$\zeta'\overline{\zeta} = \frac{(-\xi - i\eta)(\xi - i\eta)}{\xi^2 + \eta^2} = \frac{-\xi^2 - \eta^2}{\xi^2 + \eta^2} = -1.$$

Damit haben wir gezeigt: Der Zuordnung diametral gegenüberliegender Punkte der Kugel, d. h. der Spiegelung der Kugel an ihrem Mittelpunkt, entspricht in der Gaußschen Zahlenebene die Funktion $f(z) = -\frac{1}{\overline{z}}$.

Aufgaben

5.1 Welche Eigenschaften haben die Kreise auf der Riemannschen Zahlenkugel, die zwei parallelen Geraden der Gaußschen Zahlenebene zugeordnet werden? Welche Eigenschaften haben Kreise, die zwei sich schneidenden Geraden der Gaußschen Ebene zugeordnet werden?

5.2 Welcher Abbildung in der Zahlenebene entspricht auf der Zahlenkugel die Spiegelung an der Äquatorebene?

6 Komplexe Funktionen

6.1 Begriffsbildung

Komplexe Funktionen werden analog wie reelle Funktionen definiert.

Definition 6.1. Eine **komplexe Funktion** einer komplexen Variablen ist eine Abbildung, die jedem Element $z \in A$ mit $A \subseteq \mathbb{C}$ genau ein Element $w \in B$ mit $B \subseteq \mathbb{C}$ zuordnet.

Notation: $f: A \longrightarrow B, f: z \mapsto w = f(z)$.
A heißt **Definitionsmenge** von f, B heißt **Zielmenge** von f. Nicht jedes Element von B muss als Bild vorkommen.
Die **Wertemenge** von f ist $W = \{w \in B | \text{ es gibt ein } z \in A \text{ mit } w = f(z)\}$.

Meist werden Funktionen durch **Funktionsterme** festgelegt.

Stellt man z und w in kartesischen Koordinaten $z = x+iy$ und $w = u+iv$, $x, y, u, v \in \mathbb{R}$ dar, so kann man jede komplexe Funktion

$$w = u + iv = f(x + iy) = f(z)$$

in zwei reelle Funktionen $u(x, y)$ und $v(x, y)$ zerlegen:

$$f(z) = f(x, y) = u(x, y) + iv(x, y).$$

Beispiel 6.1.
(a) $w = f(z) = z^2, \quad z \in \mathbb{C}$:
$w = u + iv = (x + iy)^2 = x^2 - y^2 + 2ixy$
Realteil: $u(x, y) = x^2 - y^2$, Imaginärteil: $v(x, y) = 2xy$.
(b) $w = f(z) = \frac{z}{|z^2|}, \quad z \neq 0$:
$w = u + iv = \frac{x+iy}{x^2+y^2}$
Realteil: $u(x, y) = \frac{x}{x^2+y^2}$, Imaginärteil: $v(x, y) = \frac{y}{x^2+y^2}$.
(c) $w = f(z) = (1 + i)z + (1 - i)$

$$w = u + iv = (1 + i)(x + iy) + (1 - i) = (x - y + 1) + i(x + y - 1),$$

Realteil: $u(x, y) = x - y + 1$, Imaginärteil: $v(x, y) = x + y - 1$.
(d) $w = f(z) = \frac{1}{z}, A = \mathbb{C} \setminus \{0\}$

$$w = u + iy = \frac{1}{x+iy} = \frac{x}{x^2+y^2} - i\frac{y}{x^2+y^2}.$$

Realteil: $u(x, y) = \frac{x}{x^2+y^2}$, Imaginärteil: $v(x, y) = -\frac{y}{x^2+y^2}$.

Die Transformationsgleichungen $u = u(x, y)$ und $v = v(x, y)$ sind äquivalent zur komplexen Funktion $w = f(z)$.

Wenn man eine komplexe Funktion grafisch darstellen will, benötigt man für die Definitionsmenge eine z-Ebene und für die Zielmenge eine w-Ebene.

Beispiel 6.2.

a) $w = f(z) = z^2$. Was ist das Bild des Halbkreises $z = \cos t + i \sin t$, $0 \le t < \pi$, unter dieser Abbildung?

$$w = z^2 = (\cos t + i \sin t)^2 = \cos 2t + i \sin 2t,$$

d. h. der Halbkreis wird auf den vollen Einheitskreis abgebildet, siehe Abbildung 6.1.

b) Was ist das Bild der Parallelen zur reellen Achse durch den Punkte i, d. h. der Geraden $z = x + i$, unter $w = f(z) = z^2$? Einsetzen ergibt

$$w = u + iv = (x + i)^2 = (x^2 - 1) + 2xi,$$

d. h.
$$u = x^2 - 1, \quad v = 2x.$$

Elimination von x aus diesen beiden Gleichungen führt zu

$$u = \left(\frac{v}{2}\right)^2 - 1 = \frac{1}{4}v^2 - 1.$$

Dies ist eine Parabel in der $u - v$-Ebene, siehe Abbildung 6.1.

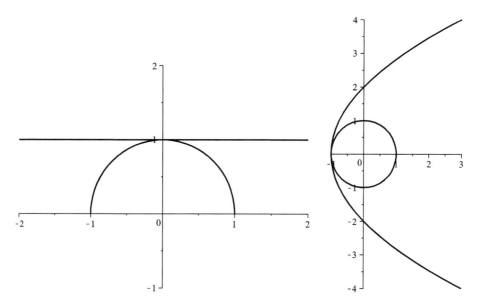

Abb. 6.1: Linke Darstellung: Urbildebene (z-Ebene), rechte Darstellung: Bildebene (w-Ebene). Unter $w = z^2$ wird der Halbkreis auf den Vollkreis, die Parallele zur reellen Achse auf eine Parabel abgebildet

Das Bild der oberen Halbebene der z-Ebene unter $f(z) = z^2$ bedeckt schon die ganze w-Ebene. Wird die volle z-Ebene abgebildet, dann wird die w-Ebene doppelt überdeckt (mit Ausnahme von $w = 0$). Jeder w-Punkt ist also Bild von zwei verschiedenen z-Punkten.

6.2 Differenzieren von komplexen Funktionen

Die Definition der Ableitung wird vom Reellen ins Komplexe übertragen.

In $\mathbb{R}$ gilt für eine Funktion $y = f(x)$:
Gegeben ein fester Punkt auf dem Graphen der Funktion f an der Stelle x_0, d. h. (x_0, y_0) mit $y_0 = f(x_0)$ sowie ein Punkt in der Nähe, d. h. $(x_0 + \Delta x, y_0 + \Delta y)$ mit $y_0 + \Delta y = f(x_0 + \Delta x)$. Dann ist die Ableitung von f an der Stelle x_0 (oder der Differenzialquotient) der Grenzwert des Differenzenquotienten.

$$f'(x_0) = \underbrace{\frac{dy}{dx}}_{\text{Differenzialquotient}} = \lim_{\Delta x \to 0} \underbrace{\frac{f(x_0 + \Delta x) - f(x_0)}{\Delta x}}_{\text{Differenzenquotient}}.$$

Im Reellen wird definiert: Die Funktion f heißt an der Stelle x_0 differenzierbar, wenn der Grenzwert für $\Delta x \to 0$ existiert, und zwar unabhängig davon, ob $\Delta x > 0$ oder $\Delta x < 0$ ist, d. h. ob man sich von rechts oder von links der Stelle x_0 nähert, siehe Abbildung 6.2.

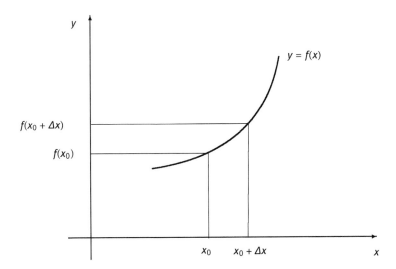

Abb. 6.2: Differenzierbarkeit einer reellen Funktion

Wir definieren jetzt analog den Ableitungsbegriff in $\mathbb{C}$:

Definition 6.2. Eine komplexe Funktion $w = f(z)$ heißt **differenzierbar** im Punkt z_0, wenn der Grenzwert des Differenzenquotienten existiert

$$f'(z_0) = \lim_{\Delta z \to 0} \frac{f(z_0 + \Delta z) - f(z_0)}{\Delta z} = \lim_{\Delta z \to 0} \frac{\Delta w}{\Delta z}.$$

Dabei ist $w_0 = f(z_0)$, $w_0 + \Delta w = f(z_0 + \Delta z)$, und die Nachbarstelle $z_0 + \Delta z$ liegt in einer Kreisscheibe um z_0. Der Grenzwert muss unabhängig von der Art der Annäherung $\Delta z \to 0$ existieren.

Man beachte: Die Forderungen an den Grenzwert sind im Komplexen schärfer als im Reellen, da man sich von allen Seiten dem Punkte z_0 annähern kann.

Es gelten die entsprechenden Grundregeln für das Differenzieren wie sie auch für reelle Funktionen bekannt sind, z. B.:

$$f(z) = z^2 \Rightarrow f'(z) = 2z$$

$$f(z) = z^3 \Rightarrow f'(z) = 3z^2$$

$$f(z) = z^n \Rightarrow f'(z) = nz^{n-1}$$

$$f(z) = \sqrt{z} \Rightarrow f'(z) = \frac{1}{2\sqrt{z}}$$

$$f(z) = \frac{1}{z} \Rightarrow f'(z) = -\frac{1}{z^2}$$

$$f(z) = g(z) \cdot h(z) \Rightarrow f'(z) = g'(z) \cdot h(z) + g(z) \cdot h'(z) \text{ Produktregel}$$

$$f(z) = g(h(z)) \Rightarrow f'(z) = g'(h(z)) \cdot h'(z) \text{ Kettenregel}$$

Der Beweis der jeweiligen Regel ist ganz analog zum Beweis im Reellen.

Beispiel 6.3. Betrachten wir die Funktion, die jeder komplexen Zahl ihren Realteil zuordnet: $w = f(z) = \text{Re}(z) = x$, und nehmen eine beliebige feste Stelle $z_0 = x_0 + iy_0$, $f(z_0) = x_0$.

Nähern wir uns dem Punkte z_0 auf einer Parallelen zur reellen Achse an, so folgt

$$f'(z_0) = \lim_{\Delta x \to 0} \frac{f(x_0 + \Delta x + iy_0) - f(x_0 + iy_0)}{(x_0 + \Delta x + iy_0) - (x_0 + iy_0)} = \lim \frac{(x_0 + \Delta x) - x_0}{\Delta x} = 1.$$

Nähern wir uns hingegen dem Punkt z_0 auf einer Parallelen zur imaginären Achse, so gilt

$$f'(z_0) = \lim_{\Delta y \to 0} \frac{f(x_0 + i(y_0 + \Delta y)) - f(x_0 + iy_0)}{x_0 + i(y_0 + \Delta y) - (x_0 + iy_0)} = \lim \frac{x_0 - x_0}{i\Delta y} = 0.$$

Da die Grenzwerte nicht gleich sind, ist f nirgends differenzierbar.

Wie wirkt sich das Differenzieren auf die Transformationsgleichungen $u = u(x, y)$ und $v = v(x, y)$ aus?

Wir gehen aus von einer komplexen Funktion $w = f(z)$.

$$w = f(z) = u(x, y) + iv(x, y)$$

$$f'(z) = \lim_{\Delta z \to 0} \frac{f(z + \Delta z) - f(z)}{\Delta z}$$

$$= \lim_{\Delta z \to 0} \frac{u(x + \Delta x, y + \Delta y) - u(x, y) + i[v(x + \Delta x, y + \Delta y) - v(x, y)]}{\Delta x + i\Delta y}.$$

Dieser Grenzwert muss bei jeder Annäherung an z existieren und den gleichen Wert haben.

1. Fall: Annäherung parallel zur reellen Achse: $\Delta x \to 0, \Delta y = 0$

$$f'(z) = \lim_{\Delta x \to 0} \frac{u(x + \Delta x, y) - u(x, y) + i[v(x + \Delta x, y) - v(x, y)]}{\Delta x}$$

$$= \frac{\partial u(x, y)}{\partial x} + i\frac{\partial v(x, y)}{\partial x}.$$

Hierbei bezeichnet ∂ partielle Ableitungen, d. h. die anderen Variablen werden wie Konstanten behandelt.

2. Fall: Annäherung parallel zur imaginären Achse: $\Delta x = 0, \Delta y \to 0$

$$f'(z) = \lim_{\Delta y \to 0} \frac{u(x, y + \Delta y) - u(x, y) + i[v(x, y + \Delta y) - v(x, y)]}{i\Delta y}$$

$$= -i\frac{\partial u(x, y)}{\partial y} + \frac{\partial v(x, y)}{\partial y}.$$

Da die beiden Grenzwerte gleich sein müssen, folgt

$$\frac{\partial u(x, y)}{\partial x} = \frac{\partial v(x, y)}{\partial y}$$

$$\frac{\partial u(x, y)}{\partial y} = -\frac{\partial v(x, y)}{\partial x}.$$

Diese beiden Gleichungen heißen die **Cauchy-Riemannschen Differenzialgleichungen**. Sie sind eine notwendige und hinreichende Bedingung für die komplexe Differenzierbarkeit, d. h. es gilt auch die Umkehrung der eben hergeleiteten Aussage.

Satz 43. *Eine komplexe Funktion $w = f(z) = u(x, y) + iv(x, y)$ ist genau dann differenzierbar, wenn die Cauchy-Riemannschen Differenzialgleichungen erfüllt sind.*

Beispiel 6.4. Betrachten wir die Funktion $w = f(z) = z^2$, d. h. $u(x, y) = x^2 - y^2$, $v(x, y) = 2xy$, so gilt

$$\frac{\partial u}{\partial x} = 2x = \frac{\partial v}{\partial y}; \quad \frac{\partial u}{\partial y} = -2y = -\frac{\partial v}{\partial x}$$

Die Cauchy-Riemannschen-Gleichungen sind erfüllt. Daher ist $f(z) = z^2$ differenzierbar und es ist

$$f'(z) = \frac{\partial u}{\partial x} + i\frac{\partial v}{\partial x} = 2x + i2y = 2(x + iy) = 2z$$

6.3 Konforme Abbildungen

Im Reellen gilt: Gegeben eine Funktion $x \mapsto y = f(x)$. Ist f differenzierbar an der Stelle x_0, so gibt $f'(x_0)$ die Steigung der Tangente im Punkt $(x_0, f(x_0))$ an (siehe Abbildung 6.3).

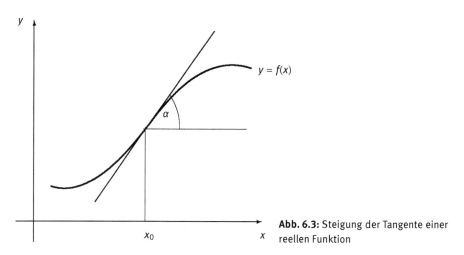

Abb. 6.3: Steigung der Tangente einer reellen Funktion

Kann man die Ableitung einer komplexen Funktion auch geometrisch deuten?

Wir bilden eine Kurve aus der z-Ebene in die w-Ebene ab.

Gegeben sei eine Kurve k, deren Punkte z durch einen Parameter t beschrieben sind: $z = z(t)$, wobei t ein reeller Parameter ist. Die Tangente in z_0 ist – wie auch bei reellen Funktionen – die Grenzlage von Sekanten. Wir führen folgende Betrachtung durch:

Ausgehend von einem festen Punkt $z_0 = z(t_0)$ betrachten wir einen Nachbarpunkt $z_1 = z_0 + \Delta z = z(t_0 + \Delta t)$ und bilden den Quotienten

$$\frac{\Delta z}{\Delta t} = \frac{z(t_0 + \Delta t) - z(t_0)}{\Delta t}.$$

Dies ist eine komplexe Zahl. Das Argument dieser Zahl, d. h. der Winkel von $\frac{\Delta z}{\Delta t}$ gibt die Richtung der Sekanten an.

$$\arg \frac{\Delta z}{\Delta t} \quad \text{Richtung der Sekante.}$$

Wir gehen jetzt – ganz analog zum Differenzierbarkeitsbegriff im Reellen – zum Grenzwert über, indem $\Delta t \to 0$.

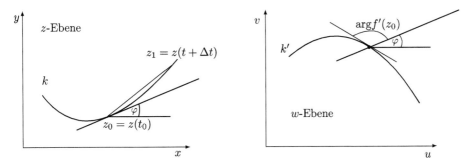

Abb. 6.4: Graphische Interpretation der Differenzierbarkeit einer komplexen Funktion f: Eine Kurve in der z-Ebene mit Steigungswinkel φ im Punkt z_0 (linke Darstellung) wird unter f auf eine Kurve k' abgebildet, deren Steigungswinkel im $w_0 = f(z_0)$ sich ergibt aus $\varphi + \arg(f'(z_0))$ (rechte Darstellung)

Dann nähert sich der Differenzquotient immer mehr der Tangenten an, und

$$\arg \frac{dz}{dt} \quad \text{gibt die Richtung der Tangente in } z_0 \text{ an.}$$

Ergebnis: Wie in Abbildung 6.4 illustriert, gibt $\frac{dz}{dt}$ die Richtung der Tangente an. Wir betrachten jetzt das Bild der Kurve k unter einer Funktion $w = f(z)$. Das Ergebnis ist die Bildkurve k' mit der Gleichung $w(t) = f(z(t))$.

Der Tangentenvektor der Bildkurve errechnet sich nach der Kettenregel als

$$\frac{dw}{dt} = \frac{dw}{dz} \cdot \frac{dz}{dt}.$$

Die Winkel ("Argumente") werden bei Multiplikation komplexer Zahlen addiert, d. h.

$$\arg \frac{dw}{dt} = \arg\left(\frac{dw}{dz} \cdot \frac{dz}{dt}\right) = \arg\left(\frac{dw}{dz}\right) + \arg\left(\frac{dz}{dt}\right) = \arg(f'(z)) + \varphi.$$

Die Tangente in w_0 wird gegenüber der Tangente in z_0 um den Winkel $\alpha = \arg f'(z_0))$ gedreht. Diese Drehung ist für alle Richtungen durch z_0 gleich.

Betrachten wir jetzt zwei Kurven k_1, k_2, die sich in der z-Ebene im Punkt z_0 schneiden, so beträgt ihr Schnittwinkel $\varphi_2 - \varphi_1$, wobei wir die jeweiligen Steigungswinkel mit φ_1 bzw. φ_2 notieren. Wie groß ist der Schnittwinkel der beiden Bildkurven k'_1 und k'_2, die sich in $w_0 = f(z_0)$ schneiden?

Nun, der Steigungswinkel von k'_1 ist $\varphi_1 + \alpha$, der Steigungswinkel von k'_2 beträgt $\varphi_2 + \alpha$, wobei $\alpha = \arg(f'(z_0))$. Der Schnittwinkel ergibt sich als die Differenz dieser Steigungswinkel

$$(\varphi_2 + \alpha) - (\varphi_1 + \alpha) = \varphi_2 - \varphi_1,$$

d. h. der Schnittwinkel zweier Kurven bleibt unter einer differenzierbaren Funktion f erhalten. Man sagt eine differenzierbare Funktion f ist **winkeltreu**.

Satz 44. *Ist $w = f(z)$ differenzierbar und ist $f'(z) \neq 0$, dann ist f winkeltreu.*

Wie ändert sich die Größe einer Figur in einer kleinen Umgebung von z_0 unter einer differenzierbaren Funktion f?

Wir notieren $\Delta z = z_1 - z_0$, $\Delta w = f(z_1) - f(z_0)$ und betrachten den Änderungsmaßstab

$$\frac{|\Delta w|}{|\Delta z|} = \frac{|f(z_1) - f(z_0)|}{|z_1 - z_0|} \xrightarrow{z_1 \to z_0} |f'(z_0)|,$$

d. h. „lokal", in der Nähe von z_0, werden alle Abstände mit dem gleichen Faktor, nämlich $|f'(z_0)|$, gestreckt. In einer kleinen Umgebung von z_0 ist die Abbildung f maßstabstreu, zumindest in einer infinitesimalen Näherung.

Satz 45. *Ist $w = f(z)$ differenzierbar und ist $|f'(z)| \neq 0$, so ist f „im Kleinen" maßstabstreu.*

Diese beiden Eigenschaften der Winkeltreue und der Maßstabstreue im Kleinen nehmen wir als Definition einer konformen Abbildung.

Definition 6.3. Eine winkeltreue und im Kleinen maßstabstreue komplexe Abbildung heißt **konform**.

Wie kann man erkennen, ob eine komplexe Funktion eine konforme Abbildung beschreibt? Es gilt der

Satz 46. *Eine Abbildung, die durch eine differenzierbare komplexe Funktion $w = f(z)$ mit $|f'(z)| \neq 0$ gegeben ist, ist konform.*

Ob eine komplexe Funktion differenzierbar ist, lässt sich leicht entscheiden. Nach Satz 43 müssen wir dazu lediglich prüfen, ob die Cauchy-Riemannschen Differenzialgleichungen erfüllt sind. Ist dies für f der Fall, dann ist die Funktion f differenzierbar. Ist zusätzlich $|f'(z)| \neq 0$, so ist f konform.

Beispiel 6.5. Man betrachte $w = f(z) = z^2$.

Dann ist

$$f'(z) = 2z, \quad \arg(f'(z)) = \arg(2z) = \arg(z); \quad |f'(z)| = 2|z|.$$

Die Parallelen zu den Achsen (x= const, y= const) sind senkrecht zueinander. Sie werden in Parabeln abgebildet, die sich auch senkrecht zueinander schneiden. Eine Masche wird wegen $|f'(z)| = 2|z|$ umso stärker vergrößert, je weiter sie von 0 entfernt ist. Innerhalb des Kreises $|z| < 1/2$ werden die Maschen verkleinert.

Für $z = 0$ ist $f'(z) = 0$. Im Ursprung bleiben die Winkel also nicht erhalten. Der Ursprung ist ein singulärer Punkt. Die 1. Winkelhalbierende $z = t + it = t(1 + i), t \geq 0$ wird abgebildet auf $w = z^2 = t^2 \cdot 2i$, also auf die positive imaginäre Achse der w-Ebene. Sie halbiert dort die rechten Winkel zwischen den Parabeln, siehe Abbildung 6.5.

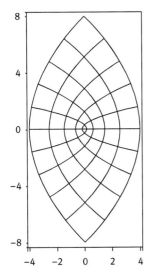

Abb. 6.5: Bilder von Parallelen der Achsen unter $f(z) = z^2$. Man beachte, dass sich alle Parabeln im rechten Winkel schneiden.

Aufgaben

6.1 Was sind die Bilder der ganzzahligen Parallelen zu den Koordinatenlinien durch $w = z^2$?

6.2 Zerlegen Sie die folgenden Funktionen in Real- und Imaginärteil $u = u(x, y)$ und $v = v(x, y)$
(a) $w = \frac{1}{z}$, $z \neq 0$
(b) $w = \frac{z-1}{z+1}$, $z \neq -1$
(c) $w = z^3$
(d) $w = ze^z$
(e) $w = \cos z$

6.3 Wohin werden folgende Punktmenge durch $f(z) = \frac{1}{z}$, $z \neq 0$, abgebildet:
(a) $|z - 1| = 1$
(b) $|z - z_0| = |z_0| > 0$
(c) $|z - z_0|^2 = |z_0|^2 - 1$; $|z_0| > 0$
(d) $\text{Re}(z) = 1$
(e) $\text{Re}(z) = a$, $a \in \mathbb{R}$.

6.4 Betrachten Sie die Abbildung $w = f(z) = z^2$, $z \neq 0$.
(a) Ist f differenzierbar im Komplexen?
(b) Bestimmen Sie das Bild in der w-Ebene unter f von Geraden $x = a$ bzw. $y = b$, die in der z-Ebene parallel zur y- bzw x-Achse sind.

6.5 Betrachten Sie die Abbildungen $w = f(z) = \frac{z}{|z|}$. Ist diese Abbildung differenzierbar im Komplexen? Beschreiben Sie diese Abbildung geometrisch.

6.6 In welche Kurve der w-Ebene geht der Kreis $|z - 2i| = 4$ der z-Ebene unter der Abbildung $w = (1 - i)z$ über?

6.7 (a) Wo ist die Abbildung $w = f(z) = x^3 y^2 + i x^2 y^3$ differenzierbar?
(b) Ist $w = f(z) = |z|^2$ differenzierbar?
(c) Untersuchen Sie die Differenzierbarkeit von $w = f(z) = \bar{z}$

6.8 Zu $u(x, y) = x^2 - y^2 + xy$ soll $v(x, y)$ gefunden werden, so dass $f(z) = u(x, y) + iv(x, y)$ im Komplexen differenzierbar ist und $f(0) = 0$ gilt.

7 Gebrochen lineare Funktionen

Definition 7.1. Die Abbildung $w = f(z) = \frac{az+b}{cz+d}$ mit $a, b, c, d \in \mathbb{C}$ legt eine gebrochen lineare Funktion fest. Sie wird zu Ehren des Mathematikers und Astronomen August Ferdinand Möbius (1790–1868) auch **Möbiustransformation** genannt. Dabei dürfen c und d nicht beide null sein.

Wir betrachten zwei unterschiedliche Fälle:
Fall 1: $c = 0, d \neq 0$. Dann haben wir

$$w = f(z) = \frac{a}{d}z + \frac{b}{d}. \tag{7.1}$$

Die Funktion f heißt **ganze lineare Funktion**
Fall 2: $c \neq 0$. Wir formen den Funktionsterm durch Polynomdivision um in

$$\frac{az+b}{cz+d} = \frac{a}{c} - \frac{ad-bc}{c} \cdot \frac{1}{cz+d}. \tag{7.2}$$

Wir lesen ab: Für $ad - bc = 0$ ergibt sich $w = \frac{a}{c}$ = konstant. Dann ist die Funktion nicht umkehrbar. Dieser Fall ist uninteressant. Wir setzen deshalb im Folgenden voraus: $ad - bc \neq 0$. Wenn wir der Abbildung $w = f(z)$ die Matrix $A = \begin{pmatrix} a & b \\ c & d \end{pmatrix}$ zuordnen, so bedeutet dies, dass die Determinante der Matrix A von null verschieden ist.

$$\det(A) = \begin{vmatrix} a & b \\ c & d \end{vmatrix} \neq 0.$$

Wir betrachten folgenden Sonderfall: $c = b = 1, a = d = 0$. Dann folgt

$$w = f(z) = \frac{1}{z}. \tag{7.3}$$

Diese Abbildung heißt **Inversion**.

Aus (7.1) und (7.3) lässt sich (7.2) zusammensetzen, d. h. jede Möbiustransformation mit $c \neq 0$ lässt sich darstellen als Verkettung einer ganzen linearen Funktion mit einer Inversion und einer weiteren Verkettung mit einer ganzen linearen Funktion. Denn es gilt

$$s = g_1(z) = cz + d \qquad \text{ganze lineare Funktion}$$

$$t = h(s) = \frac{1}{s} \qquad \text{Inversion}$$

$$w = g_2(t) = \frac{bc - ad}{c}t + \frac{a}{c} \qquad \text{ganze lineare Funktion (7.2)}.$$

Bilden wir jetzt $f = g_2 \circ h \circ g_1$, dann folgt

$$w = g_2(h(g_1(z))) = \frac{bc - ad}{c} \cdot \frac{1}{cz+d} + \frac{a}{c} = \frac{az+b}{cz+d} = f(z).$$

Abb. 7.1: Möbius

Um Möbiustransformationen zu studieren, untersuchen wir daher zuerst die ganzen linearen Funktionen und die Inversionen getrennt. Jede Möbiustransformation lässt sich als geeignete Komposition dieser Abbildungen darstellen.

7.1 Ganze lineare Funktionen

Wir betrachten Abbildungen der komplexen Ebene der Form
$$w = az + b, \quad a, b \in \mathbb{C} \quad \text{mit } a \neq 0.$$

Wir untersuchen verschiedene Sonderfälle, wobei wir auf die geometrische Interpretation der Addition und der Multiplikation zurückgreifen.

1. $a = 1$: $w = z + b$
   (a) Ist $b = 0$, d. h. $w = z$. Dann ist f die identische Abbildung $w = f(z) = z$.
   (b) Ist $b \neq 0$, d. h. $w = z + b$. Dann ist f eine Parallelverschiebung (Translation) um den Vektor b.
2. $a \neq 1, b = 0$: $w = a \cdot z$
   (a) Ist $|a| = 1$, so ist $a = \cos \varphi + i \sin \varphi$, $0 \leq \varphi < 2\pi$ und f ist eine Drehung um den Ursprung mit dem Winkel φ.
   (b) Ist a reell, so ist $a = r \in \mathbb{R}^+$, $w = rz$, $\varphi = 0$ und f ist eine zentrische Streckung von 0 aus mit dem Streckfaktor r.
   (c) Ist $a = r(\cos \varphi + i \sin \varphi)$, $r \neq 1$, $\varphi \neq 0$, so ist f eine Drehstreckung um 0 mit dem Winkel φ und dem Streckfaktor r.

Drehung und Streckung sind bei gleichem Zentrum vertauschbar. Algebraisch lässt sich dies mit der Kommutativität der Multiplikation in $\mathbb{C}$ begründen. 1b) und 2a) sind Kongruenzabbildungen, 2b) und 2c) sind gleichsinnige Ähnlichkeitsabbildungen.

3. $a \neq 0$: $w = az + b$, $a, b \in \mathbb{C}$.
   Dann ist f eine Verkettung von einer Drehstreckung ($s = az$) und einer Translation ($w = s + b$).
   Aus $w = a\left(z + \frac{b}{a}\right)$ sieht man, dass man auch zuerst eine Verschiebung ausführen kann ($t = z + \frac{b}{a}$) und dann eine Drehstreckung um den Nullpunkt der t-Ebene ($w = a \cdot t$). Die allgemeine ganze lineare Funktion stellt eine Ähnlichkeitsabbildung dar.

Beispiel 7.1. Wir verketten zwei Drehstreckungen um den Ursprung miteinander:

$$z \mapsto s = g(z) = 2\left(\cos\frac{\pi}{4} + i\sin\frac{\pi}{4}\right) \cdot z,$$
$$s \mapsto w = h(s) = 1,5\left(\cos\frac{\pi}{3} + i\sin\frac{\pi}{3}\right) \cdot s.$$

Dann ist die Verkettung

$$w = f(z) = h(g(z)) = 1,5\left(\cos\frac{\pi}{3} + i\sin\frac{\pi}{3}\right) \cdot 2\left(\cos\frac{\pi}{4} + i\sin\frac{\pi}{4}\right) \cdot z$$
$$= 3\left(\cos\frac{7\pi}{12} + i\sin\frac{7\pi}{12}\right) z,$$

d. h. die Verkettung der beiden Drehstreckungen ergibt wiederum eine Drehstreckung um den Winkel $\frac{7\pi}{12}$ mit Streckfaktor 3.

Fixpunkte

Ein Fixpunkt ist ein Punkt, der auf sich selbst abgebildet wird. Im Fall ganzer linearer Funktionen ergibt sich für $a \neq 1$

$$z_0 = f(z_0) = az_0 + b, \quad \text{d. h.} \quad z_0 = \frac{b}{1-a}.$$

Aus den beiden Gleichungen

$$w = az + b$$
$$z_0 = az_0 + b$$

ergibt sich durch Subtraktion sofort

$$w - z_0 = a(z - z_0) \quad \text{oder} \quad w = f(z) = a(z - z_0) + z_0.$$

Wie ist diese Gleichung geometrisch zu interpretieren? Die Differenz wird um den Ursprung dreh-gestreckt gemäß a, dann wird z_0 hinzugefügt. Das Ergebnis ist eine Drehstreckung um z_0 herum ohne nachfolgende Verschiebung, wie Abbildung 7.2 illustriert. Wir können also bei einer ganzen linearen Funktion $w = az + b$ auf die der Drehstreckung folgende Verschiebung verzichten, wenn wir um den Fixpunkt z_0 herum die Drehstreckung durchführen.

Beispiel 7.2. Wir betrachten die Abbildung

$$w = f(z) = 2\left(\cos\frac{\pi}{3} + i\sin\frac{\pi}{3}\right)z + (3+i),$$

die geometrisch als Drehstreckung um den Ursprung um $\pi/3$ mit Streckfaktor 2 und nachfolgender Verschiebung um 3 nach rechts und 1 nach oben gedeutet werden

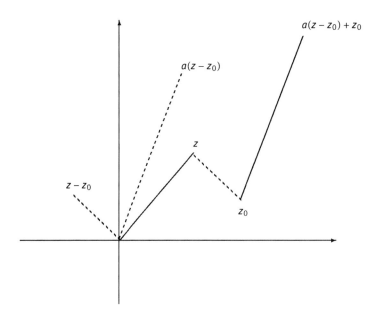

Abb. 7.2: Illustration einer ganzen linearen Abbildung: Der Punkt z wird gedreht und gestreckt; Zentrum ist der Fixpunkt z_0.

kann. Lässt sich ein geeigneter Punkt als Drehzentrum findet, so dass diese Abbildung auch als Drehstreckung um diesen Punkt dargestellt werden und keine Verschiebung mehr nötig ist?

Wir berechnen den Fixpunkt $f(z_0) = z_0$ und erhalten

$$z_0 = -\frac{\sqrt{3}}{3} + i\sqrt{3}.$$

Dann gilt

$$w = f(z) = 2\left(\cos\frac{\pi}{3} + i\sin\frac{\pi}{3}\right)(z - z_0) + z_0,$$

d. h. f ist eine Drehstreckung um z_0 mit dem Winkel $\pi/3$ und Streckfaktor 2.

Wie in Beispiel 7.2 gesehen, können wir jede Drehstreckung der Ebene darstellen als

$$f(z) = a(z - z_0) + z_0,$$

wobei z_0 das Drehzentrum, $|a|$ den Streckfaktor und $\arg(a)$ den Drehwinkel repräsentieren. Mit Hilfe dieser Darstellung können wir leicht ersehen, was eine Verkettung von zwei Drehstreckungen mit (möglicherweise) unterschiedlichen Drehzentren ergibt. Ohne Beschränkung der Allgemeinheit legen wir den Ursprung der Gaußschen Ebene in das Drehzentrum einer der beiden Drehstreckungen, d. h. wir betrachten eine Drehstreckung f mit Zentrum in O, Streckfaktor $|a_1|$ und Drehwinkel $\arg(a_1)$, dargestellt durch $f(z) = a_1 z$, und eine zweite Drehstreckung g mit Zentrum z_0, Streckfaktor a_0 und Drehwinkel $\arg(a_0)$, d. h. $g(z) = a_0(z - z_0) + z_0$. Die Verkettung der beiden Drehstreckungen resultiert in

$$(f \circ g)(z) = f(g(z)) = f(a_0(z - z_0) + z_0) = a_1 a_0 (z - z_0) + a_1 z_0$$
$$= a_1 a_0 (z - z^*) + z^*$$

mit
$$z^* = \frac{a_1 z_0 (1 - a_0)}{1 - a_1 a_0}$$

vorausgesetzt $a_1 a_0 \neq 1$. Wir erhalten als Verkettung somit wiederum eine Drehstreckung, wobei sich die Drehwinkel addieren und die Streckfaktoren multiplizieren. Hierbei hat die resultierende Drehung außer im Fall $z_0 = 0$ ein neues Zentrum. Ist allerdings $a_1 a_0 = 1$, was impliziert, dass die Streckfaktoren einander reziprok und die Drehwinkel sich auf eine volle Drehung addieren, so ist die Verkettung der beiden Drehstreckungen selbst keine Drehstreckung sondern eine Translation um $(a_1 - 1)z_0$.

Diese Überlegungen deuten an, wie mit Hilfe linearer Abbildungen der komplexen Ebene Fragestellungen der Ähnlichkeitsgeometrie algebraisiert werden können.

7.2 Die Inversion

Wir betrachten jetzt die Inversion und wollen geometrisch deuten, was diese Abbildung der komplexen Ebene bewirkt. Wir notieren einen Punkt z der komplexen Ebene in Polarkoordinaten.
$$z = |z|(\cos \varphi + i \sin \varphi).$$

Wenn $z \neq 0$, dann können wir notieren
$$w = \frac{1}{z} = \frac{1}{|z|} \left[\cos(-\varphi) + i \sin(-\varphi)\right] = \frac{1}{|z|}(\cos \varphi - i \sin \varphi).$$

w hat somit den Kehrwert des Betrags und das entgegengesetzte Argument von z. Wir zerlegen die Abbildung $w = f(z)$ in zwei Teile $w = g(h(z))$, wobei h jeder komplexen Zahl z die Zahl z^* zuordnet, deren Betrag der reziproke Betrag von z ist und deren Argument dasselbe wie das Argument von z ist, während g jeder Zahl ihre konjugiert komplexe Zahl zuordnet.

1. Das Bild $h(z)$ hat als Betrag den Kehrwert des Betrages von z und das gleiche Argument wie z:

$$z \to h(z) = z^* = \frac{1}{|z|} \cdot (\cos \varphi + i \sin \varphi) = \frac{1}{\bar{z}}$$
$$\Rightarrow |z| \cdot |z^*| = 1.$$

z^* lässt sich geometrisch mit Hilfe des Kathetensatzes konstruieren: Dazu zeichnen wir ein rechtwinkliges Dreieck über der Hypotenuse $\overline{OZ}$ mit der Kathete der

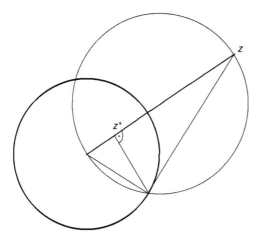

Abb. 7.3: Spiegelung am Einheitskreis: Konstruktion mittels Kathetensatz

Länge 1, siehe Abbildung 7.3. Man sagt: z geht durch Spiegelung am Einheitskreis in z^* über. Man nennt z^* den bezüglich des Einheitskreises zu z inversen Punkt. Die Spiegelung am Einheitskreis ist involutorisch oder selbstinvers. Sie bildet jeden Punkt des Einheitskreises auf sich ab. Das Außengebiet und das Innengebiet werden vertauscht.

2. Als zweiten Schritt bilden wir die konjugiert komplexe Zahl von z^*

$$w = g(z^*) = g(h(z)) = \overline{z^*} = \frac{1}{|z|}(\cos\varphi - i\sin\varphi),$$

die durch Spiegelung von z^* an der reellen Achse entsteht: Die obere und die untere Halbebene werden vertauscht.

Die Gesamtabbildung $f = g \circ h : z \to w = \frac{1}{z}$ ist involutorisch:

$$f \neq \operatorname{Id} \text{ und } f(f(z)) = f\left(\frac{1}{z}\right) = \frac{1}{\frac{1}{z}} = z.$$

Definition 7.2. Die Abbildung h, die jeder komplexen Zahl z den Kehrwert der konjugiert komplexen Zahl zuordnet, heißt Spiegelung am Einheitskreis, in Zeichen

$$h : \mathbb{C} \longrightarrow \mathbb{C}$$
$$z \mapsto \frac{1}{\overline{z}} = \frac{z}{|z|^2}.$$

Diese Definition lässt sich problemlos verallgemeinern zur Spiegelung an einem Kreis mit beliebigem Mittelpunkt und Radius (siehe Aufgabe 7.16).

Die Inversion $w = f(z) = \frac{1}{z}$ ergibt sich somit als eine Verkettung aus einer Spiegelung am Einheitskreis und dem Bilden des Konjugiert-komplexen.

Der Punkt $O = (0, 0)$ hat bei $f(z) = \frac{1}{z}$ als einziger Punkt keinen Bildpunkt. Rückt z sehr nahe an O heran, so liegen z^* und w sehr weit weg von ihm. Da die Annäherung an O in jeder Richtung erfolgen kann, ist es hier sinnvoll, einen Punkt ∞ als Bild von O einzuführen:

$$f(z) = \frac{1}{z}, \quad z = 0 \mapsto w = \infty$$
$$z = \infty \mapsto w = 0$$

Definition 7.3. Fügt man zur komplexen Ebene den uneigentlichen Punkt ∞ hinzu, dann wird die Gaußsche Zahlenebene durch den Punkt ∞ abgeschlossen. Sie heißt **Vollebene**

$$\overline{\mathbb{C}} = \mathbb{C} \cup \{\infty\}.$$

Jede Gerade geht dann durch den Punkt ∞ und kann als Kreis aufgefasst werden, der durch ∞ geht. Wir können somit auch Geraden als Kreise mit unendlich großem Radius auffassen. Diese Sichtweise wird sich als nützlich erweisen.

Abbildung von Kreisen und Geraden:

Eine einheitliche Gleichung für Kreise und Geraden lautet:

$$\alpha z \bar{z} + \overline{\beta} z + \beta \bar{z} + \delta = 0 \tag{7.4}$$
$$\alpha, \delta \in \mathbb{R}, \beta \in \mathbb{C} \quad \text{und} \quad |\beta^2| - \alpha\delta > 0 \tag{7.5}$$

Fall 1: $\alpha \neq 0$: Es liegt ein Kreis mit dem Mittelpunkt $z_0 = -\frac{\beta}{\alpha}$ und dem Radius $r = \frac{1}{|\alpha|}\sqrt{|\beta|^2 - \alpha\delta}$ vor.

Fall 2: $\alpha = 0$: Es liegt eine Gerade mit der Gleichung $\overline{\beta}z + \beta\bar{z} + \delta = 0$ vor.

Jetzt betrachten wir die Bildkurve von Kreisen (Geraden sind als Spezialfall eingeschlossen) unter der Abbildung $w = f(z) = \frac{1}{z}$. Dazu ersetzen wir in den obigen Gleichungen $z = \frac{1}{w}$ und erhalten

$$\alpha \frac{1}{w} \cdot \frac{1}{\overline{w}} + \overline{\beta}\frac{1}{w} + \beta\frac{1}{\overline{w}} + \delta = 0$$
$$\alpha + \overline{\beta}\overline{w} + \beta w + \delta w \overline{w} = 0$$
$$\delta w \overline{w} + \beta w + \overline{\beta}\overline{w} + \alpha = 0 \tag{7.6}$$

Wir machen wiederum eine Fallunterscheidung:

Fall 2a: $\delta \neq 0$. w liegt auf dem Kreis mit dem Mittelpunkt $w_0 = -\frac{\overline{\beta}}{\delta}$ und dem Radius $\rho = \frac{1}{|\delta|}\sqrt{|\beta|^2 - \alpha\delta}$

Fall 2b: $\delta = 0$. w liegt auf der Geraden $\beta w + \overline{\beta}\overline{w} + \alpha = 0$. Der Originalkreis (7.5) geht dann durch 0.

Wir fassen die Resultate unserer Überlegungen für die Abbildung $w = \frac{1}{z}$ in einer Gesamtübersicht zusammen:

1. $\alpha \neq 0, \delta \neq 0$: Jeder z-Kreis, der nicht durch 0 geht, wird auf einen w-Kreis abgebildet, der nicht durch 0 geht.
2. $\alpha \neq 0, \delta = 0$: Jeder z-Kreis, der durch 0 geht, wird auf eine w-Gerade abgebildet, die nicht durch 0 geht.
3. $\alpha = 0, \delta \neq 0$: Jede z-Gerade, die nicht durch 0 geht, wird auf einen w-Kreis abgebildet, der durch 0 geht.
4. $\alpha = 0, \delta = 0$: Jede z-Gerade durch 0 wird auf eine w-Gerade durch 0 abgebildet.

Satz 47. *Durch die Abbildung $f(z) = \frac{1}{z}$ wird die Gesamtheit der Kreise in der z-Vollebene auf die Gesamtheit der Kreise in der w-Vollebene abgebildet. Man sagt, die Abbildung ist **kreisverwandt**.*

Abbildung von Winkeln:

Die Funktion $f(z) = \frac{1}{z}$ ist für $z \neq 0$ differenzierbar und es ist $f'(z) = -\frac{1}{z^2} \neq 0$. Somit ist die Abbildung $w = \frac{1}{z}$ für $z \neq 0$ nach Satz 46 konform und damit winkeltreu.

Beispiel 7.3. In der z-Vollebene sei ein Dreieck gegeben durch die drei Punkte: $z_1 = 1, z_2 = i, z_3 = 1 + i$. Es wird durch $w = \frac{1}{z}$ in die w-Vollebene abgebildet. Was sind die Bilder der Eckpunkte?

$$z_1 = 1 \mapsto w_1 = 1$$

$$z_2 = i \mapsto w_2 = \frac{1}{i} = -i$$

$$z_3 = 1 + i \mapsto w_3 = \frac{1}{1+i} = \frac{1}{2}(1-i)$$

Was sind die Bilder der Dreiecksseiten?

Die Dreiecksseiten liegen auf Geraden, die nicht durch 0 gehen. Ihre Bilder liegen auf Kreisen durch O, siehe Abbildung 7.4. Eine genauere Betrachtung ergibt:

Das Bild von $z_1 z_2$ liegt auf dem Kreis k_1 durch 0, 1, $-i$: $\quad |z - \frac{1}{2}(1-i)| = \frac{1}{2}\sqrt{2}$

Das Bild von $z_2 z_3$ liegt auf dem Kreis k_2 durch 0, $-i$, $\frac{1}{2}(1-i)$: $\quad |z - \frac{-i}{2}| = \frac{1}{2}$

Das Bild von $z_1 z_3$ liegt auf dem Kreis k_3 durch 0, 1, $\frac{1}{2}(1-i)$: $\quad |z - \frac{1}{2}| = \frac{1}{2}$

Wie erhält man z. B. die Gleichung des Kreises durch 0, 1, $-i$? Für einen Kreis in der w-Ebene, der durch den Ursprung geht, setzen wir an mit

$$w\overline{w} + \overline{\beta}w + \beta w = 0$$

bzw.

$$(w + \overline{\beta}) \cdot (\overline{w} + \beta) = \beta \cdot \overline{\beta}. \tag{7.7}$$

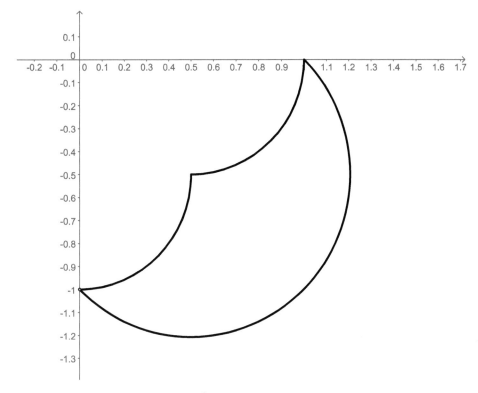

Abb. 7.4: Bild eines Dreiecks unter $f(z) = \frac{1}{z}$.

Dabei haben wir der Einfachheit halber $\delta = 1$ gesetzt, was mittels Division durch δ und entsprechender Neudefinition von β immer erreicht werden kann. Damit ergibt sich, da 1 und $-i$ auf dem Kreis liegen,

$$1 + \overline{\beta} + \beta = 0$$
$$1 + \overline{\beta}i - \beta i = 0,$$

woraus sofort folgt, dass Re $(\beta) = -\frac{1}{2}$ und Im $(\beta) = -\frac{1}{2}$. Gleichung (7.7) wird damit zu

$$\left[w + \left(-\frac{1}{2} + \frac{1}{2}i\right)\right]\left[\overline{w} + \left(-\frac{1}{2} - \frac{1}{2}i\right)\right] = \frac{1}{2}.$$

Exkurs: Bilder von Kurven unter Abbildungen der komplexen Ebene

Wie bestimmt man das Bild einer Kurve in der z-Ebene unter einer konformen Abbildung? Hierzu gibt es zwei unterschiedliche Methoden. Der jeweilige Kontext entscheidet, ob beide Möglichkeiten durchgeführt werden können wie auch darüber, welches der beiden Verfahren geeigneter ist.

1. Möglichkeit über Parametrisierung:
   Gegeben sei die Kurve $z(t)$, $t \in [a, b]$ in der z-Ebene.
   Dann hat die Bildkurve die Gleichung $w(t) = f(z(t))$, $t \in [a, b]$.
2. Möglichkeit über die Umkehrfunktion:
   Ist f invertierbar, so führt auch folgende Methode zum Erfolg: Die Kurve in der z-Ebene sei gegeben durch eine Gleichung der Form $g(z) = 0$. Nun ist $w = f(z)$, d. h. $z = f^{-1}(w)$. Dann ist die Bildkurve gegeben durch die Gleichung $g(f^{-1}(w)) = 0$.

Welche der beiden Methoden sich empfiehlt, lässt sich nicht allgemein sagen, sondern hängt vom mathematischen Kontext ab.

Beispiel 7.4.

(a) Betrachte $f(z) = (1+i)z$, eine Drehung um $\pi/4$. Was ist das Bild der Parallelen zur imaginären Achse durch 1? Mittels Parametrisierung erhalten wir: Die Parallele zur imaginären Achse hat die Gleichung $z(t) = 1 + ti$. Dann ist

$$f(z(t)) = (1 + i)(1 + ti) = (1 + i) + t(-1 + i),$$

was eine Gerade durch die Punkte 2, $2i$ und $1 + i$ ist.

Alternativ erhalten wir auf direktem Wege: Die Parallele zur imaginären Achse durch 1 in der z-Ebene hat die Gleichung

$$\frac{1}{2}(z + \bar{z}) - 1 = 0.$$

Daraus folgt mit

$$w = f(z) = z(1 + i) \quad \text{bzw.} \quad z = \frac{w}{1+i}$$

für die Bildkurve

$$\frac{1}{2}\left(\frac{w}{1+i} + \frac{\bar{w}}{1-i}\right) - 1 = 0,$$

was die Gerade mit der Gleichung $u + v = 2$ ist. Wir erhalten bei beiden Methoden dasselbe Ergebnis.

(b) Was ist das Bild der Geraden durch den Ursprung mit der Steigung $\frac{1}{2}$ unter der Abbildung $w = f(z) = z^2$? Diese Gerade hat in der z-Ebene die Parameterdarstellung $z(t) = (2 + i)t$. Daraus folgt:

$$w(t) = (2 + i)^2 t^2 = 3t^2 + 4it^2$$
$$u = 3t^2, \quad v = 4t^2$$
$$v = 4/3\, u,$$

d. h. das Bild ist wiederum eine Gerade durch den Ursprung, mit Steigung $4/3$.

(c) Was ist das Bild des Inneren des Kreises mit Mittelpunkt 2 und Radius 2, d. h. des Kreises mit der Gleichung $|z - 2| \leq 2$, unter der Abbildung $w = f(z) = (1+i)z$? Da

f invertierbar ist mit $z = f^{-1}(w) = \frac{w}{1+i}$, ergibt sich

$$(z-2)(\bar{z}-2) \leq 4$$
$$\left(\frac{w}{i+1} - 2\right)\left(\frac{\bar{w}}{1-i} - 2\right) \leq 4$$
$$\frac{w\bar{w}}{2} - \frac{2\bar{w}}{1-i} - \frac{2w}{1+i} \leq 0$$
$$w\bar{w} - \bar{w}2(1+i) - w2(1-i) \leq 0$$
$$(w - (2+2i))(\bar{w} - (2-2i)) \leq 8,$$

d. h. das Bild ist ein Kreis um $2 + 2i$ mit Radius $2\sqrt{2}$.

7.3 Spiegelung am Kreis und hyperbolische Fraktal-Ornamente

Der niederländische Grafiker Maurits Cornelis Escher (1898–1972) hat zahlreiche Werke geschaffen, die vor allem unter Freunden der Mathematik starke Beachtung finden. Abbildung 7.5 zeigt sein Kunstwerk mit dem Titel „Engel und Teufel". Im Zentrum erkennt man als Vexierbild drei Engel und drei Teufel, zum Rand hin wiederholen sich diese Figuren in immer kleinerem Format und entsprechend häufigerer Anzahl. Die zunehmend kleineren Figuren am Rande des Kreises sind sich alle selbstähnlich.

Abb. 7.5: „Engel und Teufel", von M. C. Escher.
© 2009 The M.C. Escher Company-Holland. All rights reserved. www.mcescher.com

Der Konstruktion des Bildes liegt eine Spiegelung am Kreis zugrunde. Grundkonstruktion ist ein hyperbolisches Dreieck ABC mit den Winkeln α, β und γ. Das Dreieck heißt hyperbolisch weil die Punkte B, C nicht mit einer Geraden, sondern mit einem Kreisbogen verbunden sind, während A, B und A, C mit Geraden verbunden sind, siehe Abbildung 7.6. Die Winkel β und γ sind Winkel zwischen der Kreistangente und der Strecke AB bzw AC. Da der Kreisbogen zum Punkt A hin gewölbt ist, ist die Winkelsumme $\alpha + \beta + \gamma < \pi$. Als Kreisbogen nehmen wir einen Teil des Einheitskreises k_E,

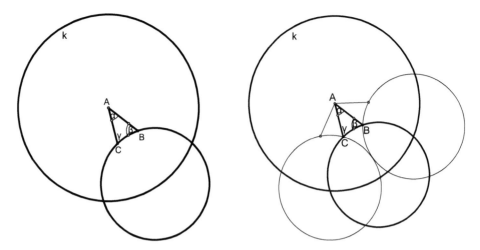

Abb. 7.6: Geometrische Gundkonstruktion zu Eschers Bild in 7.5: Ausgangspunkt links, Ergebnis nach der ersten Iteration von Spiegelungen (rechts)

was durch entsprechende Wahl des Koordinatensystems immer erreicht werden kann. Außerdem zeichnen wir durch den Punkt A einen Kreis K, der den (Einheits-)Kreis, d. h. den zum Kreisbogen durch B und C gehörigen Kreis im rechten Winkel schneidet. Jetzt spiegeln wir die (geradlinigen) Dreiecksseiten AC und AB am Einheitskreis k_E. Außerdem spiegeln wir den Kreisbogen durch B und C sowie die Strecke BC an der Geraden durch A und C. Gleiches tun wir mit der anderen Dreiecksseite: Wir spiegeln den Kreisbogen BC sowie die Strecke AC an der Geraden durch B und C. Wenn wir dies iterativ fortsetzen, d. h. die entstehenden Dreiecke (deren eine Seite jeweils ein Kreisbogen ist) werden an den jeweiligen anderen Dreiecksseiten gespiegelt, dann entsteht ein Escher-Bild, bis im Grenzfall schließlich der gesamt Kreis k ausgefüllt ist.
- Die Bilddreiecke, die bei der iterativen Spiegelung des Ausgangsdreiecks an seinen Seiten entstehen, pflastern den Kreis k lückenlos und überschneidungsfrei.
- Die Bildpunkte der Ecken sind wie die Ausgangspunkte Drehpunkte derselben Ordnung.

Eine illustrative Animation mit Hilfe eines Java-Applets findet sich im Internet unter http://www.fraktalwelt.de/myhome/hyperbolic-g.htm

7.4 Kurvenverwandtschaft bei der Inversion $y = 1/z$

Bewegt sich bei der konformen Abbildung $w = 1/z$ der Originalpunkt in der z-Ebene auf einem Kreis, der nicht durch den Ursprung geht, so trifft dies – wie wir in Abschnitt 7.2 auf Seite 132 gesehen haben – auch auf den Bildpunkt in der w-Ebene zu. Auf welcher Kurve bewegt sich das Bild unter $w = 1/z$, wenn der Originalpunkt statt einer kreisförmigen eine andere gekrümmte Bahn beschreibt?

Zunächst betrachten wir den Fall, dass sich der Originalpunkt auf einer **Hyperbel** mit der Gleichung $y = a/x$, $a > 0$ bewege. Setzen wir ein, so erhalten wir

$$w = u + iv = \frac{1}{z} = \frac{1}{x + iy} = \frac{x - iy}{x^2 + y^2} = \frac{x - ia/x}{x^2 + a^2/x^2}$$
$$= \frac{x^3 - iax}{x^4 + a^2},$$

d. h.

$$u = \frac{x^3}{x^4 + a^2}, \quad v = -\frac{ax}{x^4 + a^2},$$

und somit

$$a(u^2 + v^2)^2 = -uv.$$

Dies ist die Gleichung einer **Lemniskate**, einer im 2. und 4. Quadranten schräg liegenden „Acht", die wir schon in Kapitel 1.6 kennengelernt haben (siehe S. 23). Abbildung 7.7 zeigt das Bild der Hyperbel $y = 0,5/x$ unter der Inversion zusammen mit der Hyperbel als Originalkurve. Hyperbel und Lemniskate sind demnach über die Abbildung $w = 1/z$ in gleicher Weise miteinander verwandt wie Kreise der z- und w-Ebene.

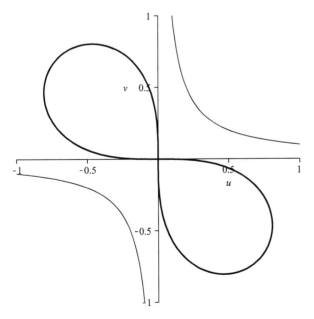

Abb. 7.7: Hyperbel $y = 0,5/x$ und ihr Bild unter der Inversion

Als Nächstes betrachten wir in der z-Ebene eine Parabel, die symmetrisch zur imaginären Achse verläuft, d. h. $y = ax^2 + b$. Es ergibt sich

$$u + iv = = \frac{1}{x + iy} = \frac{x - iy}{x^2 + y^2}.$$

Direktes Einsetzen von

$$u = \frac{x}{x^2 + y^2}, \quad v = -\frac{y}{x^2 + y^2}$$

führt zu

$$\begin{aligned} au^2 + b(u^2 + v^2)^2 + (u^2 + v^2)v &= a\frac{x^2}{(x^2 + y^2)^2} + b\left(\frac{x^2}{(x^2 + y^2)^2} + \frac{y^2}{(x^2 + y^2)^2}\right)^2 \\ &\quad - \left(\frac{x^2}{(x^2 + y^2)^2} + \frac{y^2}{(x^2 + y^2)^2}\right)\frac{y}{x^2 + y^2} \\ &= \frac{ax^2}{(x^2 + y^2)^2} + \frac{b}{(x^2 + y^2)^2} - \frac{y}{(x^2 + y^2)^2} \\ &= 0, \end{aligned} \quad (7.8)$$

da ja $y = ax^2 + b$ nach Voraussetzung.

Der Graph dieser Funktion wird leichter zu beschreiben, wenn wir zu Polarkoordinaten übergehen und schreiben

$$u = r\cos\varphi, \quad v = r\sin\varphi.$$

Dann wird Gleichung (7.8) zu

$$br^2 + r\sin\varphi + a\cos^2\varphi = 0.$$

Die Lösung dieser quadratischen Gleichung ist

$$r_{1,2} = \frac{-\sin\varphi \pm \sqrt{\sin^2\varphi - 4ab\cos^2\varphi}}{2b}.$$

Ist die Urbildparabel so gewählt, dass $4ab = -1$, so vereinfacht sich die Lösung zu

$$r = 2a(\sin\varphi \pm 1).$$

Der hierzu gehörige Graph beschreibt eine Kurve, die **Kardioide** genannt wird. Die linke Darstellung von Abbildung 7.8 zeigt das Bild der Parabel $y = 1/2x^2 - 1/2$ unter der Inversion.

Ersetzt man in der Gleichung der Ausgangsparabel das Minuszeichen durch ein Pluszeichen, im Beispiel also $y = 1/2x^2 + 1/2$, so liefert das Bild unter der Inversion eine Bildkurve, die an einen Tropfen erinnert (siehe Abbildung 7.8, rechte Darstellung).

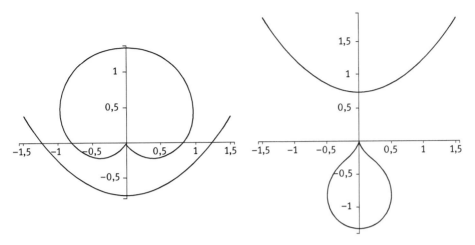

Abb. 7.8: Parabel $y = 0,5x^2 - 0,75$ (linke Darstellung) bzw. $y = 0,5x^2 + 0,75$ (rechte Darstellung) und ihre jeweiligen Bilder unter der Inversion

Nach Kreis, Hyperbel und Parabel darf auch der vierte Kegelschnitt, die Ellipse, als Urbildkurve in unseren Untersuchungen der Bildkurven unter der Inversion nicht fehlen. Wir beginnen mit der Ellipsengleichung

$$ax^2 + by^2 = 1.$$

Mit $u = \frac{x}{x^2+y^2}$, $v = -\frac{y}{x^2+y^2}$ erhalten wir

$$au^2 + bv^2 = \frac{ax^2 + by^2}{(x^2 + y^2)^2} = \frac{1}{(x^2 + y^2)^2} = \left(\frac{x^2 + y^2}{(x^2 + y^2)^2}\right)^2 = (u^2 + v^2)^2.$$

Abbildung 7.9 zeigt das Bild der Ellipse $3x^2 + y^2 = 1$ unter der Inversion.

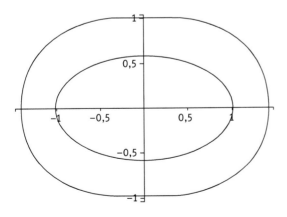

Abb. 7.9: Ellipse $3x^2 + y^2 = 1$ sowie ihr Bild unter der Inversion

7.5 Gebrochen lineare Funktionen: Möbiustransformationen

Wir erinnern daran, dass sich jede Möbiustransformation

$$w = f(z) = \frac{az+b}{cz+d}, \quad ad-bc \neq 0 \qquad (7.9)$$

als Verkettung von ganzen linearen Funktionen und einer Inversion darstellen lässt. Mit

- $s = c \cdot z + d$ (Abbildung der z-Vollebene auf die s-Vollebene)
- $t = \dfrac{1}{s}$ (Abbildung der s-Vollebene auf die t-Vollebene) und
- $w = -\dfrac{ad-bc}{c} \cdot t + \dfrac{a}{c}$ (Abbildung der t-Vollebene auf die w-Vollebene)

ergibt sich

$$w = -\frac{ad-bc}{c} \cdot \frac{1}{s} + \frac{a}{c} = -\frac{ad-bc}{c} \cdot \frac{1}{cz+d} + \frac{a}{c} = \frac{az+b}{cz+d} = f(z)$$

Kreisverwandtschaft und Winkeltreue

Da die ganzen linearen Funktionen als Ähnlichkeitsabbildungen und die Inversionen kreisverwandt und winkeltreu sind, ist es auch ihre Verkettung.

Satz 48. *Die Möbiustransformationen (7.9) sind kreisverwandte und winkeltreue Abbildungen der z-Vollebene auf die w-Vollebene.*

Umkehrbarkeit

Wir wollen zeigen, dass (7.9) bijektiv ist. Dafür benötigen wir noch Rechenregeln für ∞.

$$z = \infty \mapsto s = \infty \mapsto t = 0 \mapsto w = \frac{a}{c}$$

$$z = -\frac{d}{c} \mapsto s = 0 \mapsto t = \infty \mapsto w = \infty$$

Damit wird die Abbildung (7.9) auf die volle z-Ebene ausgedehnt. Wir haben dabei verwendet:

$$c \cdot \infty = \infty \quad (c \neq 0), \quad d + \infty = \infty, \quad \frac{a}{\infty} = 0, \quad \frac{a}{0} = \infty \quad (a \neq 0).$$

Satz 49. *Jede Möbiustransformation (7.9) bildet die z-Vollebene bijektiv auf die w-Vollebene ab.*

Beweis. Jedem Punkt der z-Vollebene wird durch (7.9) und den Regeln für ∞ genau ein Bildpunkt der w-Ebene zugeordnet. Für die Umkehrabbildung lösen wir (7.9) nach z auf:

$$w(cz + d) = az + b \Leftrightarrow z(cw - a) = -dw + b$$

$$\Leftrightarrow z = \frac{-dw + b}{cw - a} = f^{-1}(w)$$

$$= -\frac{d}{c} - \frac{ad - bc}{c} \cdot \frac{1}{cw - a}.$$

Wegen $ad - bc \neq 0$ ist $f^{-1}(w)$ nicht konstant und somit eine Abbildung der w-Vollebene auf die z-Vollebene. □

Gruppenstruktur

Wenn man zwei Möbiustransformationen nacheinander ausführt, erhält man wieder eine Möbiustransformation.

Satz 50. *Die Möbiustransformationen bilden bezüglich der Verkettung eine Gruppe. Die Abbildung, die jeder invertierbaren 2×2 Matrix über $\mathbb{C}$ eine Möbiustransformation zuordnet gemäß*

$$\begin{pmatrix} a & b \\ c & d \end{pmatrix} \mapsto \frac{az + b}{cz + d}, \quad ad - bc \neq 0$$

ist ein Homomorphismus von $GL(2, \mathbb{C})$ (der Gruppe aller invertierbaren 2×2-Matrizen über $\mathbb{C}$, versehen mit der Multiplikation) auf die Menge der Möbiustransformationen.

Beweis als Übung.

Satz 51. *Für die Menge $M_\mathbb{R}$ der Möbiustransformation mit reellen Koeffizienten*

$$f(z) = \frac{az + b}{cz + d} \quad \text{mit } a, b, c, d \in \mathbb{R}$$

gilt:
1. *$M_\mathbb{R}$ ist eine Untergruppe der Gruppe aller Möbiustransformationen. Die Elemente von $M_\mathbb{R}$ bilden $\mathbb{R} \cup \{\infty\}$ auf sich selbst ab.*
2. *Die Menge der Möbiustransformationen in $M_\mathbb{R}$ für die noch zusätzlich $ad - bc > 0$ gilt, bilden wiederum eine Untergruppe von $M_\mathbb{R}$, die isomorph ist zu $SL(2, \mathbb{R})$, der Gruppe aller reellen 2×2 Matrizen mit Determinante 1. Die Elemente dieser Menge bilden die obere Halbebene in sich ab.*

Fixpunkte

Fixpunkte sind Punkte z mit $f(z) = z$, im Falle einer Möbiustransformation (7.9) muss also gelten

$$\frac{az + b}{cz + d} = z, \quad ad - bc \neq 0$$
$$\Rightarrow cz^2 + (d - a)z - b = 0.$$

Für $c \neq 0$ liegt eine quadratische Gleichung vor, für $c = 0$ eine lineare Gleichung. Daher machen wir eine Fallunterscheidung:

Fall 1: $c \neq 0$:

$$z_{1,2} = \frac{a - d \pm \sqrt{(d - a)^2 + 4bc}}{2c}.$$

Es gibt zwei Fixpunkte, die von ∞ verschieden sind und auch zusammenfallen können.

Fall 2: $c = 0, d \neq 0$: Dann ist $f(z) = \frac{a}{d}z + \frac{b}{d}$ eine ganze lineare Abbildung und ist ∞ stets ein Fixpunkt.

Fall 2a: $d - a \neq 0$: Die Fixpunkte sind $z_1 = \frac{b}{d-a}, z_2 = \infty$

Fall 2b: $d - a = 0, b \neq 0$: Der einzige Fixpunkt ist $z_1 = \infty$ und f ist eine Translation.

Fall 2c: Ist $d - a = 0$ und $b = 0$, so ist $f(z) = z$, d. h. f ist die identische Abbildung.

Somit haben wir gezeigt:

Satz 52. *Eine von der Identität verschiedene Möbiustransformation besitzt einen oder zwei Fixpunkte. Eine Möbiustransformation mit drei oder mehr Fixpunkten ist die identische Abbildung.*

Beispiel 7.5. Gegeben sei $w = f(z) = \frac{3}{z-2}$. Wir berechnen die Fixpunkte:

$$z = \frac{3}{z - 2} \Rightarrow z^2 - 2z - 3 = 0$$
$$\Rightarrow z_{1,2} = 1 \pm \sqrt{1 + 3} = 1 \pm 2.$$

Alle Kreise durch z_1 und z_2 werden in ihrer Gesamtheit auf sich abgebildet, da f kreisverwandt ist. Diese Kreise haben alle den Mittelpunkt auf der Mittelsenkrechten zu z_1 und z_2. Der Mittelpunkt liegt also auf der Geraden

$$z_0 = 1 + ti, t \in \mathbb{R}$$

und sie haben einen Radius von

$$r^2 = 2^2 + t^2 = 4 + t^2.$$

Diese Kreise genügen somit der Gleichung

$$\text{Kreis } k_t: \quad z\bar{z} - (1 - ti)z - (1 + ti)\bar{z} + 1 + t^2 - (4 + t^2) = 0.$$

Als Umkehrabbildung von f ergibt sich

$$f^{-1}(w) = z = \frac{3+2w}{w}.$$

Somit erhalten wir als Bild eines beliebigen Kreises durch z_1, z_2

$$\frac{3+2w}{w} \cdot \frac{3+2\overline{w}}{\overline{w}} - (1-ti)\frac{3+2w}{w} - (1+ti)\frac{3+2\overline{w}}{\overline{w}} - 3 = 0.$$

Weiteres Ausrechnen ergibt:

$$w\overline{w} - (1-ti)w - (1+ti)\overline{w} - 3 = 0,$$

d. h. k_t ist Fixkreis, mit allerdings nur zwei Fixpunkten.

Beispiel 7.6. $w = f(z) = 2iz + (3-i)$ ist eine ganze lineare Abbildung mit folgenden Fixpunkten

$$z = 2iz + 3 - i$$
$$z(1-2i) = 3-i$$
$$z = \frac{3-i}{1-2i} = 1+i$$

Fixpunkte sind somit: $z_1 = 1+i$, $z_2 = \infty$.

Die Geraden durch $z_1 = 1+i$ und $z_2 = \infty$ gehen als Ganzes in sich über, z. B. die 1. Winkelhalbierende in Parameterform $g : z = (1+i)t$, $t \in \mathbb{R}$ ergibt, eingesetzt:

$$w = 2i(1+i)t + 3 - i = 2it - 2t + 3 - i = 3 - 2t + i(2t-1).$$

Mit $w = u + iv$ bedeutet dies

$$u + iv = 3 - 2t + i(2t-1)$$
$$u = 3 - 2t, \quad v = 2t - 1.$$

Durch Addition wird t eliminiert und es ergibt sich $u + v = 2$, d. h. als Bildgerade g' erhalten wir: $v = 2 - u$.

Jeder Kreis k mit Mittelpunkt $z_1 = 1+i$ schneidet die Geraden durch z_1 rechtwinklig. Da f kreistreu und winkeltreu ist, ist das Bild von k wiederum ein Kreis um z_1, z. B.

$$k: \quad |z - (1+i)| = 1$$
$$(z - 1 - i)(\overline{z} - 1 + i) = 1$$
$$z\overline{z} - (1-i)z - (1+i)\overline{z} + 2 = 1.$$

Die Umkehrabbildung errechnet sich als

$$z = \frac{1 - i(w-3)}{2}.$$

Somit ergibt sich als Bild von k

$$\frac{1-i(w-3)}{2} \cdot \frac{1-i(\overline{w}-3)}{2} - (1-i)\frac{1-i(w-3)}{2} - (1+i)\frac{1-i(\overline{w}-3)}{2} + 1 = 0.$$

Ausrechnen führt zu

$$|w - (1+i)| = 2,$$

d. h. das Bild ist ein Kreis um $1+i$ mit dem Radius 2.

Festlegung einer Möbiustransformation

Wie viele Punkte mitsamt Bildpunkten benötigt man, um eine Möbiustransformation eindeutig festzulegen?

$$w = f(z) = \frac{az+b}{cz+d}.$$

Es gibt offensichtlich vier Parameter a, b, c und d, aber es kommt auf das Verhältnis an, z. B. wenn $d \neq 0$

$$f(z) = \frac{\frac{a}{d}z + \frac{b}{d}}{\frac{c}{d}z + 1} = \frac{a^\star z + b^\star}{c^\star z + 1}, \tag{7.10}$$

dann benötigt man 3 Angaben. Soll z_k auf w_k abgebildet werden, so erhält man die drei Bedingungen

$$w_k = \frac{az_k + b}{cz_k + d}, \quad k = 1, 2, 3.$$

Satz 53. *Eine Möbiustransformation ist festgelegt, wenn zu drei verschiedenen Punkten z_1, z_2, z_3 ihre Bildpunkte w_1, w_2, w_3 vorgegeben sind.*

Beispiel 7.7. Wir suchen die Möbiustransformation, die folgende drei Punkte wie angegeben überführt:

$$z_1 = -1 \mapsto w_1 = -i,$$
$$z_2 = 0 \mapsto w_2 = 1,$$
$$z_3 = 1 \mapsto w_3 = i$$

Wenn man in (7.10) einsetzt, erhält man

$$-i = \frac{a^\star(-1) + b^\star}{c^\star(-1) + 1},$$
$$1 = b^\star$$
$$i = \frac{a^\star + b^\star}{c^\star + 1}.$$

Daraus ergibt sich $c^* = -i$, $a^* = i$, d. h.
$$w = \frac{iz+1}{-iz+1} = \frac{-z+i}{z+i}.$$

Drei Punkte legen einen Kreis fest. Da die Möbiustransformationen kreistreu sind, geht der Kreis durch z_1, z_2, z_3 in den Kreis durch w_1, w_2, w_3 über.

Die drei Punkte legen auf dem Kreis eine Orientierung fest. Das links liegende Gebiet wird als das **Innere** des Kreises bezeichnet.

Wegen der Winkeltreue der Abbildung wird das Innere des z-Kreises auf das Innere des w-Kreises abgebildet (Gebietstreue), z. B.

$$z = i \mapsto w = \frac{i \cdot i + 1}{-i \cdot i + 1} = \frac{-1+1}{1+1} = 0.$$

Beispiel 7.8. Wir betrachten die Möbiustransformation
$$f(z) = \frac{z-i}{z+i}.$$

Da $f(-1) = i$, $f(0) = -1$ und $f(1) = i$ folgt aus der Kreisverwandtschaft und Winkeltreue von Möbiustransformationen (Satz 48), dass f die obere Halbebene $H^+ = \{z = x+iy | y > 0\}$ auf das innere der Einheitskreisscheibe $E = \{w = u+iv | u^2 + v^2 < 1\}$ abgebildet wird. Entsprechend wird die untere Halbebene H^- auf das Äußere der Einheitsscheibe und die reelle Achse auf den Einheitskreis abgebildet. Die Abildung f heißt zu Ehren des britischen Mathematiker Arthur Cayley (1821 - 1895) **Cayley-Transformation**.

Beweis. (**Satz 53**)
1. Existenz der Abbildung:
   Wir konstruieren eine Abbildung, die das Verlangte leistet. Dazu bilden wir die gegebenen Punkte auf spezielle Punkte einer Hilfsebene ab, nämlich auf die Punkte 0, 1 und ∞. Definieren wir die Abbildungen
   $$f_1(z) = \frac{z-z_1}{z-z_3} \cdot \frac{z_2-z_3}{z_2-z_1}, \quad f_2(w) = \frac{w-w_1}{w-w_3} \cdot \frac{w_2-w_3}{w_2-w_1},$$
   so bildet f_1 den Punkt z_1 auf die 0, z_2 auf die 1 und z_3 auf ∞ ab. Ebenso bildet f_2 den Punkt w_1 auf die 0, w_2 auf die 1 und w_3 auf ∞ ab.
   Nun ist aber f_2 als Möbiustransformation invertierbar. Daher bildet f_2^{-1} die Punkte $0, 1, \infty$ auf w_1, w_2 und w_3 ab. Die Verkettung $f = f_2^{-1} \circ f_1$ ist wegen der Gruppeneigenschaft auch eine Möbiustransformation. Diese Abbildung f leistet das Gewünschte, denn
   $$f(z_k) = (f_2^{(-1)} \circ f_1)(z_k) = f_2^{-1}(f_1(z_k)) = w_k.$$

2. Eindeutigkeit:
   Angenommen es gäbe zwei Möbiustranformationen f und g, und auch g erfülle $g(z_k) = w_k$, $k = 1, 2, 3$. Dann folgt
   $$(g^{-1} \circ f)(z_k) = g^{-1}(f(z_k)) = g^{-1}(w_k) = z_k.$$

Damit besitzt $g^{-1} \circ f$ mindestens drei Fixpunkte. Daraus folgt aber, dass $g^{-1} \circ f$ die identische Abbildung ist, d. h. $f = g$ □

Wir bauen die Abbildung f zusammen: $w = f_2^{-1}(f_1(z))$ bzw. $f_2(w) = f_1(z)$, d. h.

$$\frac{w-w_1}{w-w_3} \cdot \frac{w_2-w_3}{w_2-w_1} = \frac{z-z_1}{z-z_3} \cdot \frac{z_2-z_3}{z_2-z_1}.$$

Damit kann die gesuchte Abbildung durch Einsetzen der drei gegebenen Punkte berechnet werden.

Beispiel 7.9. Gesucht ist die Möbiustransformtion f mit $f(0) = -1, f(1) = -i, f(i) = 1$. Wir setzen an

$$\frac{w+1}{w-1} \cdot \underbrace{\frac{-i-1}{-i+1}}_{-i} = \frac{z-0}{z-i} \cdot \frac{1-i}{1-0}$$

$$\frac{w+1}{w-1} \cdot (-i) = \frac{z}{z-i} \cdot \frac{1-i}{1}$$

$$(w+1)(z-i) = z(w-1)(1+i)$$

$$w(-i-iz) = -2z - iz + i$$

$$w = \frac{z-1-2zi}{z+1}$$

7.6 Das Doppelverhältnis

Die Möbiustransformation f, die z_1, z_2, z_3 in dieser Reihenfolge auf w_1, w_2, w_3 abbildet, ergibt sich aus

$$\frac{w-w_1}{w-w_3} \cdot \frac{w_2-w_3}{w_2-w_1} = \frac{z-z_1}{z-z_3} \cdot \frac{z_2-z_3}{z_2-z_1}.$$

Ist z_4 ein beliebiger Punkt mit dem Bild $f(z_4) = w_4$, so gilt

$$\frac{w_4-w_1}{w_4-w_3} \cdot \frac{w_2-w_3}{w_2-w_1} = \frac{z_4-z_1}{z_4-z_3} \cdot \frac{z_2-z_3}{z_2-z_1}.$$

Wir schreiben die Multiplikation der Bruchterme in Quotienten um:

$$\frac{w_4-w_1}{w_4-w_3} \bigg/ \frac{w_2-w_1}{w_2-w_3} = \frac{z_4-z_1}{z_4-z_3} \bigg/ \frac{z_2-z_1}{z_2-z_3}.$$

Definition 7.4. Unter dem **Doppelverhältnis** von vier Punkten versteht man den Ausdruck

$$DV(z_1, z_2, z_3, z_4) = \frac{z_4-z_1}{z_4-z_3} \bigg/ \frac{z_2-z_1}{z_2-z_3}.$$

Da bei der Konstruktion der Möbiustransformation ein dem Doppelverhältnis entsprechender Ausdruck die Abbildungsvorschrift liefert, gilt

Satz 54. *Das Doppelverhältnis von 4 Punkten ist invariant gegenüber Möbiustransformationen.*

Satz 55. *Liegen vier Punkte auf einem Kreis, dann ist ihr Doppelverhältnis eine reelle Zahl.*

Beweis. Da das Doppelverhältnis von 4 Punkten invariant gegenüber Möbiustransformationen ist, bilden wir den Kreis mit einer Möbiustransformation auf die reelle Achse ab. Ist das möglich?

Dazu wählen wir $w_1 = -1$, $w_2 = 0$, $w_3 = 1$. Dann ist

$$\frac{w+1}{w-1} \cdot \frac{-1}{1} = \frac{z-z_1}{z-z_3} \cdot \frac{z_2-z_3}{z_2-z_1},$$

d. h.

$$w = \frac{1 + \frac{z-z_1}{z-z_3} \cdot \frac{z_2-z_3}{z_2-z_1}}{\frac{z-z_1}{z-z_3} \cdot \frac{z_2-z_3}{z_2-z_1} - 1}.$$

Ist $w_4 \in \mathbb{R}$, dann ist das Doppelverhältnis reell. Ist $w_4 = \infty$, dann ist das Doppelverhältnis ∞. □

7.7 Normalform der Möbiustransformation mit zwei Fixpunkten

Gegeben sei eine Möbiustransformation in der Form

$$w = \frac{az+b}{cz+d}.$$

Falls $c \neq 0$, hat sie die zwei Fixpunkte

$$z_{1,2} = \frac{a-d \pm \sqrt{(a+d)^2 + 4bc}}{2c}.$$

Wir beziehen die Abbildung auf die Fixpunkte $z_1 = w_1$ und $z_2 = w_2$

$$w - w_1 = \frac{az+b}{cz+d} - \frac{az_1+b}{cz_1+d}$$

$$= \frac{(az+b)(cz_1+d) - (az_1+b)(cz+d)}{(cz+d)(cz_1+d)}$$

$$= \frac{(ad-bc)(z-z_1)}{(cz+d)(cz_1+d)}.$$

Analog

$$w - w_2 = \frac{(ad-bc)(z-z_2)}{(cz+d)(cz_2+d)}.$$

Wir bilden den Quotienten und erhalten

$$\frac{w - w_1}{w - w_2} = \frac{(cz_2 + d) \cdot (z - z_1)}{(cz_1 + d) \cdot (z - z_2)}$$

$$= \alpha \cdot \frac{z - z_1}{z - z_2}, \qquad (7.11)$$

wobei

$$\alpha = \frac{cz_2 + d}{cz_1 + d} = \frac{cz_1 z_2 + dz_1}{cz_1 z_2 + dz_2} \cdot \frac{z_2}{z_1}$$

$$= \frac{-b + dz_1}{-b + dz_2} \cdot \frac{z_2}{z_1}$$

$$= \frac{-cz_1^2 + az_1}{-cz_2^2 + az_2} \cdot \frac{z_2}{z_1}$$

$$= \frac{-cz_1 + a}{-cz_2 + a} = \frac{a - cz_1}{a - cz_2}.$$

Dabei beachte man, dass z_1, z_2 ja Lösungen der Gleichungen

$$-cz^2 + az = dz - b$$

sind, und somit nach dem Satz von Vieta gilt

$$z_1 \cdot z_2 = -\frac{b}{c}.$$

Wir führen folgende Koordinatentransformationen als Hilfsabbildungen ein:

$$\text{Abbildung } s^* : \left. \begin{array}{l} z_1 \mapsto z_1^* = 0 \\ z_2 \mapsto z_2^* = \infty \end{array} \right\} z \mapsto z^* = \frac{z - z_1}{z - z_2}$$

$$\text{Abbildung } t^* : \left. \begin{array}{l} w_1 \mapsto w_1^* = 0 \\ w_2 \mapsto w_2^* = \infty \end{array} \right\} w \mapsto w^* = \frac{w - w_1}{w - w_2}.$$

Dann geht (7.11) über in

$$w^* = \alpha \cdot z^* \qquad (7.12)$$

mit

$$\alpha = \frac{cz_2 + d}{cz_1 + d}$$

und den beiden Fixpunkten $z_1^* = 0$, $z_2^* = \infty$.

Die Abbildung (7.12) ist als lineare Abbildung kreisverwandt. Die Kreise durch 0 und ∞, also die Geraden durch 0, gehen als Ganzes in sich über. Die dazu orthogonalen Kreise um 0 (und ∞) gehen dann wegen der Winkeltreue als Ganzes in sich über.

Ist α positiv reell ($\alpha \neq 1$), dann gehen die Geraden durch 0 und ∞ in sich über. Sie sind Fixgeraden, weil dann die Abbildung eine zentrische Streckung von 0 oder ∞ aus ist. Die auf diesen Geraden senkrecht stehenden Kreise gehen in andere zu den Geraden orthogonale Kreise über: Die Abbildung heißt dann **hyperbolisch**.

Ist $|\alpha| = 1$, also $\alpha = e^{i\varphi}$, dann gehen die Kreise um 0 und ∞ in sich über. Sie sind Fixkreise, weil die Abbildung jetzt eine Drehung um den Ursprung ist. Jede Gerade durch den Ursprung hingegen wird auf eine andere Ursprungsgerade abgebildet. Die Abbildung heißt dann **elliptisch**. Der Büschel aller Geraden durch 0 und das System der Kreise mit 0 als Mittelpunkt spielen hier eine ausgezeichnete Rolle. Diese Büschel bleiben nämlich bei hyperbolischen und elliptischen Abbildungen unverändert. Im Falle der hyperbolischen Funktionen geht insbesondere jede der genannten Geraden einzeln in sich über, während die Kreise untereinander vertauscht werden; bei den elliptischen Möbiustransformationen geht in der z^*- bzw. w^*-Ebene umgekehrt jeder Kreis in sich über, während die Geraden vertauscht werden.

In allen anderen Fällen ist $w^* = \alpha z^*$ eine Drehstreckung, also eine Verkettung einer zentrischen Streckung mit einer Drehung. Die Abbildung heißt dann **loxodromisch**. Auf der Kugel sind Loxodrome die Kurven, die immer unter dem gleichen Winkel die Längskreise und Breitenkreise schneiden. Für Schiffe auf den Weltenmeeren heißt das: Wenn sie Kurs halten, dann fahren sie auf einer Loxodrome, die sich vom Äquator kommend um einen Pol windet.

Zurück zur z- bzw. w-Ebene:

Kreise durch z_1 und z_2 gehen bei hyperbolischen Abbildungen in sich selbst über, bei elliptischen Abbildungen gehen sie in andere Kreise durch z_1 und z_2 über. Kreise, die orthogonal zu den Kreisen durch z_1 und z_2 stehen, gehen bei elliptischen Abbildungen in sich selbst über, bei hyperbolischen Abbildungen gehen sie in andere zu den Kreisen durch z_1, z_2 orthogonale Kreise über. Bei einer loxodromischen Abbildung werden die Kreise eines jeden der beiden Büschel miteinander vertauscht. Kein einzelner Kreis bleibt fest. Nur die beiden Fixpunkte bleiben fest.

Die Ursprungsgeraden durch ∞ gehen über in die Kreise durch die Fixpunkte z_1 und z_2. Die Kreise um 0 und ∞ gehen über in die Kreise um z_1 und z_2, die zu den anderen Kreisen orthogonal sind.

Abbildung 7.10 illustriert die Klassifizierung der Möbiustransformation. In der linken Darstellung sind Ursprungsgeraden und Kreise um den Ursprung in der z^*- bzw. w^*-Ebene abgebildet. Eine hyperbolische Möbiustransformation streckt die Geraden und permutiert die Kreise. Rückübertragen in der z-Ebene bedeutet, dass die Kreise durch die Fixpunkte auf sich selbst abgebildet werden, während die dazu orthogonalen Kreise untereinander permutieren.

Eine elliptische Möbiustransformation hingegen lässt die Kreise in der z^*-Ebene fix, und dreht die Ursprungsgeraden. In der z- bzw w-Ebene bedeutet dies, dass Kreise durch die beiden Fixpunkte auf andere Kreise durch die Fixpunkte abgebildet werden, während die dazu orthogonalen Kreise fix bleiben.

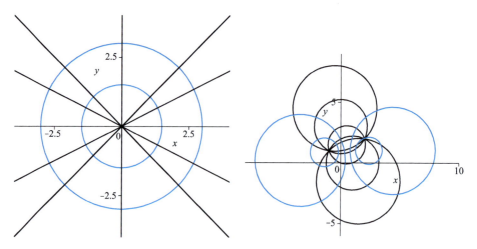

Abb. 7.10: Möbiustransformation in der w^*-z^*-Ebene (links) und in der w-z-Ebene rechts

Beispiel 7.10.
(a) Zunächst betrachten wir die Möbiustransformation

$$f_1 : z \longrightarrow w = \frac{(7+5i)z + 8}{2z + 5 - i}, \quad ad - bc = (7+5i)(5-i) - 8 \cdot 2 \neq 0$$

mit den beiden Fixpunkten

$$z_1 = 2 + 2i, z_2 = -1 + i.$$

α errechnet sich in diesem Fall als

$$\alpha = \frac{2(-1+i) + 5 - i}{2(2+2i) + 5 - i} = \frac{1}{3}.$$

Da α positiv reell ist, ist die Abbildung hyperbolisch (Streckung).

$$z = 0 \longrightarrow w = \frac{8}{5-i} = 1,54 + \cdots + 0,31\ldots i$$

$$z = 1 \longrightarrow w = \frac{7 + 5i + 8}{2 + 5 - i} = 2 + i$$

$$z = 3i \longrightarrow w = \frac{(7+5i)3i + 8}{2(3i) + 5 - i} = 1,4 + 2,8i.$$

Die Ursprungsgeraden in der linken Darstellung von Abbildung 7.10 sind Fixgeraden, Kreise um den Ursprung gehen in andere Kreise um den Ursprung über. In der z- bzw. w-Ebene bedeutet dies, dass die Kreise durch die beiden Fixpunkte Fixkreise sind, während die zu diesen Kreisen orthogonalen Kreise untereinander permutieren.

(b)
$$f_2 : z \longrightarrow w = \frac{(3+3i)z + 4 - 4i}{(1-i)z - 1 + i}, \quad ad - bc \neq 0$$

Fixpunkte $w = z$: $\quad z_1 = 2 + 2i, z_2 = -1 + i$

$$\alpha = \frac{(1-i)(-1+i) - 1 + i}{(1-i)(2+2i) - 1 + i} = i$$

$|\alpha| = 1$, also ist die Abbildung elliptisch (Drehung).

$$z = 0 \longrightarrow w = \frac{(4-4i)(1+i)}{(-1+i)(1+i)} = -4$$

$$z = 1 \longrightarrow w = \frac{3 + 3i + 4 - 4i}{1 - i - 1 + i} = \infty$$

$$z = 3i \longrightarrow w = \frac{3(1+i)3i + 4 - 4i}{(1-i)3i - 1 + i} = \frac{1}{2} + \frac{3}{2}i.$$

Die Ursprungsgeraden in der z^*- bzw. w^*-Ebene gehen unter f_2 auf andere Ursprungsgeraden über, während die Kreise um den Ursprung Fixkreise sind (siehe linke Darstellung von Abbildung 7.10). In der z- bzw. w-Ebene permutieren die Kreise durch die beiden Fixpunkte untereinander, während die dazu orthogonalen Kreise unter f_2 auf sich selbst abgebildet werden.

(c)
$$f_3 : z \longrightarrow w = \frac{4 + 8i}{(1+2i)z + 5 - 5i}, \quad ad - bc \neq 0$$

Fixpunkte $w = z$: $\quad z_1 = 2 + 2i, z_2 = -1 + i$

$$\alpha = \frac{(1+2i)(-1+i) + 5 - 5i}{(1+2i)(2+2i) + 5 - 5i} = -2i$$

$|\alpha| \neq 1$, $\alpha \notin \mathbb{R}^+$, also ist die Abbildung loxodromisch.

$$z = 0 \longrightarrow w = \frac{4 + 8i}{5 - 5i} = -0,4 + 1,2i$$

$$z = 1 \longrightarrow w = \frac{4 + 8i}{1 + 2i + 5 - 5i} = \frac{4}{3}i$$

$$z = 3i \longrightarrow w = \frac{4(1+2i)}{(1+2i)3i + 8 - 5i} = -4.$$

Unter der loxodromischen Abbildung f_3 werden zwar die beiden Kreisbüschel jeweils aufeinander abgebildet, d. h. alle Kreise durch die beiden Fixpunkte z_1, z_2 werden wiederum auf Kreise durch z_1, z_2 abgebildet, und zu diesen Kreisen orthogonale Kreise werden auf andere orthogonale Kreise abgebildet. Im Gegensatz zu den elliptischen und hyperbolischen Möbiustransformationen f_1 und f_2 gibt es unter f_3 jedoch keine Fixkreise.

7.8 Möbius-Transformationen auf der Riemannschen Kugel

Vermittels der stereographischen Projektion (Kapitel 5) lassen sich Möbiustransformationen als einfache Bewegungen der Riemannschen Kugel im $\mathbb{R}^3$ deuten. Wie wir gesehen haben, lässt sich jede Möbiustransformation in der Gaußschen Zahlenebene als Verkettung von Translation, Streckung, Drehung und Inversion darstellen. Eine ästhetisch besonders beeindruckende und überraschend einfache Darstellung der Möbiustransformation geht auf Bernhard Riemann zurück und wurde von Douglas Arnold und Jonathan Rogness eindrucksvoll in einem preisgekrönten Film[1] visualisiert (Arnold & Rogness, 2007; siehe auch Glaeser & Polthier, 2010).

Die vier Grundtypen von Abbildungen, aus denen sich jede Möbiustransformation zusammensetzt, lassen sich elegant durch entsprechende Bewegungen der Riemannkugel beschreiben. Abbildung 7.11 zeigt das (Einheits-)Quadrat in der komplexen Ebene als Projektion eines sphärischen Quadrates, das durch eine Lampe am Nordpol auf die Ebene projiziert wird.

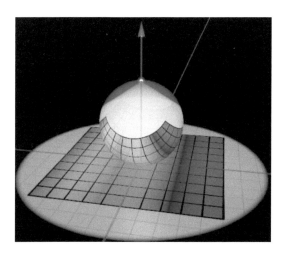

Abb. 7.11: Projektion eines sphärischen Quadrates auf das Einheitsquadrat der Gaußschen Zahlenebene

Projiziert man die Gaußsche Zahlenebene auf die Riemannsche Kugel, so entsprechen diesen Operationen einfache Bewegungen der Kugel:
1. Translationen in $\mathbb{C}$ entsprechen Translationen der Kugel in Richtung $(x, y, 0)$.
2. Ein Anheben der Kugel, d.h. Translation in Richtung $(0, 0, z)$, führt zu einer Streckung des Quadrats in $\mathbb{C}$.
3. Eine Drehung der Kugel um die Achse $(0, 0, 1)$ führt zu einer entsprechenden Drehung des Quadrats in $\mathbb{C}$.
4. Die Inversion entspricht eine Rotation um den Winkel π der Achse $(1, 0, 0)$.

---

[1] www.mathfilm2008.de/2008.003.02

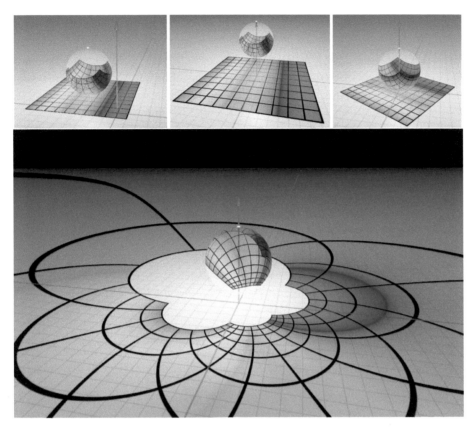

Abb. 7.12: Translation (oben links), Streckung (oben Mitte), Rotation (oben rechts) und Inversion (untere Darstellung) eines sphärischen Quadrats, projiziert auf die Gaußsche Zahlenebene

Abbildung 7.12 illustriert diese Aussagen: eine Verschiebung der Kugel verschiebt das Quadrat entsprechend (Darstellung oben links), eine Anhebung der Kugel vergrößert das Quadrat (Darstellung oben in der Mitte) und eine Drehung um die senkrecht zur Ebene stehende Achse führt zu einer Drehung des Quadrats (Darstellung oben rechts). Stellt man die Kugel auf den Kopf durch Drehung um die durch den Kugelmittelpunkt gehende Parallele zur $x-Achse$, dann wird das Innere des Einheitskreises nach außen gekehrt. Dabei wird der Mittelpunkt des Quadrats nach unendlich geschickt (untere Darstellung).

Aufgaben

7.1 Gegeben ist die konforme Abbildung $z \to w = f(z) = az + b$, $a \neq 0$. Durch welche geometrischen Operationen lassen sich die Bildpunkte w aus dem Urbild z konstruieren, falls
(a) $a = 1$ (b) $|a| = 1, b = 0$ (c) $a \in \mathbb{R}, b = 0$
(d) $a = r(\cos \varphi + i \sin \varphi) \in \mathbb{C}, r \neq 1 \in \mathbb{R}, \varphi \neq 0, b = 0$
(e) $a = r(\cos \varphi + i \sin \varphi) \in \mathbb{C}, r \neq 0, r \in \mathbb{R}, \varphi \neq 0, b \neq 0, b \in \mathbb{C}$
(f) Bestimmen Sie den Fixpunkt z_0 von $f(z) = w = az + b$
(g) Drücken Sie die Funktionsgleichung $w = f(z) = az + b$ mit Hilfe des Fixpunktes aus!
Falls bei (a) bis (e) mehr als eine geometrische Operation nötig ist, welche Rolle spielt die Reihenfolge ihrer Anwendung?

7.2 Der Punkt $z_1 = 1 + i$ wird durch eine Drehstreckung um 0 in den Bildpunkt $w_1 = 2$ abgebildet. In welche Bildpunkte gehen $z_2 = -1 + i$ und $z_3 = -1$ durch die gleiche Abbildung über? Geben Sie die Abbildungsfunktion an!

7.3 Wo liegt bei der linearen Abbildung
(a) $f(z) = 3z + 5i$ (b) $f(z) = \frac{i}{2}(z + 3)$ (c) $f(z) = az + b$
der Fixpunkt und welche Drehstreckung um ihn bedeutet sie?

7.4 Welche Drehstreckung um den Nullpunkt bildet den Punkt Z in den Punkt W ab?
(a) $Z(56|0); W(112|0)$ (b) $Z(0|2); W(-8|0)$ (c) $Z(4|-3); W(8|-6)$
(d) $Z(2|-1); W(3|-4)$.

7.5 Bestimmen Sie die Drehstreckung, die sich als Verkettung der beiden Drehstreckungen um den Nullpunkt mit dem Streckfaktor s_1 bzw. s_2 und den Drehwinkel α_1 bzw. α_2 ergibt:
(a) $s_1 = 2, \alpha_1 = \pi/6, s_2 = 1{,}5, \alpha_2 = \pi/4$,
(b) $s_1 = \sqrt{2}, \alpha_1 = \pi/3, s_2 = \sqrt{8}, \alpha_2 = \pi/5$

7.6 Formulieren Sie, welche Bedingungen zwei Dreiecke erfüllen müssen, damit sich das eine als Bild des anderen bei einer Drehstreckung (a) um den Nullpunkt (b) um irgendeinen (nicht näher bestimmten) Punkt ergibt.

7.7 Berechnen Sie die Verkettungen $f \circ g$ und $g \circ f$ und veranschaulichen Sie die entsprechende Abbildung
(a) $f(z) = 3z, g(z) = z + i$ (b) $f(z) = (1+i)z - (3-2i), g(z) = (2-i)z + (5+3i)$

7.8 Die Abbildung f sei eine Drehung mit Zentrum z_1, Winkel α und Streckfaktor s. Die Abbildung g sei die Translation um den Vektor b. Untersuchen Sie die Verkettung $f \circ g$. Um welche Art von Abbildung handelt es sich jeweils? Bestimmen Sie gegebenenfalls Zentrum, Drehwinkel und Streckfaktor.

7.9 Untersuchen Sie, wann die Verkettung der Abbildungen $f(z) = qz+p$ und $g(z) = sz+t$ die identische Abbildung, eine Translation oder eine Drehstreckung darstellt.

7.10 Bestimmen Sie das Bild der Parallelen zu den beiden Achsen unter der Abbildung $f(z) = \frac{1}{z}$. Was ist das Bild der Parallelen der Achsen bei Spiegelung am Einheitskreis?

7.11 Sind die Bildkreise konzentrischer Kreise nach der Spiegelung am Einheitskreis in jedem Fall wiederum konzentrisch?

7.12 Zeichnen Sie eine Gerade, die den Einheitskreis berührt. Wie lässt sich das Bild dieser Geraden unter der Spiegelung am Einheitskreis konstruieren?

7.13 Gibt es Kreise, deren Inneres durch die Spiegelung am Einheitskreis auf Punkte außerhalb des Bildkreises abgebildet werden?

7.14 Das durch die drei Punkte $z_1 = -1+3i$, $z_2 = 1+2i$, $z_3 = 4+2i$ gegebene Dreieck soll durch die Funktion $w = f(z) = \sqrt{2}(1-i)z + 2 + i$ in die w–Ebene abgebildet werden. Konstruieren Sie (graphisch!) die Lösung!

7.15 Gegeben die konforme Abbildung $w = f(z) = \frac{1}{z}$ und ein fester Punkt $z_0 \neq 0 \in \mathbb{C}$. Es bezeichne z_0^* den Punkt, den man durch Spiegelung am Einheitskreis erhält. Für welche Punkte $z \in \mathbb{C}$ gilt: $z = z^*$? In welchem Verhältnis stehen $f(z_0)$ und $f(z_0^*)$?

7.16 In der z–Ebene ist ein Kreis K_z gegeben und zwei in Bezug auf ihn spiegelbildliche Punkte z_1 und z_2. Durch die Abbildung $w = f(z) = \frac{az+b}{cz+d}$, $ad - bc \neq 0$ erhält man als Bild einen Kreis K_w und zwei Punkte w_1 und w_2. Erweitern Sie die Definition von *Spiegeln am Einheitskreis* sinngemäß auf *Spiegeln an einem Kreis mit Mittelpunkt m und Radius r* und beweisen Sie, dass w_1 und w_2 Spiegelbilder bezüglich K_w sind.

7.17 Zeigen Sie: Die Menge der Möbiustransformationen

$$w = f(z) = \frac{az+b}{cz+d}, \quad ad - bc \neq 0$$

bilden bezüglich der Verkettung von Abbildungen eine Gruppe.

7.18 (a) Bestimmen Sie die Möbiustransformation f, die die Punkte $-1, i, +1$ in dieser Reihenfolge überführt in die Punkte $-1, \frac{1}{5}(4+3i), +1$.
(b) Auf welche Kurve wird dabei der Einheitskreis der z-Ebene abgebildet?

7.19 Berechnen Sie mit Hilfe der Quotientenregel die Ableitung für die allgemeine Möbiustransformation $w = \frac{az+b}{cz+d}$. Was ergibt sich im Sonderfall $ad - bd = 0$? Was folgt daraus für die Ableitung von w?

7.20 Gegeben sei die folgende Abbildung f der z–Ebene in die w–Ebene (Cayley-Transformation):
$$f(z) = \frac{z-i}{z+i} = w.$$
Bestimmen Sie das Bild der Geraden der z–Ebene durch die Punkte i und $2-i$.

7.21 Durch welche konforme Abbildung mit der Eigenschaft $f(i) = 0$ und $f'(i) > 0$ kann die obere Halbebene der z–Ebene $H = \{x+iy : y > 0\}$ auf die Kreisscheibe $D = \{z : |z| < 1\}$ abgebildet werden?

7.22 Zeigen Sie: Jede Möbiustranformation, die die obere Halbebene auf sich selbst abbildet, ist von der Form
$$f(z) = \frac{az+b}{cz+d} \quad \text{mit} \quad a,b,c,d \in \mathbb{R},\, ad-bc > 0$$

8 Die Jukowski-Funktion und die Funktion $w = z^2$

In diesem Kapitel betrachten wir eine Funktion, die sich durch Verketten von Möbiustransformationen mit der Funktion $w = z^2$ ergibt. Am Beispiel der Jukowski-Funktion illustrieren wir die Bedeutung konformer Abbildungen für die Strömungslehre. Zuvor werden wir die Funktion $w = z^2$ und ihre Wirkung auf Geraden und Kreise etwas genauer untersuchen.

Die Wirkung der Abbildung $w = z^2$ auf Geraden und Kreise

Aus den Beziehungen
$$z = x + iy = r(\cos\varphi + i\sin\varphi) = re^{i\varphi}$$
und
$$z^2 = x^2 - y^2 + 2ixy = r^2(\cos 2\varphi + i\sin 2\varphi)$$
folgt unmittelbar

Satz 56. *Die Abbildung $w = z^2$ verdoppelt die Winkel und quadriert die Radien.*

In Kapitel 6 hatten wir schon gesehen, dass $w = z^2$, außer an der Stelle $z = 0$, eine konforme Abbildung ist. Aus Satz 56 folgt unmittelbar

Satz 57.
(a) *Geht Figur B aus Figur A durch Drehung um den Ursprung mit Drehwinkel α hervor, so geht die Bildfigur von B unter $w = z^2$ aus der Bildfigur von A durch Drehung um den Ursprung mit Drehwinkel 2α hervor.*
(b) *Das Bild einer Ursprungsgeraden mit dem Winkel α zur reellen Achse ist eine Halbgerade mit dem Anfang im Koordinatenursprung und einem Winkel von 2α zur reellen Achse.*
(c) *Der nichtnegative Teil der reellen Achse ist fix (Fixhalbgerade).*
(d) *Der negative Teil der reellen Achse wird auf den positiven Teil der reellen Achse abgebildet.*
(e) *Die imaginäre Achse wird auf den nichtpositiven Teil der reellen Achse abgebildet.*

In Verallgemeinerung der Erkenntnisse von Beispiel 6.5 auf Seite 122 gilt der folgende Satz, dessen Aussage in Abbildung 8.1 illustriert wird (Schupp & Stubenitzky, 2001).

Satz 58. *Das Bild einer Geraden, die den Abstand $d > 0$ vom Ursprung und den Winkel α zur reellen Achse hat, ist eine Parabel, deren Achse den Winkel 2α zur horizontalen Achse und deren Scheitel einen Abstand von d^2 vom Ursprung hat.*

Beweis. Wegen Satz 57(a) genügt es, den Fall einer Geraden zu betrachten, die im Abstand a parallel zur reellen Achse verläuft, d. h. $y = a$. Dann ist $u = x^2 - a^2$ und

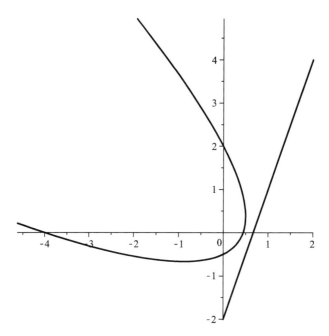

Abb. 8.1: Bild der Gerade $y = 3x - 2$ unter $w = z^2$

$v = 2xa$. Hieraus folgt
$$u = \frac{v^2}{4a^2} - a^2.$$
Das ist die Gleichung einer Parabel in der Bildebene, deren Scheitel einen Abstand von a^2 zum Ursprung hat. □

Bezogen auf die Bilder von Kreisen folgt aus Satz 56 sofort

Satz 59.
(a) *Das Bild eines Kreises um den Ursprung mit dem Radius r ist ein Kreis um den Ursprung mit dem Radius r^2.*
(b) *Der Einheitskreis ist fix.*
(c) *Das Bild eines Kreises ist achsensymmetrisch. Seine Symmetrieachse bildet mit der reellen Achse einen doppelt so großen Winkel wie die Gerade, die den Ursprung und den Mittelpunkt des Kreises verbindet.*

Satz 60. *Es sei r der Radius eines Kreises K, dessen Mittelpunkt den Abstand d vom Ursprung hat. Dann gilt*
(a) *Die Bildkurve von K unter $w = z^2$ schneidet ihre Symmetrieachse in der Entfernung $(r+d)^2$ und in der Entfernung $(r-d)^2$ vom Ursprung. Dabei liegt der Ursprung nicht zwischen den beiden Schnittpunkten.*
(b) *Ist $r > d$, liegt also der Ursprung im Inneren des Kreises, so schneidet die Bildkurve ihre Symmetrieachse außerdem in der Entfernung $r^2 - d^2$ in einem Doppelpunkt. Der Ursprung liegt zwischen dem Doppelpunkt und den anderen Schnittpunkten.*

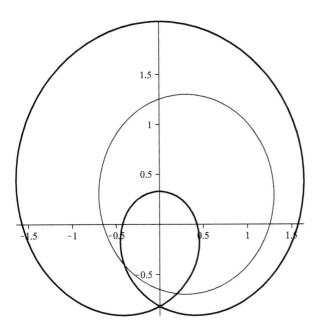

Abb. 8.2: Das Bild des Kreises mit Mittelpunkt $M(0,3/0,3)$ und Radius 1 unter $w = z^2$ ergibt eine Pascalsche Schnecke

Beweis.
(a) Wegen Satz 57(a) genügt es zu zeigen: Liegt der Mittelpunkt der Kreises auf der reellen Achse, so hat die Bildkurve die Nullstellen $(r+d)^2$ und $(r-d)^2$. Dies ist wiederum klar, da die Schnittpunkte des Kreises mit der horizontalen Achse $r+d$ und $r-d$ reelle Zahlen sind, die unter $w = z^2$ auf $(r+d)^2$ bzw. $(r-d)^2$ abgebildet werden.

b) Wiederum genügt es, Kreise mit Mittelpunkt auf der reellen Achse zu betrachten. Dann gilt: Ist $r > d$, so schneidet der Kreis die imaginären Achse bei $\pm\sqrt{r^2 - d^2}$. Das Bild unter $w = z^2$ des Schnittpunktes ist $r^2 - d^2$. □

Das Bild eines Kreises unter $w = z^2$ ist eine sogenannte **Pascalsche Schnecke**. Die Schnecke hat genau dann eine innere Schleife, wenn der Kreis den Ursprung überdeckt, siehe Abbildung 8.2.

Die Jukowski-Funktion

Nach den Betrachtungen der konformen Abbildung $w = z^2$ sind wir jetzt in der Lage die Jukowski-Funktion

$$w = f(z) = \frac{1}{2}\left(z + \frac{1}{z}\right)$$

näher zu untersuchen. Wir zeigen zuerst, dass man die Anwendung der Jukowski-Funktion auf die schrittweise Ausführung schon bekannter Abbildungen zurückführen kann. Dazu betrachten wir zunächst den Quotienten $\frac{w-1}{w+1}$ und ersetzen darin w

durch $\frac{1}{2}\left(z + \frac{1}{z}\right)$. Wir erhalten dann

$$\frac{w-1}{w+1} = \frac{\frac{1}{2}(z+\frac{1}{z})-1}{\frac{1}{2}(z+\frac{1}{z})+1} = \frac{z^2+1-2z}{z^2+1+2z} = \left(\frac{z-1}{z+1}\right)^2. \tag{8.1}$$

Umgekehrt folgt auch aus Gleichung (8.1), dass

$$w = \frac{1}{2}\left(z + \frac{1}{z}\right).$$

Definieren wir die Funktionen g und h durch

$$g(z) = \frac{z-1}{z+1}, \quad h(z) = z^2$$

so besagt die in (8.1) hergeleitete Äquivalenz, dass

$$g(w) = h(g(z))$$

oder

$$w = f(z) = g^{-1}(h(g(z))).$$

Man beachte, dass g^{-1} selbst auch eine Möbiustransformation ist, für die gilt

$$g^{-1}(z) = \frac{1+z}{1-z}.$$

Die Jukowski-Funktion setzt sich somit zusammen aus dem Verketten einer Möbiustransformation, der Funktion $w = z^2$ und einer weiteren Möbiustransformation

$$z \mapsto z_1 = g(z) = \frac{z-1}{z+1}$$

$$z_1 \mapsto z_2 = z_1^2 = \left(\frac{z-1}{z+1}\right)^2$$

$$z_2 \mapsto z_3 = g^{-1}(z_2) = \frac{1-z_2}{z_2+1} = \frac{1}{2}\left(z + \frac{1}{z}\right).$$

Wir betrachten nun das Bild eines Gebietes der komplexen Ebene, das durch zwei Kreise berandet wird. Der eine Kreis gehe durch die Punkte -1 und $+1$, der andere Kreis tangiere den ersten Kreis im Punkt in $+1$, siehe Abbildung 8.3.

Abbildung 8.4 zeigt die Zwischenschritte gemäß der obigen Zerlegung der Jukowski-Funktion: Die linke Darstellung zeigt das Bild der beiden Kreise aus Abbildung 8.3 unter der Abbildung $z_1 = \frac{z-1}{z+1}$, die rechte Darstellung das Bild davon unter $z_2 = z_1^2$. Schließlich wenden wir im dritten Schritt die Abbildung g^{-1} an und erhalten

$$w = g^{-1}(z_2) = \frac{1-z_2}{z_2+1}.$$

Die resultierende Figur in Abbildung 8.5 hat die Form des Profils eines Tragflügels. Ändert man den Winkel der Tangente an die beiden Kreise im Punkt 1 oder den Radius des kleineren inneren Kreises, so kann man unterschiedlichste Profile

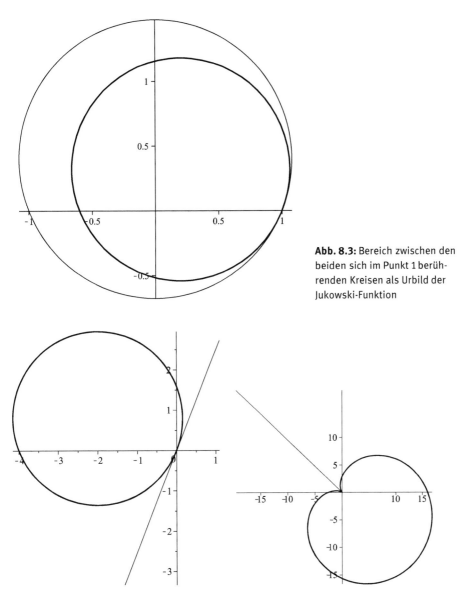

Abb. 8.3: Bereich zwischen den beiden sich im Punkt 1 berührenden Kreisen als Urbild der Jukowski-Funktion

Abb. 8.4: Zwischenschritt bei Anwendung der Jukowski-Funktion auf zwei sich im Punkt +1 berührende Kreise: $z_1 = \frac{z-1}{z+1}$ (linke Darstellung), $z_2 = z_1^2$ (rechte Darstellung)

für Tragflügel erzeugen. Diese Art von Profilen wurde zuerst von den Russen Sergei A. Tschaplygin (1869–1942) und Nikolai J. Joukowski (1847–1921) untersucht. Die Joukowski-Tschaplygin-Profile sind die Grundprofile bei Untersuchungen zur Theorie des Tragflügels. Abbildung 8.6 zeigt das Bild der Fläche zwischen zwei Kreisen mit Mittelpunkt auf der reellen Achse.

162 — 8 Die Jukowski-Funktion und die Funktion $w = z^2$

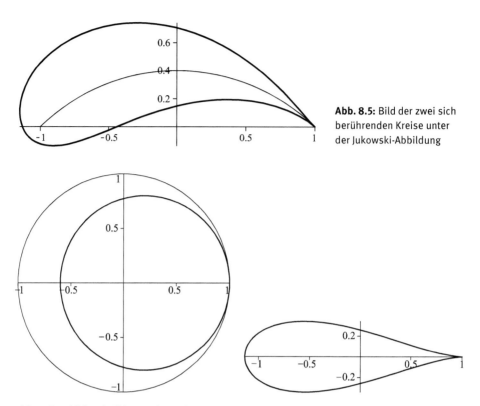

Abb. 8.5: Bild der zwei sich berührenden Kreise unter der Jukowski-Abbildung

Abb. 8.6: Urbild und Bild unter dem Jukowski-Funktional: die Fläche zwischen den beiden Kreisen (links) wird auf eine einem Tragflügel ähnelnde Fläche (rechts) abgebildet.

9 Nichteuklidische Geometrie

9.1 Euklid und seine Axiome

Die Geometrie war schon in der Antike einer der Grundpfeiler der Mathematik. Euklid hat bereits im 3. Jahrhundert vor Christus eine vollständige Arbeit über die Grundlagen der Geometrie, die „Elemente", geschrieben. Euklid hat in diesem dreizehnbändigen Werk die Geometrie axiomatisch aufgebaut: Auf einigen wenigen, als *a priori* evident angesehenen grundlegenden Aussagen (Axiomen und Definitionen) basierend, werden alle andere Gesetze der Geometrie abgeleitet. Jeder neue Satz basiert nur auf diesen grundlegenden Aussagen und auf den anderen bereits bewiesenen Sätzen. Neben etlichen Konventionen, Begriffsklärungen und Definitionen fußt Euklids Geometrie auf den folgenden fünf Axiomen:

$A1$ Man kann von jedem Punkt zu jedem Punkt die Strecke ziehen.
$A2$ Man kann eine begrenzte gerade Linie zusammenhängend gerade verlängern.
$A3$ Man kann mit jedem Mittelpunkt und Abstand den Kreis ziehen.
$A4$ Alle rechten Winkel sind einander gleich.
$A5$ Wenn eine gerade Linie beim Schnitt mit zwei geraden Linien bewirkt, dass innen auf derselben Seite entstehende Winkel zusammen kleiner als zwei Rechte werden, dann müssen die zwei geraden Linien bei Verlängerung ins Unendliche sich auf der Seite treffen, auf der die beiden Winkel liegen, die zusammen kleiner als zwei Rechte sind.

Auf den ersten Blick scheinen diese Axiome unmittelbar einsichtig zu sein. Das gilt selbst für das 5. Axiom, dessen Formulierung weit komplexer ist als die der übrigen Axiome (siehe Abbildung 9.1). Auch schon Immanuel Kant hatte behauptet, die euklidische Geometrie sei eine unvermeidbare Denknotwendgkeit, die nicht in Frage gestellt werden kann.

Gilt das wirklich auch für das 5. Axiom? Dieses Axiom kann niemand selbst überprüfen, niemand kann unendlich lange Linien zeichnen. Tatsächlich hat die moderne

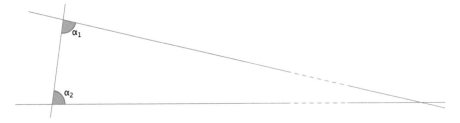

Abb. 9.1: Euklids 5. Axiom: Zwei Geraden, von einer dritten Geraden geschnitten mit $\alpha_1 + \alpha_2 < \pi$, haben bei hinreichender Verlängerung einen gemeinsamen Schnittpunkt

Physik erhebliche Zweifel, ob die euklidische Geometrie eine geeignete Beschreibung des Weltalls liefert. Gemäß der allgemeinen Relativitätstheorie weicht die Geometrie des Weltalls von der Euklidischen Geometrie ab, weil Schwerefelder den Raum „krümmen".

Schon in der Antike war den Mathematikern aufgefallen, dass dieses Axiom anders als alle anderen ist. Man hat lange geglaubt, dass das 5. Axiom aus den anderen Axiomen $A1$ bis $A4$ hergeleitet werden kann. Alle Versuche, hierfür einen Beweis zu finden, scheiterten. Jedoch führten diese Bemühungen zu der wichtigen Entdeckung von äquivalenten Formulierungen dieses Axioms. Eine besonders prägnante Version ist die folgende Formulierung als Parallelenaxiom:

$A5_P$
Zu jeder Geraden g und jedem Punkt P, der nicht auf liegt, gibt es *genau eine* Gerade durch P die g nicht schneidet.

Die Frage, ob das Parallelenpostulat letztlich unabhängig von den anderen Axiomen ist, d. h. ob es andere „nichteuklidische Geometrien" gibt, die zwar die ersten vier Axiome erfüllen, nicht aber das Parallelenpostulat, sollte sich als eine der fruchtbarsten Fragestellungen der gesammten Mathematik erweisen, deren Klärung mehr als zweitausend Jahre erforderte. Heute wissen wir, dass gleichberechtigt neben der klassischen euklidischen Geometrie auch noch weitere nichteuklidische Geometrien existieren, in denen das Parallelenaxiom $A5$ nicht gilt. Den Unterschied dieser Geometrien zur euklidischen Geometrie macht man sich am besten an der Version $A5_P$ des Parallelenaxioms klar. In der sogenannten *hyperbolischen Geometrie*, welche unabhängig von Gauß, Bolyai und Lobatschewski zwischen 1815 und 1832 entwickelt wurde, gilt das folgende veränderte Postulat:

$A5_{hyp}$
Zu jeder Geraden g und jedem Punkt P, der nicht auf g liegt, gibt es unendlich viele Geraden durch P, die g nicht schneiden.

Es ist ebenso möglich das Parallelenpostulat in der folgenden Form zu verändern:

$A5_{ell}$
Zu jeder Geraden g und jedem Punkt P, der nicht auf g liegt, gibt es keine einzige Gerade durch P, die g nicht schneidet.

Das Postulat $A5_{ell}$ führt zur sogenannten *elliptischen Geometrie*, die der Geometrie auf der Kugeloberfläche entspricht. Fassen wir Punkte als Paare einander diametral entgegengesetzer Punkte auf der Kugel auf und verstehen unter Geraden auf der Kugeloberfläche alle Großkreise (d.h. Kreise auf der Kugeloberfläche, deren Mittelpunkt mit dem Kugelmittelpunkt zusammenfällt), so gilt: Zwei Punkte P und Q bestimmen

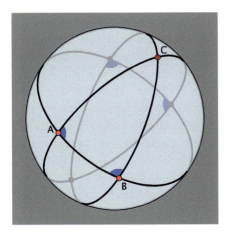

Abb. 9.2: Das Sphären-Modell der elliptischen Geometrie

genau eine Gerade (nämlich den Großkreis durch P und Q), und zwei Geraden g und h bestimmen genau einen Punkt, da sich zwei Großkreise immer schneiden (genau genommen schneiden sich Großkreise sogar in zwei Punkten, die jedoch antipodal gegenüber liegen und daher in der elliptischen Geometrie miteinander identifiziert werden). Zu einer gegebenen Geraden gibt es durch einen Punkt außerhalb der Geraden keine Parallele, da zwei Großkreise sich immer schneiden, d.h. $A5_{ell}$ ist erfüllt. Genau genommen muss in der sphärischen Geometrie auch das euklidische Axiom $A2$ fallen gelassen werden, da eine beliebig verlängerte Strecke auf der Kugel irgendwann wieder zu ihrem Ausgangspunkt zurückkehrt.

Zugänge zu den verschiedenen Geometrien der Ebene, Gemeinsamkeiten und Unterschiede lassen sich gut durch komplexe Zahlen beschreiben. Daher geben wir im Folgenden eine knapp gefasste Einführung in nichteuklidische Zugänge zur Geometrie, wobei wir uns auf die hyperbolische Geometrie beschränken. Dieser faszinierende Themenbereich kann im Rahmen dieses Buches nur kurz angedeutet werden. Zum näheren Studium nichteuklidischer Geometrien müssen wir auf die vertiefende Literatur verweisen, z. B. Anderson (1999), Filler (1993), Meschkowski (1971) oder Richter-Gebert und Kortenkamp (2000).

9.2 Modelle der hyperbolischen Geometrie

Wie kann man sich eine Geometrie vorstellen, bei der das 5. euklidische Axiom keine Gültigkeit hat und durch $A5_{hyp}$ ersetzt ist? Da die Begriffe Punkt, Gerade und Ebene nicht durch eine Definition festgelegt sind, haben wir die Freiheit uns darunter vorzustellen, was wir wollen – solange es nur mit den Axiomen verträglich ist.[1]

---

[1] David Hilbert soll dies einst mit dem Ausspruch illustriert haben, statt „Punkte, Geraden und Ebenen" könne man jederzeit auch „Tische, Stühle und Bierseidel" sagen.

Zur Visualisierung der hyperbolischen Geometrie existieren unterschiedliche Modelle. Alle benutzen zwangsläufig Elemente der euklidischen Geometrie, allerdings in einem ganz anderen Zusammenhang. Anders als bei der euklidischen Geometrie kann z.B. ein Dreieck in jedem der Modelle komplett anders aussehen, obwohl es jedes Mal aus drei Punkten und drei Seiten besteht. Das liegt nicht nur daran, dass die Begriffe Gerade, Ebene, Punkte jeweils eine andere Bedeutung haben, sondern auch daran, dass jedes Modell eine eigene Metrik besitzt. Während Abstände zwischen zwei Punkten, dargestellt durch komplexe Zahlen $z = x_1 + iy_1$, $w = x_2 + iy_2$, in der euklidischen Geometrie durch die bekannte Formel

$$d(z, w) = |z - w| = \sqrt{(x_1 - x_2)^2 + (y_1 - y_2)^2}$$

berechnet werden, werden in anderen Geometrien Abstände zwischen zwei Punkten auf andere Weise definiert.

Zur Veranschaulichung der hyperbolischen Geometrie stellen wir zwei Modelle vor, die beide auf Ideen des französischen Mathematikers Henri Poincaré (1854 – 1912) zurückgehen. Dabei sei allerdings betont: Auch wenn es mehrere Modelle gibt die hyperbolische Geometrie darzustellen, so gibt es nur *eine* hyperbolische Geometrie, d.h. durch die Axiome $A1$ bis $A4$ und $A5_{hyp}$ sind die Eigenschaften dieser Geometrie eindeutig festgelegt. Deshalb können die verschiedenen Modelle durch einfache, strukturerhaltende Transformationen ineinander abgebildet werden.

9.2.1 Poincarésche Halbebene

Wir denken uns in der Ebene ein rechtwinkliges Koordinatensystem und bezeichen die Halbebene mit $y > 0$ als *hyperbolische Ebene (h-Ebene)*, ihre Punkte als *hyperbolische Punkte*. Mit Hilfe komplexer Zahlen in der Gaußschen Zahlenebene besteht die h-Ebene aus den komplexen Zahlen mit positivem Imaginärteil $\mathbb{H} = \{z \in \mathbb{C} | Im(z) > 0\}$. Die Punkte auf der reellen Achse selbst gehören nicht zur h-Ebene. Als *hyperbolische Geraden (kurz: h-Geraden)* bezeichnen wir einerseits die Halbkreise mit Mittelpunkt auf der reellen Achse und andererseits auch Halbgeraden, die auf der reellen Achse senkrecht stehen. Man beachte, dass die Halbkreise somit ebenfalls auf der reellen Achse senkrecht stehen.

Abbildung 9.3 zeigt verschiedene h-Geraden $g_1, \ldots, g_4$, während g zwar eine Gerade im Sinne der euklidischen Geometrie aber keine h-Gerade ist. Außerdem zeigt diese Abbildung, dass durch zwei Punkte in der h-Ebene genau eine Gerade definiert ist. Durch Konstruktion der (euklidischen) Mittelsenkrechten zur Strecke $\overline{CD}$ erhält man den Mittelpunkt des auf der reellen Achse orthogonal stehenden Halbkreises durch C und D als h-Gerade durch diese beiden Punkte. Ebenso lässt sich leicht zeigen, dass die Axiome $A2$ bis $A4$ erfüllt sind. Wie steht es um das 5. Axiom? Abbildung 9.4 zeigt, dass es zu jeder Geraden g und einem Punkt P, der nicht auf g liegt, unendlich

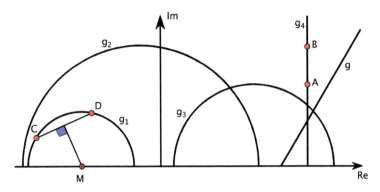

Abb. 9.3: Poincarésche Halbebene mit verschiedenen h-Geraden

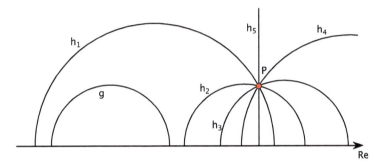

Abb. 9.4: Die h-Gerade g besitzt viele Parallelen durch den Punkt P

viele Geraden gibt, die g nicht schneiden. Alle in Abbildung 9.4 durch den Punkt P gezeichneten h-Geraden sind parallel zur h-Geraden g.

Indem man die Existenz einer Geometrie gezeigt hat, die die ersten vier Axiome von Euklid, nicht aber das fünfte Axiom erfüllen, hat man implizit nachgewiesen, dass das fünfte euklidische Axiom seine Berechtigung in Euklids System hat, d. h. dass $A5$ tatsächlich unabhängig von den Axiomen $A1$ bis $A4$ ist. Damit hat man ein jahretausende altes Problem gelöst.

Wie soll man allerdings im System der Poincaréschen Halbebene Abstände und Winkel in konsistenter Weise messen, so dass die Anforderungen an eine Metrik erfüllt sind und sich geeignete Isometrien definieren lassen?

Eine Winkelmessung gestaltet sich dabei recht intuitiv, indem der Winkel zweier sich in einem Punkt P schneidenden h-Geraden als der (euklidische) Winkel zwischen den euklidischen Tangenten an die h-Geraden im Punkt P definiert wird (siehe Abbildung 9.6).

Die Abstandsmessung zwischen zwei Punkten der Poincaréschen h-Ebene $\mathbb{H}$, dargestellt durch die komplexen Zahlen z und w (mit $Im(z) > 0$, $Im(w) > 0$), erfolgt durch

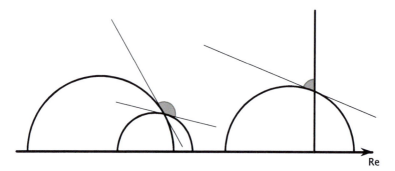

Abb. 9.5: Der hyperbolische Winkel ist gleich dem euklidischen Winkel zwischen den Tangenten an die h-Geraden

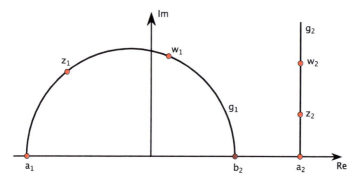

Abb. 9.6: Der hyperbolische Abstand ist über das Doppelverhältnis von vier Punkten definiert

die Formel

$$d(z, w) = |\ln DV(a, w, b, z)| = \left|\ln\left(\frac{z-a}{z-b} \cdot \frac{w-b}{w-a}\right)\right|,$$

sofern w und z verschiedene Realteile haben, also nicht auf einer senkrechten Halbgeraden liegen. Dabei sind a und b die Endpunkte der h-Geraden durch z und w (siehe Abbildung 9.6). DV gibt hier das in Abschnitt 7.6 schon eingeführte Doppelverhältnis von vier komplexen Zahlen an. Der Übergang zu einer h-Geraden des zweiten Typs ergibt sich als Grenzprozess aus einem Halbkreis, wenn b auf der reellen Achse gegen Unendlich läuft. Falls z und w auf einer zur reellen Achse senkrechten stehenden Geraden liegen, d. h. $Re(z) = Re(w) = a$, reduziert sich die Formel dadurch zu (siehe Abschnitt 7.5 bezüglich der Rechenregeln für ∞)

$$d(z, w) = \left|\ln\frac{z-a}{w-a}\right|.$$

Ist dies eine vernünftige Definition des Abstandes?

Satz 61. *Es gilt:*
1. $d(z, w) = 0$ *genau dann wenn* $z = w$.
2. $d(z, w) = d(w, z)$.
3. *Nähert sich z dem (euklidischen) Punkt a, so wird* $\lim_{z \to a} d(z, w) = \infty$.
4. $d(z, w) = d(z, v) + d(v, w)$ *für einen Punkt v auf der Strecke zwischen z und w.*
5. *Es gilt die Dreiecksungleichung* $d(z, w) \leq d(z, v) + d(v, w)$.

Beweis.
1. Im Fall $Re(z) = Re(w)$ ist die Aussage trivial. Andernfalls gilt $d(z, w) = 0 \Leftrightarrow \frac{z-a}{z-b} = \frac{w-a}{w-b} \Leftrightarrow z = w$, da die Möbiustransformation $z \mapsto \frac{z-a}{z-b}$ unter der Voraussetzung $a \neq b$ invertierbar und somit bijektiv ist.
2. und 3. sind offensichtlich.
4. Liegen z, v und w auf einer Geraden und mit Geradenendpunkten a und b (wobei $b = \infty$ im Fall $Re(z) = Re(v) = Re(w)$), so folgt

$$d(z, v) + d(v, w) = \left| \ln\left(\frac{z-a}{z-b} \cdot \frac{v-b}{v-a} \right) \right| + \left| \ln\left(\frac{v-a}{v-b} \cdot \frac{w-b}{w-a} \right) \right|$$

$$= \left| \ln\left(\frac{z-a}{z-b} \cdot \frac{v-b}{v-a} \cdot \frac{v-a}{v-b} \cdot \frac{w-b}{w-a} \right) \right| = d(z, w)$$

5. Zum Nachweis der Dreiecksungleichung muss auf die Literatur verwiesen werden, z. B. Knörrer(1996). □

Der Beweis von Punkt 4. zeigt, dass sich die Additivität der Metrik auf einer Geraden erst durch das Logarithmieren aus der Multiplikativität des Doppelverhältnisses ergibt.

Genauso wie in der euklidischen Geometrie gibt es in der nichteuklidischen Geometrie Kongruenzabbildungen, also Abbildungen, die die hyperbolischen Ebene $\mathbb{H}$ in sich selbst abbilden und dabei (nichteuklidische) Abstände konstant lassen. Eine bijektive Abbildung $T: \mathbb{H} \to \mathbb{H}$ der Ebene auf sich selbst heißt dabei Kongruenzabbildung oder Isometrie von $\mathbb{H}$, falls sie Abstände erhält, d. h. falls für je zwei Punkte $z, w \in \mathbb{H}$ gilt $d(z, w) = d(T(z), T(w))$.

Was können wir aber unter Kongruenzabbildungen in der Halbebene $\mathbb{H}$ verstehen? Wir rufen aus Kapitel 7 in Erinnerung, dass Möbiustransformationen $z \mapsto \frac{a \cdot z - b}{c \cdot z + d}$ mit reellen Koeffizienten $a, b, c, d \in \mathbb{R}$ und $ad - bc > 0$ die obere Halbebene auf sich selbst abbilden (Satz 51). Außerdem sind Möbiustransformationen kreisverwandt und winkeltreu (Satz 47). Das Doppelverhältnis ist invariant unter Möbiustransformationen (Satz 54).

Die Gruppe von Bijektionen von $\mathbb{H}$, die wir zur Definition von Kongruenzabbildungen verwenden wollen, besteht aus den Möbiustransformationen mit reellen Koeffizienten und Determinante 1, d. h. $ad - bc = 1$. Wir definieren

$$SL(2, \mathbb{R}) := \left\{ \begin{pmatrix} a & b \\ c & d \end{pmatrix} \in GL(2, \mathbb{C}) \mid a, b, c, d, \in \mathbb{R}, ad - bc = 1 \right\}$$

wobei $GL(2, \mathbb{C})$ die Menge aller invertierbaren (2×2) Matrizen über $\mathbb{C}$ bezeichnet (siehe Abschnitt 7.5). Jedem Element $A \in SL(2, \mathbb{R})$ ordnen wir eine Möbiustransformation zu gemäß

$$A = \begin{pmatrix} a & b \\ c & d \end{pmatrix} \mapsto T_A(z) = \frac{az+b}{cz+d}, \quad ad - bc \neq 0.$$

Satz 62.
1. *$SL(2, \mathbb{R})$ ist Untergruppe von $GL(2, \mathbb{C})$*
2. *Für jede reelle (2×2) Matrix A mit $\det(A) > 0$ gibt es eine Matrix $A' \in SL(2, \mathbb{R})$, so dass $T_A = T_{A'}$*

Beweis. Die erste Aussage folgt sofort aus den Eigenschaften der Matrizenmultiplikation. Die zweite Aussage folgt da A und $A' = 1/\det(A) A$ dieselbe Möbiustransformation induziert, d. h. $T_A(z) = T_{A'}(z)$ und $\det(A') = 1$. □

Möbiustransformationen sind genauso wie euklidische Translationen und Rotationen orientierungstreu, im Gegensatz zu Geradenspiegelungen. Deshalb muss es einen weiteren Typ von nichteuklidischen Kongruenzabbildungen geben. Dieser ergibt sich, indem einer Möbiustransformation die Komplexkonjugation vorgeschaltet wird, die in der euklidischen Ebene der Spiegelung an der reellen Achse entspricht (vgl. Abschnitt 1.4 und 1.8).

Definition 9.1.
1. Eine h-Spiegelung an einer h-Geraden g ist definiert als eine euklidische Spiegelung an g, falls g senkrecht zur reellen Achse steht, und als Inversion (Spiegelung am Kreis), falls g ein Halbkreis ist, der orthogonal auf der reellen Achse steht (siehe Aufgabe 7.16).
2. Unter der Menge $\mathcal{B}$ aller h-Bewegungen wird die Menge aller Transformationen $\beta : \mathbb{H} \to \mathbb{H}$ mit folgenden Vorschriften verstanden

$$\text{(Typ 1)} \quad \beta(z) := T_A(z) = \frac{a \cdot z + b}{c \cdot z + d} \quad \text{mit } a, b, c, d \in \mathbb{R} \text{ und } ad - bc > 0$$

oder

$$\text{(Typ 2)} \quad \beta(z) := T_A(\bar{z}) = \frac{a \cdot \bar{z} + b}{c \cdot \bar{z} + d} \quad \text{mit } a, b, c, d \in \mathbb{R} \text{ und } ad - bc < 0$$

Typ 2 Bewegungen sind Möbiustransformationen mit vorgeschalteter Komplex-Konjugation. Sie werden daher auch als orientierungsumkehrende Möbiustransformationen oder Anti-Möbiustransformationen bezeichnet. Zunächst sei angemerkt, dass alle h-Spiegelungen zu $\mathcal{B}$ gehören, da $z \mapsto -\bar{z} - a$ eine Spiegelung an $Re(z) = a$ und $z \mapsto \frac{a \cdot \bar{z} - a^2 + r^2}{\bar{z} - a}$ eine Spiegelung an $|z - a| = r$, $a \in \mathbb{R}$ ist.

Bei einer Spiegelung an einer h-Geraden ändert sich die hyperbolische Länge nicht.

Satz 63. *Seien z, w, z' und $w' \in \mathbb{H}$, so ist $d(z, w) = d(z', w')$ genau dann, wenn es eine Möbiustransformation T_A mit reellen Koeffizienten a, b, c, d mit $ad - bc = 1$ gibt, die z in z' und w in w' überführt, d. h. $T(z) = z'$, $T(w) = w'$ oder $T(\overline{z}) = z'$, $T(\overline{w}) = w'$.*

Als Kongruenzabbildungen im h-Modell ergeben sich somit:
1. Spiegelungen an einer Geraden 2. Art (Normale zur Randgeraden),
2. Parallelverschiebungen entlang der reellen Achse,
3. Inversionen an einem Kreis normal zur Randgeraden (Geraden 1. Art),
4. Zentrische Streckungen mit positivem Streckfaktor und Zentrum auf der reellen Achse.

Jede andere Kongruenzabbildung kann aus diesen zusammengesetzt werden. Da man eine Parallelverschiebung (2) durch zwei Spiegelungen (1) erhalten kann und eine Streckung (4) durch zwei Inversionen (3), kann man alle Bewegungen aus Spiegelungen an Geraden 1. oder 2. Art erhalten. Es gilt der sogenannte Dreispiegelungssatz

Satz 64. *Jede hyperbolische Isometrie setzt sich aus maximal 3 Spiegelungen an hyperbolischen Geraden zusammen.*

Damit haben wir alle hyperbolischen Grundobjekte und Grundgrößen in der Poincaréschen Halbebene zusammen, auf deren Grundlage sich die hyperbolische Geometrie entwickeln lässt. Bevor wir einige Schlussfolgerungen über ihre Eigenschaften zusammenstellen wollen, präsentieren wir zunächst ein alternatives Modell. Der Unterschied liegt darin, dass die Begriffe Ebene und Geraden eine andere Bedeutung haben; die Eigenschaften der resultierenden Geometrie sind dennoch dieselben.

9.2.2 Poincarésche Scheibe

Ein alternatives geometrisches Modell, das die Axiome $A1$ bis $A4$ und das Axiom A_{hyp} ebenfalls erfüllt, ist das Poincarésche Kreisscheibenmodell. h-Punkte sind hier alle euklidischen Punkte im Inneren einer Kreisscheibe (ohne Rand). Der Grundraum (h-Ebene) ist hier gegeben als das Innere der Einheitskreisscheibe $\mathbb{D} = \{z \in \mathbb{C} \mid |z| < 1\}$. h-Geraden sind alle euklidischen Durchmesser und Kreisbögen, die an beiden Ende orthogonal zum Rand sind. Abbildung 9.7 illustriert, dass es zur einer h-Geraden g und einem Punkt P, der icht auf g liegt, unendliche viele h-Geraden gibt, die g nicht schneiden.

Die Winkelmessung erfolgt wiederum euklidisch zwischen den Kurven. Die Längenmessung wird ganz analog zum Modell der Poincaréschen Halbebene mit Hilfe des natürlichen Logarithmus und der Beschreibung von Punkten durch komplexe Zahlen erklärt. Es gilt die gleiche Formel für den Abstand zweier Punkte z und w wie im Poincarésche Halbebenenmodell, wobei jedoch die Punkte a und b die Endpunkte der Kreisbögen durch z und w sind, die – gemäß dem Scheibenmodell – auf dem Rand der Scheibe orthogonal stehen.

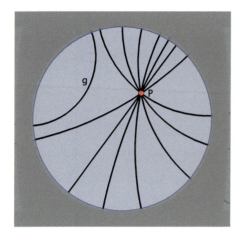

Abb. 9.7: Poincarésche Scheibe

Unter Rückgriff auf Möbiustransformationen können wir sofort sehen, wie die Poincarésche Halbebene und die Poincarésche Kreisscheibe zusammenhängen. In Kapitel 7 haben wir nämlich gesehen, wie mittels der Cayleytransformation

$$z \mapsto \frac{z-i}{z+i}$$

die obere Halbebene in das Innere des Einheitskreises abgebildet wird.

Abb. 9.8: Kongruente Dreiecke im Kreisscheiben-Modell

Die Bilder bisheriger h-Geraden (in der h-Ebene $\mathbb{H}$) sind entweder Durchmesser von $\mathbb{D}$ oder euklidische Kreisbögen, die orthogonal zum Rand von $\mathbb{D}$ sind.

Die Gruppe der hyperbolischen Bewegungen besteht aus den Möbiustransformationen der Form

$$z \mapsto \frac{az+b}{\overline{b}z+\overline{a}}, \quad a\overline{a} - b\overline{b} = 1.$$

Das Poincaré-Modell der hyperbolischen Geometrie ist uns schon in Abschnitt 7.3 bei den hyperbolischen Fraktal-Ornamenten der Künstlers Escher begegnet. Mit der Metrik des Poincaréschen Kreisscheibenmodells sind in Abbildung 7.5 alle Figuren gleich groß, egal wie weit weg sie sich vom Mittelpunkte der Kreisscheibe befinden.

Neben diesen beiden hier vorgestellten Modellen gibt es noch weitere Modelle der hyperbolischen Geometrie. Diese sind das Beltrami-Klein-Modell sowie das Hyperboloid-Modell. Das Beltrami-Klein-Modell basiert ebenfalls auf einer Kreisscheibe, als Geraden werden hier euklidische Kreissehnen verwendet. Das Hyperboloid-Modell nach Minkowski verwendet die Oberfläche einer Hälfte eines zweischaligen Hyperboloids. Hyperbolische Geraden sind die Schnitte dieses Hyperboloids mit euklidischen Ebenen, die durch den Nullpunkt verlaufen, also Hyperbeln.

9.3 Eigenschaften der hyperbolischen Geometrie

Wir sind vertraut mit den wichtigsten Sätzen der euklidischen Geometrie. Doch ändert man nur ein Axiom, so erkennen wir die Pendants oft nicht wieder. Hyperbolische Geradenspiegelungen sind in beiden Poincaré-Modellen entweder euklidische Geradenspiegelungen, wenn nämlich g der Kreisdurchmesser (Scheibmodell) bzw. eine zur reellen Achse orthogonale Halbgerade ist (Halbebenenmodell) oder die Inversion am Kreis, wenn g ein Kreisteil bzw. Halbkreis ist. Verkettungen von hyperbolischen Geradenspiegelungen sind somit Verkettungen von euklidischen Geradenspiegelungen und Inversionen und somit Möbius- bzw Anti-Möbiustransformationen.

Viele geometrische Sätze der euklidischen Geometrie, die auf Aussagen über Kongruenzabbildungen beruhen, behalten ihre Gültigkeit auch in der hyperbolischen (und in der elliptischen) Geometrie. Man spricht hier von Sätzen der absoluten Geometrie. Doch einige in unserer euklidischen Vorstellung von Geometrie als grundlegend angesehenen Aussagen sind in der nichteuklidischen Geometrie verletzt. Einige dieser Unterschiede zwischen der euklidischen und der hyperbolischen Geometrie wollen wir im Folgenden aufzeigen. Wir illustrieren diese Sätze jeweils im Poincaréschen Halbebenenmodell. Hier können die meisten nichteuklidischen Konstruktionselemente durch elementare euklidische Konstruktionen erzeugt werden. Mit elementargeometrischen Überlegungen können dann die Aussagen der folgenden Sätze begründet werden. Wir verzichten an dieser Stelle auf die Beweisführung und verweisen z.B. auf Meschkowski (1971) für eine ausführliche Argumentation. Eine Beschreibung einiger nichteuklidischer Konstruktionen, die dieser Argumentation als Grundlage dienen, finden Sie ebenfalls dort sowie auf der Internetseite zum Buch.

Der Satz von der sich auf π addierenden Winkelsumme im Dreieck ist nicht mehr gültig. Zieht man die Eckpunkte A, B und C immer näher an die reelle Achse heran (was die Dreiecksfläche im hyperbolischen Maß immer größer werden lässt), so werden alle Innenwinkel beliebig klein.

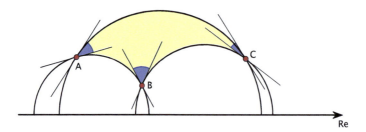

Abb. 9.9: Die Winkelsumme im Dreieck kann beliebig klein, aber niemals größer als π werden

Satz 65. *Die Winkelsumme im Dreieck ist kleiner als zwei Rechte.*

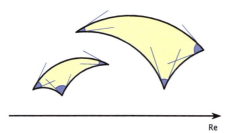

Abb. 9.10: Zwei kongruente Dreiecke

In der euklidischen Ebene setzen Aussagen über die Kongruenz von Dreiecken stets voraus, dass die Längenübereinstimmung bei mindestens einem Paar sich entsprechender Strecken bekannt ist. In der hyperbolischen Geometrie reicht bereits die Kenntnis von Winkelgrößen.

Satz 66 (Kongruenzsatz WWW). *Zwei Dreiecke sind kongruent, wenn sie in drei Winkeln übereinstimmen.*

Dass für euklidische Kongruenzsätze stets Längenangaben von Relevanz sind, hängt auch damit zusammen, dass es neben Kongruenzabbildungen noch Ähnlichkeitsabbildungen gibt. Diese lassen sich stets als Verkettung von Kongruenzabbildungen mit einer Streckung darstellen. Streckungen bilden dabei in der euklidischen Ebene jede Gerade in eine zu ihr parallele Gerade ab. In der hyperbolischen Ebene sind Streckungen jedoch nicht geradentreu.

Satz 67. *Das Bild einer h-Geraden g unter einer zentrischen Streckung σ ist keine h-Gerade. Ist g ein euklidischer Halbkreis mit den Grenzpunkten U und V, so ist $\sigma(g)$ ein euklidischer Kreisbogen durch U und V. Ist g eine euklidische Halbgerade mit dem Grenzpunkt U, so ist $\sigma(g)$ eine euklidische Halbgerade durch U, die jedoch nicht senkrecht auf die reelle Achse steht.*

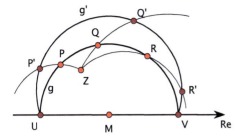

Abb. 9.11: Die Streckung am Zentrum Z mit Streckfaktor 2 ist nicht h-geradentreu

So wie man in der euklidischen Geometrie parallele Geraden durch Streckungen erhält, kann man sie dort auch als äquidistante Linien interpretieren. In der euklidischen Geometrie kann man zu einer Geraden g eine parallele Gerade erhalten, indem man in jedem Punkt der Geraden das Lot fällt und dort jeweils auf der selben Seite einen gleichen Abstand zum Lotfußpunkt abträgt. Dies funktioniert in der hyperbolischen Ebene nicht mehr.

Satz 68. *Es sei g eine h-Gerade in der Poincaréschen Halbebene mit den Grenzpunkten U und V. Dann ist die Menge aller Punkte gleichen Abstands von g ein euklidischer Kreisbogen durch U und V, und somit keine h-Gerade.*

Wenn äquidistante Linien zu einer h-Geraden selbst keine h-Geraden mehr sind, welche geometrische Form haben dann Kreise in der hyperbolischen Ebene, d. h. die Menge aller h-Punkte, die von einem gegebenen Mittelpunkt gleichen Abstand haben?

Satz 69. *Die Menge aller Punkte, die von einem Punkt M_h den gleichen Abstand besitzen, ist ein euklidischer Kreis, der senkrecht auf alle durch M_h verlaufenden h-Geraden steht. Sein euklidischer Mittelpunkt M_e liegt jedoch oberhalb von M_h.*

Hyperbolische Kreise sind also euklidische Kreise mit verschobenem Mittelpunkt.

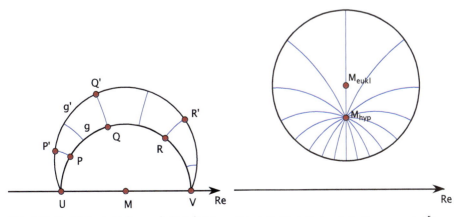

Abb. 9.12: äquidistante Linien zur h-Geraden g sind keine h-Geraden

Abb. 9.13: Ein h-Kreis mir Radius $r_{hyp} = \ln(\frac{5}{2})$

10 Komplexe Zahlen und dynamische Geometrie

Dynamische Geometrie-Software (kurz DGS) sind Programme, mit denen geometrische Konstruktionen wie mit Zirkel und Lineal am PC nachvollzogen werden können. Anders als bei üblichen Grafik-Programmen aus dem CAD-Bereich registriert und verarbeitet ein DGS geometrische Abhängigkeiten wie *liegt auf*, *verläuft durch*, *ist Schnitt von* etc. der erstellten Objekte. Dies ermöglicht die Realisierung eines sogenannten Zugmodus, bei dem freie Objekte interaktiv mit der Maus verschoben werden können, wobei die logischen Abhängigkeiten anderer Objekte erhalten bleiben und deren Lage dynamisch konsistent angepasst wird.

Dynamische Geometrie-Programme wurden seit Ende der 1980er Jahre zunächst hauptsächlich für den schulischen Einsatz entwickelt. Insbesondere der Zugmodus ermöglicht einen explorativen Zugang zur Geometrie über operatives Erarbeiten und Üben geometrischer Zusammenhänge und unterstützt so einen schülerorientierten Unterricht. Dafür ist es auch hilfreich, dass viele der seit den 1990er Jahren entwickelten DGS-Programme auf Java basieren und einen Export interaktiver Grafiken und Arbeitsblätter ermöglichen, die dann als Java-Applets bzw. mittels JavaScript in HTML-Dokumete eingebettet und so ohne viel Aufwand im Internet veröffentlicht werden können.

Moderne Geometrie-Systeme, die zum Teil auch für Anwendungen im universitären Umfeld entwickelt wurden, bieten einen Funktionsumfang, der weit über das klassische Konstruieren am PC hinaus reicht und können durchaus als interaktive Mathematik-Systeme bezeichnet werden. Ein solches Programm ist die Software *Cinderella.2* von Richter-Gebert und Kortenkamp (2012).

10.1 Die interaktive Geometriesoftware Cinderella.2

Cinderella.2 ist ein sehr umfangreiches Geometrie-Programm, das eine sehr ausgereifte mathematische Fundierung aufweist. Neben klassischer Konstruktionsmodi in der euklidischen Ebene ermöglicht es auch die Untersuchung nichteuklidischer (hyperbolischer und elliptischer) Geometrien. Es beherrscht den Umgang mit Transformationen und Transformationsgruppen. Eine Programmierumgebung mit einer eigenen mathematischen Programmiersprache CindyScript erlaubt auch anspruchsvolle Visualisierungen und die Implementation komplexer mathematischer Algorithmen ebenso wie – darauf basierend – die Manipulation der geometrischen Objekte im interaktiven Konstruktionsfenster. Cinderella.2 kann seit der Version 2.8 kostenfrei von http://cinderella.de/ heruntergeladen werden.

Nach dem Programmstart zeigt Cinderella ein Zeichenblatt mit einem dahinter liegenden zweidimensionalen kartesischen Koordinatensystem, auf dem analog zu einem Blatt Karopapier geometrische Konstruktionen aus Punkten, Geraden und Kreisen angefertigt werden können. Dabei lassen sich zunächst alle klassischen Konstruktionsschritte verwirklichen, die auch mit Zirkel und Lineal erlaubt sind. Es sind jedoch auch abkürzende Konstruktionsmakros (z.B. Mittelpunkte, Winkelhalbierende oder Dreiecks-Umkreise) vorhanden, um Konstruktionen schneller auszuführen. Für generelle Bedienungshinweise, insbesondere zum Gebrauch der Konstruktionswerkzeuge und der Zeichenfläche, verweisen wir auf das Handbuch der Software.

Das Verschieben eines freien Objektes im Zugmodus erhält die strukturellen Lagebeziehungen zwischen den geometrischen Objekten und passt die Konstruktion der neuen Position automatisch dynamisch an, sodass z.B. die konstruierte Mittelsenkrechte einer Strecke $\overline{AB}$ auch dann die Mittelsenkrechte bleibt, wenn einer der beiden Punkte A oder B verschoben wird. In der Programmierumgebung eingegebene Scripte, die auf der Position der geometrischen Objekte basieren oder diese beeinflussen, werden dabei synchron zur Dynamik erneut ausgeführt.

Obwohl man auf den ersten Blick in der Zeichenumgebung nur reelle kartesische Koordinaten sieht, arbeitet Cinderella intern jedoch mit komplexen homogenen Koordinaten. Dies hat u.a. den Vorteil, dass komplexere Konstruktionen auch dann bei dynamischer Veränderung der Konstruktion konsistent bleiben, wenn einzelne Teilkonstruktionsschritte in der reellen Ebene keine Lösung mehr liefern.

Verkleinert man z.B. in der Konstruktion der Mittelsenkrechten von $\overline{AB}$ in Abbildung 10.1 die Radien der Kreise um A und B simultan auf einen Wert kleiner des halben Abstands der Punkte, so haben die Kreise keinen Schnittpunkt mehr und die Mittelsenkrechte als Verbindungsgerade der beiden Schnittpunkte ist – klassisch be-

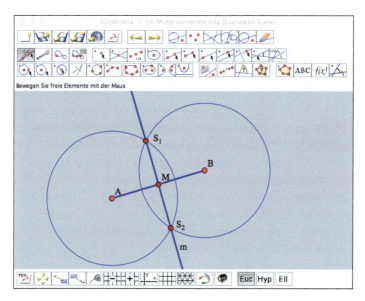

Abb. 10.1: Konstruktion einer Mittelsenkrechten über den Schnitt zweier Kreise mit gleichem Radius in der Geometrie-Software *Cinderella*.

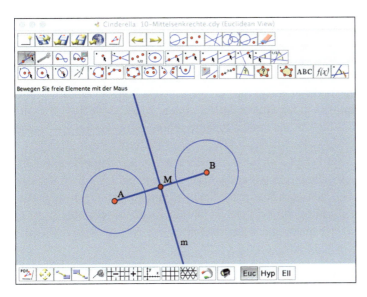

Abb. 10.2: Die Konstruktion der Mittelsenkrechten bleibt auch dann gültig, wenn sich die Kreise nicht schneiden.

trachtet – nicht mehr definiert. Da Cinderella jedoch intern mit komplexen homogenen Koordinaten rechnet, hat die algebraische Gleichung, die den Schnitt der beiden Kreise bestimmt, nach dem Hauptsatz der Algebra auch weiterhin zwei komplexe Lösungen, die zueinander komplex kunjugiert sind. Die Berechnung der Verbindungsgeraden in homogenen Koordinaten liefert dabei zwar einen komplexen Vorfaktor, der jedoch zur Bestimmung der Geraden in der Ebene keine Rolle spielt. Somit ergibt sich dennoch eine reelle Gerade, die genau der Mittelsenkrechten von $\overline{AB}$ entspricht (vgl. Abbildung 10.2).

Diese Verwendung komplexer Zahlen in Cinderella passiert im Hintergrund, im mathematischen Kern der Software, ohne dass der Benutzer direkt etwas davon mitbekommt und soll deshalb an dieser Stelle nicht genauer beschrieben werden. Eine ausführliche Behandlung des mathematischen Hintergrunds von Cinderella findet man in Richter-Gebert und Kortenkamp (2012) sowie in Kortenkamp (1999).

Die grundsätzliche Fähigkeit der Software mit komplexen Zahlen zu rechnen, können wir uns jedoch nutzbar machen, um mit komplexen Zahlen auch auf visuelle Art zu rechnen und Zusammenhänge zu untersuchen. Dazu verwenden wir die Programmierschnittstelle CindyScript, die eine Arithmetik mit komplexen Zahlen bereits implementiert hat.

Viele fertige, sehr ausführliche Beispiele dazu finden sich auf den Seiten des Projekts Mathe Vital von Jürgen Richter-Gebert unter

http://www-m10.ma.tum.de/bin/view/MatheVital/

in den Kursen zur Vorlesung Lineare Algebra I und zum Buch Indra's Pearls.

10.2 Die Programmierschnittstelle von Cinderella

Cinderella.2 enthält einen eingebauten Script-Editor, der durch Auswahl des Menüpunkts *Scripting → Scripte erstellen* geöffnet wird. Am linken Rand des Editors findet sich eine Liste verschiedener Ereignisse, die mit eigenen Scripten assoziiert werden können, und – später – allen zugehörigen Scripten. Zunächst wählen wir dort die *Kommandozeile* aus, die uns als direkte Eingabeaufforderung wie ein erweiterter Taschenrechner dient.

Der rechte Bereich des Fensters ist in zwei Teile unterteilt. Im oberen Bereich können wir Kommandos eingeben. Durch gleichzeitiges Drücken der Umschalt- und der Eingabe-Taste (oder anklicken des Knopfes mit den zwei Zahnrädern oben rechts) wird das Kommando ausgeführt und das Ergebnis im unteren Bereich angezeigt.

Als erste Rechnung geben wir in das Eingabefeld

```
(5+2*i)+(3-4*i);
```

ein. Im Ausgabebereich erscheint dann

```
out[1] =  8 - i*2
```

Wir können das Ergebnis einer Rechnung auch in einer Variablen speichern

```
z=(5+2*i)*(3-4*i);
```

```
out[2] =  23 - i*14
```

und anschließend damit weiter rechnen.

```
conjugate(z);
```

```
out[3] =  23 + i*14
```

Um den Betrag der komplexen Zahl z zu bestimmen kann der Befehl abs(z) oder die verkürzte Form |z| verwendet werden.

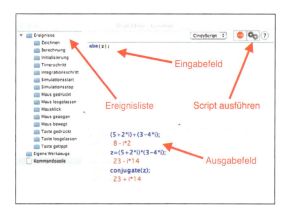

Abb. 10.3: Der Script-Editor von Cinderella.2

```
abs(z);
```
```
out[4]= 26.9258
```

Statt des auf vier Nachkommastellen gerundeten Wertes kann Cinderella auch versuchen eine exakte Form auszugeben:

```
guess(|z|);
```
```
out[5]= 5*sqrt(29)
```

Leider gibt es keine zum Betrag äquivalente Funktion, um das Argument, also den Winkel einer komplexen Zahl zu bestimmen. Jedoch beherrscht CindyScript die Logarithmusfunktion auch im Komplexen, womit wir den Winkel im Bogenmaß aus

```
log(z/|z|)/i;
```
```
out[6]= -0.5468
```

bestimmen können. Wollen wir den Winkel wiederholt für verschiedene Zahlen berechnen, so empfiehlt es sich, eine eigene Funktion zu definieren. Dabei rechnen wir den Winkel gleich noch ins Gradmaß um.

```
arg(#):=180°*(log(#/|#|)/i)/pi;
arg(z);
```
```
out[7]= -31.3°
```

Die Funktion arg( ) können wir nun auch auf beliebige andere komplexe Zahlen anwenden.

```
arg(1+i);
```
```
out[8]= 45°
```

Interaktion mit geometrischen Objekten

Der tatsächliche Mehrwert der Geometrie-Software Cinderella.2 gegenüber einem Numerik- oder Computer-Algebra-System liegt in der nahtlosen Anbindung der Programmierschnittstelle an die geometrische Konstruktionsebene. So können wir z.B. im Konstruktionsfenster zwei Punkte *A* und *B* zeichnen und diese als komplexe Zahlen interpretieren, um mit ihnen zu rechnen. Es empfiehlt sich, in der Zeichenfläche das Koordinatensystem und die Gitterlinien einzuschalten, um die Effekte der Skripte besser nachvollziehen zu können.

```
z=complex(A)+complex(B);
```
```
out[9]= 10.92 + i*7.32
```

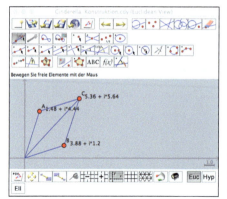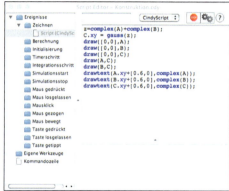

Abb. 10.4: Eine einfache interaktive Visualisierung der Addition komplexer Zahlen

Jedes geometrische Objekt in der Zeichenebene ist dabei automatisch in der Programmierumgebung über seinen Namen ansteuerbar. Setzen wir einen weiteren Punkt C in die Zeichenebene, so können wir ihn an die Position von z in der Gaußschen Zeichenebene positionieren:

```
C.xy = gauss(z);
```
out[10]= [10.92,7.32]

Mit C.xy werden dabei die kartesischen Koordinaten des Punktes angesprochen. Diese Zuweisung erfolgt jedoch nur einmalig. Verschieben wir A oder B, so bleibt C dennoch an seiner aktuellen Position. Für eine neue Zuweisung, muss der Befehl erneut eingegeben (oder mittels Umschalt- + ↑-Taste aus dem Befehlsspeicher entnommen werden).

Wollen wir den Punkt C dauerhaft als Summe der Punkte A und B festlegen, so muss diese Berechnung bei jeder Veränderung der Konstruktion erneut ausgeführt werden. Dazu dienen im Script-Editor von Cinderella die verschiedenen Event-Kategorien. Für uns von Bedeutung sind zunächst nur die Bereiche *Initialisierung* und *Zeichnen*. In der *Initialisierung* können z.B. Startwerte für bestimmte Variablen oder Objekte festgelegt werden, die für Konsistenz der Konstruktion bei jedem Öffnen der Datei bzw. einem Neustart nach Änderung eines Scripts sorgen. Auch dauerhafte Funktionsdefinitionen wie z.B. die arg(#)-Funktion können hier untergebracht werden. Wir wählen jedoch das Ereignis *Zeichnen* aus. Scripte in dieser Kategorie werden immer dann ausgeführt, wenn das Konstruktionsfenster neu gezeichnet wird, also z.B. immer dann, wenn sich ein Punkt in der Ebene bewegt. Wir geben

```
z=complex(A)+complex(B);
C.xy = gauss(z);
```

ein und führen das Script mit dem Zahnrad-Knopf (oder Umschalt- + Eingabe-Taste) aus. Von nun an bleibt C stets an der Position der Summe von A und B, auch wenn diese verschoben werden. Eine schönere Visualisierung der komplexen Addition erhalten wir, wenn wir die Punkte noch zusätzlich zu einem Parallelogramm verbinden. Außerdem sollen etwas rechts der Punkte jeweils die zugehörige komplexe Zahl ausgegeben werden. Dazu ergänzen wir das Script um folgende Zeilen:

```
draw([0,0],A);
draw([0,0],B);
draw([0,0],C);
draw(A,C);
draw(B,C);
drawtext(A.xy+[0.6,0],complex(A));
drawtext(B.xy+[0.6,0],complex(B));
drawtext(C.xy+[0.6,0],complex(C));
```

Übungsaufgabe: Erweitern Sie das Script, sodass die komplexen Zahlen zusätzlich in Polarkoordinaten ausgegeben werden.

10.3 Fraktale

Mit Cinderella lassen sich auf unterschiedliche Arten Fraktale erzeugen. Zwei Methoden, um die Fraktale aus Kapitel 1.12 zu erzeugen, sollen hier gezeigt werden.

Iterierte Funktionensysteme

Iterierte Funktionensysteme (kurz: IFS) basieren auf dem Prinzip der Selbstähnlichkeit eines Fraktals wie der Kochkurve oder des Sierpinski-Dreiecks. Diese Selbstähnlichkeit bedeutet, dass das Fraktal in mehrere Teile zerlegbar ist, sodass jedes Teil ähnlich zu dem Fraktal als Ganzes ist. Jedes Teil-Fraktal bestimmt also eine Ähnlichkeitsabbildung, die das Fraktal auf dieses Teil-Fraktal abbildet.

Ein iteratives Vorgehen führt dann zu einer Approximation des gewünschten Fraktals. Dazu wählt man einen beliebigen Punkt P_0 der Ebene. Nun wählt man zufällig und gleichverteilt eine der zuvor bestimmten Ähnlichkeitsabbildungen α_1 des Fraktals und bildet P_0 damit ab: $P_1 = \alpha_1(P_0)$. Dieses Verfahren wiederholt man beliebig oft und erhält so eine zufällige rekursive Folge $P_{n+1} = \alpha_{n+1}(P_n)$. Die Menge $\{P_i\}$ ist dann eine Approximation des Fraktals.

Wir wollen mit dieser Idee die Koch-Kurve in Cinderella erzeugen. Dazu konstruieren wir zunächst aus einer beliebigen Strecke den Generator, indem wir die Strecke dritteln und über dem mittleren Drittel ein gleichseitiges Dreieck errichten (Abbildung 10.5 (a)). Nun blenden wir alle nicht benötigten Objekte aus mit Ausnahme des Streckenzugs $\overline{ABCDE}$.

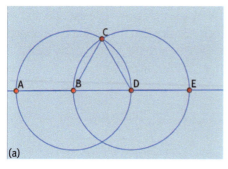
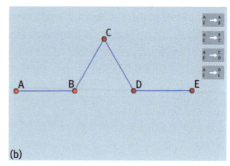
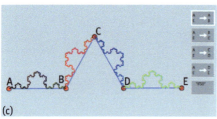

Abb. 10.5: Erzeugung der Kochkurve mittels eines iterierten Funktionensystems. (a) Der Generator wird konstruiert. (b) Die Ähnlichkeitsabbildungen werden definiert. (c) Das IFS liefert die Kochkurve.

Als nächstes werden die vier Ähnlichkeitsabbildungen definiert, die die Strecke $\overline{AE}$ jeweils auf die Strecken $\overline{AB}$, $\overline{BC}$, $\overline{CD}$ bzw. $\overline{DE}$ abbilden. Wir definieren eine Ähnlichkeitsabbildung, indem wir den Menüpunkt Modi → Transformation → Ähnlichkeit auswählen und nacheinander abwechselnd mit der Maus zwei Urbild- und Bild-Punkte anklicken.

Um z.B. die Ähnlichkeitsabbildung $\overline{AE} \longrightarrow \overline{AB}$, die den Punkt A auf sich selbst und den Punkt E auf B abbildet, zu erzeugen, klicken wir auf A, A, E und B. Dies wiederholen wir für die anderen drei Ähnlichkeitsabbildungen $\overline{AE} \longrightarrow \overline{BC}$, $\overline{AE} \longrightarrow \overline{CD}$ und $\overline{AE} \longrightarrow \overline{DE}$. Es entstehen am rechten Bildrand vier Schaltflächen zur Repräsentation der Abbildungen (Abbildung 10.5 (b)).

Das IFS wird nun erzeugt, indem wir im Zugmodus bei gedrückter Umschalttaste alle vier Ähnlichkeits-Schaltflächen markieren und den Menüpunkt Modi → Spezial → IFS wählen. Es baut sich die Koch-Kurve iterativ auf (Abbildung 10.5 (c)).

Auf analoge Weise lässt sich auch das Sierpinski-Dreieck erzeugen.

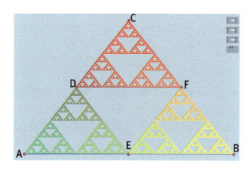

Abb. 10.6: Das Sierpinski-Dreieck mittels IFS

Das Apfelmännchen und Julia-Mengen

Um die Mandelbrotmenge zu zeichnen, legen wir zunächst durch die Angabe zweier Punkte A und B zwei Ecken eines rechteckigen Bildausschnitts fest. A sollte dabei zunächst bei [−2.25, 1, 25] und B bei [1, −1.25] liegen. Nun definieren wir die Funktion mandelbrot(c), die zu einer komplexen Zahl c einen Farbwert im RGB-Farbmodell liefert. Dazu wird die Iteration $z_{n+1} = z_n^2 + c$ höchstens 100-mal ausgeführt. Bleibt dabei $z_n < 2$, wird die Farbe Schwarz, ansonsten eine andere Farbe in Abhängigkeit der Anzahl der Schritte bis zum Überschreiten von 2 ausgegeben. Mittels eines colorplots wird diese Iteration für jeden Bildschirmpunkt im gewählten Ausschnitt durchgeführt und der entsprechende Farbpixel gezeichnet.

```
mandelbrot(c):={
  n=1;
  z=c;
  betrag = |z|;
  while(n<100 & betrag <2,
    n=n+1;
    z=z*z+c;
    betrag= |z|;
  );
  if(betrag <2,[0,0,0],hue(n/100));
};
```

```
colorplot(mandelbrot(complex(#)),[A.x,A.y],[B.x,B.y],
          startres ->16,pxlres ->1);
```

Durch Veränderung von A und B können Bildausschnitte gewählt werden. Experimentieren Sie auch mit der Zoom-Funktion von Cinderella.

Übungsaufgabe: Setzen Sie einen weiteren Punkt J in die Zeichnung und ändern Sie die Iteration so ab, dass die Juliamenge zur additiven Konstanten complex(J) gezeichnet wird. Bewegen Sie J und beobachten Sie, wie sich die Juliamenge verändert.

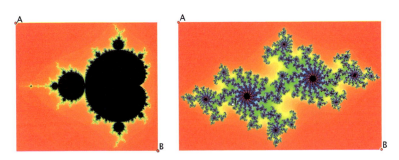

Abb. 10.7: Die Mandelbrotmenge und eine Juliamenge als colorplot

10.4 Ganze lineare Funktionen

Wir können auch das Verhalten komplexer Funktionen untersuchen. Dazu zeichnen wir Punkte A und B, die komplexe Parameterwerte a und b der Funktion festlegen sollen. Mit diesen Werten definieren wir z.B. eine ganze lineare Funktion $f(z) := a \cdot z + b$. Diese Funktion wenden wir wiederholt auf die komplexen Zahlen u und v an, die durch zwei weitere Punkte C und D bestimmt werden. Das Ergebnis kann durch die Darstellung einer Grafik zwischen den Punkten u_i und v_i mittels drawimage verschönert werden.

```
a=complex(A);
b=complex(B);
u=complex(C);
v=complex(D);

f(z):=a*z+b;

drawimage(C,D,"junebug3.png");

iter=50;
alpha=1;
dim=0.96;

repeat(iter,
  u=f(u);
  v=f(v);
  drawimage(gauss(u),gauss(v),"junebug3.png",alpha->alpha);
  alpha=alpha*dim;
);
```

Durch eine Lageveränderung der Parameter a und b sowie der Startwerte u und v im Zugmodus erhalten wir eine interaktive Experimentierumgebung, um das Konvergenzverhalten der Folgen u_i und v_i zu untersuchen und somit Fixpunkte der Funktion $f(z)$ grafisch zu bestimmen.

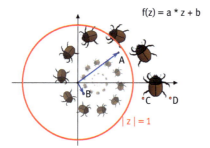

Abb. 10.8: Iteriertes Anwenden einer linearen Funktion $f(z) = a \cdot z + b$

Weitere Anregungen zur Programmierung mit CindyScript finden sich im Cinderella-Benutzerhandbuch (Richter-Gebert & Kortenkamp, 2012) sowie in den Beispielen auf der Internetseite zu diesem Buch. Alle Cinderella-Dateien, die Sie dort finden, sind quelloffen und stehen unter einer Creative Commons-Lizenz. Sie können diese beliebig bearbeiten und zu nicht-kommerziellen Zwecken weiterverwenden.

11 Komplexe Zahlen und Konforme Abbildungen mit MAPLE

Rechnen mit Komplexen Zahlen in Maple

Mit den Funktionen Re und Im wird der Real- bzw. Imaginärteil eines komplexen Ausdrucks ermittelt. Man beachte, dass diese Funktionen im Gegensatz zu den meisten anderen Maple-Funktionen mit großen Anfangsbuchstaben geschrieben werden. Ebenso wird die imaginäre Einheit mit dem Großbuchstaben I notiert.

> z:=1+3*I;
$$z := 1 + 3I$$

> Re(z), Im(z);
$$1, 3$$

abs berechnet den Betrag einer komplexen Zahl, argument den Winkel zur positiven reellen Achse. conjugate gibt die konjugiert komplexe Zahl zurück.

> abs(z), argument(z);
$$\sqrt{10}, \arctan(3)$$

> conjugate(z);
$$1 - 3I$$

Maple gibt komplexe Zahlen in der Regel in der Form $a + bI$ aus. Man kann mit convert(z, polar) eine Schreibweise in der Form polar(r,phi) erzwingen. Ebenso kann man die Funktion polar einsetzen, wenn man selbst komplexe Zahlen in der polaren Form eingeben will.

> convert(z,polar);
$$\text{polar}(\sqrt{10}, \arctan(3))$$

> z1:=polar(1,Pi/3);
$$z1 := \text{polar}(1, \tfrac{1}{3}\pi)$$

> abs(z1);
$$1$$

Komplexe Zahlen werden normalerweise in einer komplexen Variablen gespeichert. Wenn die Komponenten in zwei reellen Variablen eingegeben werden und damit gearbeitet werden soll, ist für die meisten Fälle das Kommando evalc erforderlich. Durch evalc werden Ausdrücke unter der Annahme weiterverarbeitet, dass alle auftretenden Variablen reell sind. Maple kann dann diverse Vereinfachungen durchführen, die sonst nicht möglich wären.

> evalc(Re((a+I*b)^3));
$$a^3 - 3ab^2$$

```
> evalc(polar(a,b));
```
$$a\cos(b) + I\,a\sin(b)$$

```
> evalc(Re(sqrt(a+I*b)));
```
$$\tfrac{1}{2}\sqrt{2\sqrt{a^2+b^2}+2a}$$

```
> evalc(I^I);
```
$$e^{(-1/2\,\pi)}$$

Die Ergebnisse oben gelten nur unter der Annahme, dass a und b reelle Zahlen sind! Wenn man für a eine beliebige komplexe Zahl mit einem Imaginärteil ungleich 0 einsetzen würde, wären die Ergebnisse falsch! Aus diesem Grund führt Maple Vereinfachungen dieser Art normalerweise nicht aus und muss explizit mit evalc dazu aufgefordert werden.

evalc ist auch in der Lage, komplexe Exponenten in Sinus- und Cosinusterme umzuwandeln:

```
> f:=(3-I)*exp((3-I)*t)+(3+I)*exp((3+I)*t);
```
$$f := (3-I)\,e^{((3-I)\,t)} + (3+I)\,e^{((3+I)\,t)}$$

```
> evalc(f);
```
$$6\,e^{(3\,t)}\cos(t) - 2\,e^{(3\,t)}\sin(t)$$

Gleichungen lösen mit Maple

Gleichungen bis dritten Grades werden algebraisch gelöst durch den Befehl solve. Bei Gleichungen 4. Grades muss noch der Befehl _EnvExplicit:=TRUE gesetzt werden. Gleichungen 5. und höheren Grades können nicht mehr allgemein durch Lösungsformeln algebraisch gelöst werden. Der Befehl fsolve liefert jedoch auch dann eine numerische Näherung.

```
> solve(z^2-6*z+12=0);
```
$$3 + I\sqrt{3},\ 3 - I\sqrt{3}$$

```
> solve(z^3-6*z+20=0);
```
$$-\%2 - 2\,\%1,\ \tfrac{1}{2}\%2 + \%1 + \tfrac{1}{2}I\sqrt{3}(-\%2 + 2\,\%1),\ \tfrac{1}{2}\%2 + \%1 - \tfrac{1}{2}I\sqrt{3}(-\%2 + 2\,\%1)$$
$$\%1 := \frac{1}{(10+2\sqrt{23})^{(1/3)}}$$
$$\%2 := (10+2\sqrt{23})^{(1/3)}$$

```
> _EnvExplicit:=true;
```
$$\_EnvExplicit := true$$

> `solve(x^4-x=1);`

$$\frac{1}{12}\sqrt{6}\,\%2 + \frac{1}{12}\sqrt{\frac{-6\,\%2\,\%1^{(2/3)} + 288\,\%2 + 72\sqrt{6}\,\%1^{(1/3)}}{\%1^{(1/3)}\sqrt{\frac{\%1^{(2/3)}-48}{\%1^{(1/3)}}}}},$$

$$\frac{1}{12}\sqrt{6}\,\%2 - \frac{1}{12}\sqrt{\frac{-6\,\%2\,\%1^{(2/3)} + 288\,\%2 + 72\sqrt{6}\,\%1^{(1/3)}}{\%1^{(1/3)}\sqrt{\frac{\%1^{(2/3)}-48}{\%1^{(1/3)}}}}},$$

$$-\frac{1}{12}\sqrt{6}\,\%2 + \frac{1}{12}I\sqrt{\frac{6\,\%2\,\%1^{(2/3)} - 288\,\%2 + 72\sqrt{6}\,\%1^{(1/3)}}{\%1^{(1/3)}\sqrt{\frac{\%1^{(2/3)}-48}{\%1^{(1/3)}}}}},$$

$$-\frac{1}{12}\sqrt{6}\,\%2 - \frac{1}{12}I\sqrt{\frac{6\,\%2\,\%1^{(2/3)} - 288\,\%2 + 72\sqrt{6}\,\%1^{(1/3)}}{\%1^{(1/3)}\sqrt{\frac{\%1^{(2/3)}-48}{\%1^{(1/3)}}}}}$$

$$\%1 := 108 + 12\sqrt{849}$$

$$\%2 := \sqrt{\frac{\%1^{(2/3)} - 48}{\%1^{(1/3)}}}$$

> `fsolve(z^3-6*z+20=0,z,complex);`

$-3.437707241, 1.718853620 - 1.692150497\,I, 1.718853620 + 1.692150497\,I$

Mandelbrotmenge und Juliamenge

Wie lassen sich auf komplexen Zahlen basierende Fraktale am Computer darstellen? Wie in Abschnitt 1.12 dargestellt, ist die Mandelbrotmenge definiert als Menge aller komplexen Zahlen c, für die die Folge $z_{n+1} = z_n^2 + c$, $z_0 = 0$ für $n \to \infty$ beschränkt bleibt. Da kein Computer das Verhalten im Unendlichen errechnen kann, müssen wir uns mit einer endlichen Näherung begnügen. Die Mandelbrotmenge erscheint auf dem Bildschirm als „Apfelmännchen", wenn man für jeden (als Pixel sichtbaren) Punkt eines Gitters c der Gaußschen Zahlenebene die Folge z_n iteriert und einen Pixel setzt, wenn sie nicht divergiert. Jedoch erfordern feinere Gitter erheblich längere Rechenzeiten. Ein visuell besseres Ergebnis erhält man, wenn gezählt wird, nach wie vielen Iterationen der Betrag größer als 2 wurde und dieser Wert in Grau- oder Farbabstufungen übersetzt wird. Hier erhält man differenziertere Darstellungen wenn man die Zahl der Iterationen über $n = 30$ hinaus noch erhöht. Allerdings geht auch das erheblich auf Kosten der Rechenkapazität.

```
> restart: with(plots):
> mandelbrot:=proc(x, y)
> local z, c, m;
> c:=evalf(x+y*I);
> z:=evalf(x+y*I);
> for m from 0 to 30 while abs(z)<2 do
> z:=z^2+c
> od;
> m;
> end:
```

Die Abbildung 1.36 wurde erzeugt mit folgendem Befehl:
```
> implicitplot(mandelbrot=31, -2 ... 0.7, -1.2 ... 1.2,
grid=[300,300], color=black,scaling=constrained);
```

Eine farbige Darstellung erlaubt die Zahl der Iterationen darzustellen, nach denen z_n betragsmäßig auf mindestens 2 gewachsen ist bzw. unterhalb dieser Schranke bleibt.
```
> plot3d(1, -2 .. 0.7, -1.2 .. 1.2, orientation=[-90,0],
> grid=[300, 300], style=patchnogrid,scaling=constrained,
> color=mandelbrot);
```

Die Julia-Menge – hier zu $c = 0,3 + 0,55i$ – lässt sich durch folgende Prozedur erzeugen
```
> julia:=proc(x, y)
> local z, c, m;
> c:=.3+.55*I;
> z:=evalf(x+y*I);
> for m from 0 to 30 while abs(z)<2 do
> z:=z^2+c
> od;
> m;
> end:
> plot3d(1, -1 .. 1, -1.2 .. 1.2, orientation=[-90,0],
    grid=[100, 100], style=patchnogrid,scaling=constrained, color=julia);
```

Visualisierung komplexer Funktionen

Das Problem beim Zeichnen komplexer Funktionen besteht darin, dass möglichst vier Variable (Real- und Imaginärteil der unabhängigen und der abhängigen Variable bzw. Betrag und Argument dieser Variablen) in einer einzigen Graphik abgebildet werden sollen. Eine „normale" dreidimensionale Grafik stellt dagegen nur drei Variable dar, z. B. die Beträge $|f(z)| = |f(x, y)|$ – Werte einer Funktion aufgetragen über den x- und y-Koordinaten.

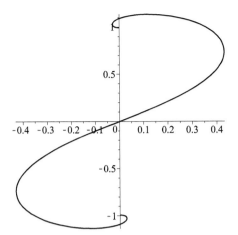

Abb. 11.1: Graph der komplexen Tangensfunktion $w = tan(z), z = t(1 + i), -\pi \leq t \leq \pi$

Zweidimensionale Abbildung komplexer Funktionen

complexplot stellt einparametrige Funktionen zweidimensional dar. Abbildung 11.1 zeigt den Verlauf der tan-Funktion, wenn komplexe Zahlen zwischen $-\pi-\pi I$ und $\pi+\pi I$ entlang der Geraden $x \rightarrow x(1+i)$ eingesetzt werden. Zunächst muss allerdings mit dem Befehl with(plots) das plot-Paket aufgerufen werden

```
>   with(plots):complexplot(tan(x*(1+I)),x=-Pi..Pi);
```

Will man das Bild des Kreises mit Mittelpunkt $2 + 2i$ und Radius 3 unter der Möbiustransformation $f(z) = (z + i)/(z - i)$ bestimmen, so kann man wie folgt vorgehen:

```
>   f:=z->(z+I)/(z-I);
```

$$f := z \rightarrow \frac{z+I}{z-I}$$

```
>   complexplot(f(2+2*I + 3*(cos(t)+I*sin(t))),t=0..2*Pi,
        scaling=constrained);
```

Das Bild eines Kreises durch den Punkt (1|0) mit Mittelpunkt $M(a|b)$ unter der Jukowski-Funktion $f(z) = z + \frac{1}{z}$ erhält man wie folgt:

```
>   with(plots):
>   m:=0.5;
```

$$m := 0.5$$

```
>   r:=.7;
```

$$r := 0.7$$

```
>   j:=z->.5*(z+1/z);
```

$$z \mapsto 0.5\,z + 0.5\,z^{-1} := z \mapsto 0.5\,z + 0.5\,z^{-1}$$

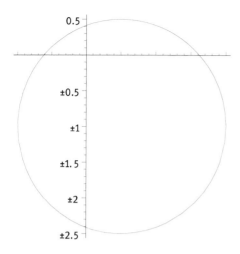

Abb. 11.2: Bild des Kreises um 0 mit Radius $r = 3$ unter einer Möbiustransformation

```
> jk:=complexplot(j(a+b*I+sqrt((a-1)^2+b^2)*(cos(phi)+I*sin(phi))),
    phi=0..2*Pi,scaling=constrained):
> display(ki,jk);
```

Interessant ist es auch, das Bild von anderen krummliniegen Kurven unter $z \to 1/z$ zu betrachten. So ist z. B. das Bild einer Hyperbel eine Lemniskate (siehe Abbildung 7.7).

$f := z \to 1/z$
$complexplot(f(t + I/t), t = -100...100)$

complexplot eignet sich auch dazu, einige komplexe Punkte rasch zu zeichnen. Dazu muss lediglich die Option style=point verwendet werden.

```
> solve(w^12=1);
```

$1, -1, I, -I, \frac{1}{2}\sqrt{2+2I\sqrt{3}}, -\frac{1}{2}\sqrt{2+2I\sqrt{3}}, \frac{1}{2}\sqrt{2-2I\sqrt{3}}, -\frac{1}{2}\sqrt{2-2I\sqrt{3}},$
$\frac{1}{2} - \frac{1}{2}I\sqrt{3}, \frac{1}{2} + \frac{1}{2}I\sqrt{3}, -\frac{1}{2} + \frac{1}{2}I\sqrt{3}, -\frac{1}{2} - \frac{1}{2}I\sqrt{3}$

```
> complexplot([%],style=point,axes=boxed);
```

Als Resultat erhält man die Punkte eines regelmäßigen 12-Ecks auf dem Einheitskreis (siehe Abbildung 11.3).

Zum Fundamentalsatz der Algebra

Mit Hilfe von Abbildungen der komplexen Ebene auf sich selbst lässt sich der Beweis des Fundamentalsatzes der Algebra (siehe Kapitel 4) illustrieren. Dazu dient ein ani-

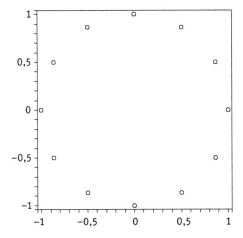

Abb. 11.3: Regelmäßiges Zwölfeck

miertes MAPLE-Programm. Es muss zunächst ein konkretes Polynom $w = g(z)$ über $\mathbb{C}$ gewählt werden. Dieses Polynom steht exemplarisch für jedes andere Polynom mit Koeffizienten in $\mathbb{C}$, d. h. die folgende Argumentation – durchgeführt an diesem konkreten Polynom – kann genauso an anderen Polynomen durchgeführt werden.

Es wird der (einfach durchlaufene) Kreis k um O mit Radius r abgebildet auf die Kurve $g(k)$, wobei $g(z) = \sum_{m=0}^{n} a_m x^m$ ein Polynom ist.

Fall (a) Für sehr kleine r ist das Bild ein kleiner, einfach durchlaufener Kreis um a_0 mit Radius $a_1 r$.

Fall (b) Für sehr große r ist das Bild der n-fach durchlaufene Kreis um O mit Radius $a_n r^n$.

Wenn r von 0 gegen ∞ geht, so verformt sich die Kurve vom Fall (a) zum Fall (b) und überquert damit genau n-mal den Nullpunkt, was dann jeweils von Nullstellen von $g(z)$ herrührt. Eine Umsetzung in Maple sieht wie folgt aus:

```
> restart; with(plots):
```

Definition des Kreises k:

```
> r:=0.3;
> k:=plot([Re(r*(cos(t)+I*sin(t))),Im(r*(cos(t)+I*sin(t))),
    t=0..2*Pi],scaling=constrained,color=blue):
```

Definition des Polynoms g(z):

```
> g:=x->x^3+(2+I)*x^2+I*x+2+1.5*I;
```

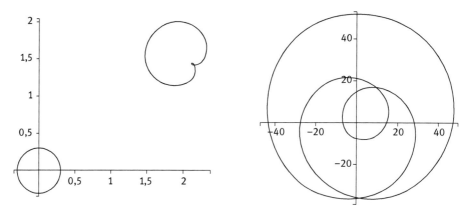

Abb. 11.4: Kreis um Ursprung mit Radius $r = 0{,}3$ als Urbild und Bild unter $w = f(z)$ (links); Bild des Kreises mit Radius $r = 3$ unter $w = f(z)$: Der Ursprung ist dreifach umschlungen (rechts).

Berechnung des Kreisbildes $g(k)$:

```
> g(k):=plot([Re(g(r*(cos(t)+I*sin(t)))),Im(g(r*(cos(t)+I*sin(t)))),
> t=0..2*Pi],scaling=constrained,color=red):
> display(k,g(k));
```

$$r := 0.3$$
$$g := x \to x^3 + (2+I)x^2 + Ix + 2 + 1.5\,I$$

```
> r:='r'; # die Variable r wird für die Animation wieder frei
> gegeben
```

$$r := r$$

Der folgende MAPLE-Befehl führt zu einer Animation bei wachsendem Kreisradius r, d. h. man sieht $f(k(r))$ für wachsenden Kreisradius r. Wichtig ist dabei die Feststellung, dass irgendwann der Nullpunkt der w-Ebene überstrichen wird.

```
> animate([Re(g(r*cos(t)+I*r*sin(t))),Im(g(r*cos(t)+I*r*sin(t))),
    t=0..2*Pi],r=0..5,scaling=constrained,frames=20,numpoints=100,
    color=blue);
```

Dreidimensionale Abbildung komplexer Funktionen

complexplot3d stellt standardmäßig den Betrag einer zweiparametrigen Funktion dar und verwendet den Phasenwinkel zur Kolorierung. Abbildung 11.5 zeigt den Betrag der komplexen Sinusfunktion $w = |\sin(z)|$ für Werte von z mit $-\pi \leq$ Realteil$(z) \leq \pi$, $-1 \leq$ Imaginärteil$(z) \leq 1$. Durch die Einstellung der orientation-Option wurde die Grafik so gedreht, dass der Realteil von links nach rechts, der Imaginärteil von vorne nach hinten geht.

```
> complexplot3d(sin(z),z=-I*Pi-Pi..Pi+I*Pi,orientation=[-70,20],
    axes=boxed,style=patch,grid=[40,40]);
```

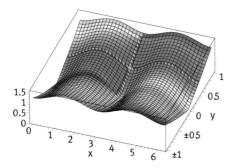

Abb. 11.5: Graph der komplexen Sinusfunktion

Konforme Abbildungen

Das Kommando conformal berechnet für einen Bereich der komplexen Zahlenebene die Resultate der komplexen Funktion und zeichnet das entstehende, verzerrte Gitter. An das Kommando wird im ersten Argument die darzustellende Funktion und im zweiten Argument ein rechteckiger komplexer Bereich übergeben. Maple überzieht den komplexen Bereich mit einem Raster, berechnet die Funktionswerte an den Rasterpunkten und verbindet die resultierenden komplexen Koordinatenpunkte. Abbildung 6.5 auf Seite 123 zeigt das Bild von Parallelen zu den beiden Achsen unter $f(z) = z^2$, Abbildung 11.6 stellt das Bild der Parallelen der beiden Achsen unter der Inversion $f(z) = 1/z$ dar. Man erhält diese graphischen Darstellungen mit folgenden Kommandos von MAPLE:

```
> conformal(z^2,z=-3-3*I..3+3*I,axes=boxed, scaling=constrained);
> display(conformal(1/z,z=-1-I..2+I,-4-3*I..4+3*I,grid=[50,50],
        axes=boxed),view=[-4..4,-3..3]);
```

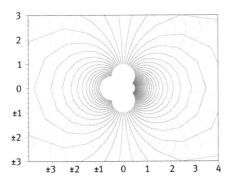

Abb. 11.6: Bild der Parallelen zu den beiden Achsen unter der Inversion

Lösungen zu den Aufgaben

Kapitel 1

1.2 (a)
$$[(a,b) \odot (c,d)] \odot (e,f) = (ac - bd, ad + bc) \odot (e,f)$$
$$= [(ac - bd)e - (ad + bc)f, (ac - bd)f + (ad + bc)e]$$
$$= (ace - bde - adf - bcf, acf - bdf + ade + bce)$$

während

$$(a,b) \odot [(c,d) \odot (e,f)] = (a,b) \odot (ce - df, cf + de)$$
$$= [a(ce - df) - b(cf + de), a(cf + de) + b(ce - df)]$$
$$= ace - adf - bcf - bde, acf + ade + bce - bdf,$$

d. h. wir erhalten beide Male dasselbe Resultat.

(b)
$$(a,b) \odot [(c,d) \oplus (e,f)] = (a,b) \odot (c + e, d + f)$$
$$= (a(c + e) - b(d + f), a(d + f) + b(c + e))$$
$$= (ac + ae - bd - bf, ad + af + bc + be)$$

während

$$(a,b) \odot (c,d) \oplus (a,b) \odot (e,f) = (ac - db, ad + bc) \oplus (ae - bf, af + be)$$
$$= (ac + ae - bd - bf, ad + af + bc + be)$$

(c) Die Multiplikation $(a,b) \otimes (c,d) = (a \cdot c, b \cdot d)$ hat Nullteiler, d. h. es ist möglich, 0 als Produkt zweier Zahlen $\neq 0$ zu erhalten!
Beispiel: $(1,0) \otimes (0,1) = (0,0)$.

1.3 Ein Automorphismus ist ein Isomorphismus einer Menge auf sich selbst. k bildet offensichtlich $\mathbb{C}$ auf $\mathbb{C}$ ab.
- k ist injektiv: Sei $k(z_1) = k(z_2)$. Dann ist $\overline{z_1} = \overline{z_2}$. Nochmaliges komplex konjugieren führt zu $z_1 = z_2$.
- k ist surjektiv: Gegeben eine beliebige komplexe Zahl z. Dann gilt $k(\overline{z}) = z$.
- $k(z_1 + z_2) = \overline{z_1 + z_2} = \overline{z_1} + \overline{z_2}$.
- $k(z_1 \cdot z_2) = \overline{z_1 \cdot z_2} = \overline{z_1} \cdot \overline{z_2}$.

1.4 (a) $3z_1 - 4z_2 = -6 + 11i$.
(b) $z_1^3 - 3z_1^2 + 4z_1 - 8 = -7 + 3i$.
(c) $(\overline{z_3})^4 = -\frac{1}{2} - \frac{1}{2}\sqrt{3}i = \overline{z_3}$.

1.5 (a) $\frac{3-2i}{-1+i} = -\frac{5+i}{2}$

(b) $\frac{5+5i}{3-4i} = \frac{-1+7i}{5}$

(c) $\frac{3i^{30}-i^{19}}{2i-1} = 1+i$

(d) $i^n = \begin{cases} i & \text{falls Rest}(n,4) = 1 \\ -1 & \text{falls Rest}(n,4) = 2 \\ -i & \text{falls Rest}(n,4) = 3 \\ 1 & \text{falls Rest}(n,4) = 0 \end{cases}$

(e) $(-i)^n = \begin{cases} -i & \text{falls Rest}(n,4) = 1 \\ -1 & \text{falls Rest}(n,4) = 2 \\ i & \text{falls Rest}(n,4) = 3 \\ 1 & \text{falls Rest}(n,4) = 0 \end{cases}$

(f) $(1+i)^n = \begin{cases} 2^k \cdot i^k & \text{falls } n = 2k \\ 2^k \cdot i^k (1+i) & \text{falls } n = 2k+1 \end{cases}$

(g) $\left[\frac{\sqrt{2}}{2}(1+i)\right]^n = \begin{cases} \frac{\sqrt{2}}{2}(1+i) & \text{falls Rest}(n,8) = 1 \\ i & \text{falls Rest}(n,8) = 2 \\ \frac{\sqrt{2}}{2}(-1+i) & \text{falls Rest}(n,8) = 3 \\ -1 & \text{falls Rest}(n,8) = 4 \\ \frac{\sqrt{2}}{2}(-1-i) & \text{falls Rest}(n,8) = 5 \\ -i & \text{falls Rest}(n,8) = 6 \\ \frac{\sqrt{2}}{2}(1-i) & \text{falls Rest}(n,8) = 7 \\ 1 & \text{falls Rest}(n,8) = 0 \end{cases}$

(h) 1

1.6 (a) $a + bi = a - bi \Leftrightarrow b = 0$

(b) $a + bi = -(a - bi) \Leftrightarrow a = 0$

(c) $z\bar{z} = a^2 + b^2 = 0 \Leftrightarrow a = b = 0$

1.7 Die rein imaginären Zahlen sind nicht abgeschlossen bezüglich der Multiplikation.

1.9 Ausrechnen führt zu der Antwort: 1.

1.10 Es gilt $|z| = \sqrt{x^2 + y^2} = \sqrt{z \cdot \bar{z}}$, wobei wir von $z = x + yi$ ausgehen. Damit ergibt sich

(a) $\begin{aligned} |z_1 \cdot z_2| &= \sqrt{z_1 \cdot z_2 \cdot \overline{z_1 \cdot z_2}} = \sqrt{z_1 \cdot z_2 \cdot \overline{z_1} \cdot \overline{z_2}} \\ &= \sqrt{z_1 \cdot \overline{z_1}} \cdot \sqrt{z_2 \cdot \overline{z_2}} = |z_1| \cdot |z_2| \end{aligned}$

(b) $\left|\frac{z_1}{z_2}\right| = \sqrt{\frac{z_1}{z_2} \cdot \overline{\left(\frac{z_1}{z_2}\right)}} = \sqrt{\frac{z_1 \cdot \overline{z_1}}{z_2 \cdot \overline{z_2}}} = \frac{|z_1|}{|z_2|}$

(c) folgt direkt aus Satz 1.4

1.11 $|z| = 1 \Leftrightarrow z \cdot \bar{z} = 1 \Leftrightarrow \bar{z} = \frac{1}{z}$

1.12 Kreis um Ursprung mit Radius 2.

1.13 Die Punkte, die im Inneren des Kreises um den Ursprung mit Radius 2 liegen und zugleich außerhalb des Kreises um 1/2 mit Radius 1/2.

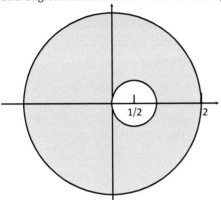

1.14 Mit Ansatz $z = x + yi$ folgt

(a)
$$|x + (y+1)i| = |x + (y-1)i|$$
$$x^2 + (y+1)^2 = x^2 + (y-1)^2$$
$$\Leftrightarrow \quad y = 0$$

(b)
$$|z+3| = |z-3|$$
$$(z+3)(\bar{z}+3) = (z-3)(\bar{z}-3)$$
$$3(z+\bar{z}) = -3(z+\bar{z})$$
$$z + \bar{z} = \text{Re}(z) = 0$$
$$z = iy$$

1.15 Nachrechnen ergibt: Das Innere des Kreise um $(-\frac{5}{3}|0)$ mit Radius $4/3$.

1.16 Die vorgegebene Gleichung ist äquivalent zu

$$z\bar{z} - \bar{m}z - m\bar{z} + m\bar{m} = m\bar{m} - \gamma,$$

was wiederum äquivalent ist zu

$$|z - m| = \sqrt{m\bar{m} - \gamma},$$

was wiederum einen Kreis um m mit dem Radius $\sqrt{m\bar{m} - \gamma}$ beschreibt, vorausgesetzt dieser Ausdruck ist > 0.

1.17 Der Ansatz mit $z = x + yi$ führt auf die Gleichung $x^2 - \frac{y^2}{3} = \frac{1}{4}$.

1.18 (a) $(13; \pi)$, (b) $(20; \pi/2)$, (c) $(5; 3/2\pi)$, (d) $(3\sqrt{2}; 3/4\pi)$, (e) $(13; 1,1760)$, (f) $(29; 2,3318)$, (g) $(25; 4,9962)$,

1.19 Mit Hilfe der Moivre-Formel berechnen wir den Sinus und Cosinus der benötigten Winkel und erhalten $\sin(5/12\pi) = \frac{\sqrt{2+\sqrt{3}}}{2}$, $\cos(5/12\pi) = \frac{\sqrt{2-\sqrt{3}}}{2}$. Darüber hinaus ist $\sin(3/4\pi) = \frac{\sqrt{2}}{2}$, $\cos(3/4\pi) = -\frac{\sqrt{2}}{2}$, $\sin(7/6\pi) = -\frac{1}{2}$, $\cos(7/6\pi) = -\frac{\sqrt{3}}{2}$. Somit ergibt sich in (a) schnell und einfach die Lösung $-3 - i\sqrt{3}$, während die Vorgehensweise in (b) sehr umständlich ist.

1.20 (a) $(x - m)^2 + y^2 = m^2$ (b) $z\bar{z} - zm - \bar{z}m = 0$ (c) (r, φ) mit $0 \leq r \leq 2m$ und $\varphi = \pm \arctan \frac{\sqrt{m^2 - r^2}}{r}$ bzw. (r, φ) mit $-\pi/2 \leq \varphi \leq \pi/2, r = 2m \cos \varphi$.
Falls der Kreismittelpunkt auf der imaginären Achse liegt ergibt sich
(a) $(x^2 + (y + m)^2 = m^2$, (b) $z\bar{z} + imz - im\bar{z} = 0$ und (c) (r, φ) mit $0 \leq r \leq 2m$ und $\varphi = \pi/2 \pm \arctan \frac{\sqrt{4m^2 - r^2}}{r}$ bzw. (r, φ) mit $0 \leq \varphi \leq \pi, r = 2m \cos(\pi/2 - \varphi)$

1.21 (a) $(4\sqrt{2}; 7/12\pi)$, (b) $(16; 2/3\pi)$, (c) $(2, \pi/2)$, (d) $(32; 7/6\pi)$.

1.22 $z = x + yi$ hat Polarkoordinaten $(\sqrt{x^2 + y^2}; \arctan y/x)$, $\bar{z}$ hat Polarkoordinaten $(\sqrt{x^2 + y^2}; -\arctan y/x)$, und $1/\bar{z}$ hat Polarkoordinaten $(\frac{1}{\sqrt{x^2+y^2}}; \arctan y/x)$.

1.23 Drehung von z um Ursprung mit Winkel α.

1.24 $z = -\sqrt{6} - \sqrt{2}i$.

1.25 $(1; 2/5\pi)$.

1.26 Moivre-Formel für $n = 2, n = 3$ und $n = 4$ anwenden und Ergebnisse geeignet verbinden.

1.27 Über Eulerformel für ϑ und $-\vartheta$.

1.28 (a) $\cos(\ln 2) + i \sin(\ln 2)$; (b) $i \cdot \pi/2 + k2\pi, k \in \mathbb{N}$; (c) $e^{\pi + 2k\pi}$; (d) $\cos(\ln 5) - i \sin(\ln 5)$.; (e) $\log_{10}(2) + \frac{i}{\ln 10}(\pi + 2k\pi), k \in \mathbb{Z}$.

1.29 $2^6(\sqrt{3} - i)$

1.30 (a) $z_1 \cdot z_2 = 6 \left(\cos \frac{\pi}{12} + i \sin \frac{\pi}{12} \right)$ (b) $\frac{z_1}{z_2} = \frac{1}{3} \left(\cos \frac{5\pi}{12} + i \sin \frac{5\pi}{12} \right)$.

1.31 Ansatz $e^{i(\alpha + \beta)} = e^{i\alpha} \cdot e^{i\beta}$ führt direkt zum Resultat.

Kapitel 2

2.2 $(1 + i) \cdot (a + bi) = a - b + i(a + b) = 2$ wird gelöst von $a = 1, b = -1$, d.h. $(1 + i) \cdot (1 - i) = 2$.
Der Ansatz $(1 + i) \cdot (a + bi) = 1 + 2i$ führt auf die Gleichungen $a - b = 1, a + b = 2$, die innerhalb der ganzen Zahlen nicht lösbar sind.

2.3 Reflexivität ist trivial: Jede ganze Gaußsche Zahl teilt sich selbst, Transitivität ergibt sich unmittelbar.

2.4 Zu $3 + i$ assoziiert sind die Zahlen $(3 + i) \cdot i = -1 + 3i$, $(3 + i) \cdot (-1) = -3 - i$ und $(3 + i) \cdot (-i) = 1 - 3i$. Zusammen bilden sie ein Quadrat.

2.5 Da für alle $a, b \in \mathbb{Z}$ gilt $a^2 + b^2 \not\equiv 3 \bmod (4)$, gibt es keine ganzen Gaußschen Zahlen α mit $N(\alpha) \equiv 3 \bmod (4)$. Im Intervall $2 \leq x \leq 15$ entfallen somit als Normen 3, 7, 11 und 15. Ist $a \in \mathbb{N}$ und $a \not\equiv 3 \bmod (4)$, so gibt es aber nicht immer ein $\alpha \in \mathbb{G}$ mit $N(\alpha) = a$. Im Intervall $2 \leq x \leq 15$ lassen sich 6, 12, 14 und 15 nicht als Summe von zwei Quadraten darstellen. Es können daher nur die Normen 2, 4, 5, 8, 9, 10 und 13 auftreten. Von den dazugehörigen Zahlen wird nur jeweils eine der Assoziierten angegeben:
$N(\alpha) = 2 : \alpha = 1 + i \in \mathbb{G}P$, da $N(\alpha)$ prim.
$N(\alpha) = 4 : \alpha = 2 \notin \mathbb{G}P$, da $2 = (1 + i) \cdot (1 - i)$.
$N(\alpha) = 5 : \alpha = 2 + i$ oder $\alpha = 1 + 2i \in \mathbb{G}P$, da $N(\alpha)$ prim.
$N(\alpha) = 8 : \alpha = 2 + 2i \notin \mathbb{G}P$, da $\alpha = (1 + i) \cdot 2$.
$N(\alpha) = 9 : \alpha = 3 \in \mathbb{G}P$, da $N(\alpha)$ prim (Satz 2.3).
$N(\alpha) = 10 : \alpha = 3+i$ oder $1+3i \notin \mathbb{G}P$, da $3+i = (1+i)(2-i)$, $(1+3i) = (1+i)(2+i)$.
$N(\alpha) = 13 : \alpha = 3 + 2i$ oder $2 + 3i \in \mathbb{G}P$, da $N(\alpha)$ prim.

2.6 $n = (r + si)(r - si) = r^2 + s^2$.

2.7 (a) Es sei p prim und in $\mathbb{G}$ gelte $p = \alpha \cdot \beta$, wobei weder $\alpha = a + bi$ noch β Einheiten sind. Dann folgt $N(p) = p^2 = N(\alpha) \cdot N(\beta)$. Daher ist $N(\alpha) = N(\beta) = p$ und somit $a^2 + b^2 = p$.
(b) Es sei p prim in $\mathbb{Z}$, jedoch $p \notin \mathbb{G}P$. Dann besagt Teil (a) gerade, dass $p = r^2 + s^2$. Umgekehrt besagt Aufgabe 2.6, dass $p \notin \mathbb{G}P$, falls p als Summe zweier Quadratzahlen darstellbar ist.

Kapitel 3

3.1 (a) $z_1 = \frac{\sqrt{6}}{2} + \frac{3\sqrt{2}}{2}i, z_2 = -z_1$
(b) $z_1 = 2 + i, z_2 = -z_1$
(c) $z_1 = \frac{1}{\sqrt{2}}\left(\sqrt{\sqrt{41} - 4} + i\sqrt{\sqrt{41} + 4}\right), z_2 = -z_1$.

3.2 (a) $z_k = \sqrt{2}(\cos[(3/4 + 2k/5)\pi] + i \sin[(3/4 + 2k/5)\pi]$.
(b) $z_k = 2(\cos k\pi/3 + i \sin k\pi/3), k = 0, \ldots, 5$.
(c) $z_1 = \cos \pi/3 + i \sin \pi/3, z_2 = \cos \pi + i \sin \pi, z_3 = \cos 5/3\pi + i \sin 5/3\pi$.

3.3 (a) $z_1 = 3 + i, z_2 = 3 - i$ (b) $z_1 = 2 + i, z_2 = 3 + i$ (c) $z_{1,2} = i$.

3.4 (a) $z_k = 2(\cos \frac{\pi+2\pi k}{5} + i \sin \frac{\pi+2\pi k}{5}), k = 0, \ldots, 4$.
(b) $z_0 = 2\sqrt{3} + 2i, z_1 = -2\sqrt{3} + 2i, z_2 = -4i$.
(c) $z_k = 2\left(\cos \frac{2/3\pi+2\pi k}{5} + i \sin \frac{2/3\pi+2\pi k}{5}\right)$

3.5 (a) Es gibt $(n-1)$ von 1 verschiedene Faktoren und es gilt $\overline{\varepsilon_i} = \varepsilon_{n-i}$, $\varepsilon_i \cdot \overline{\varepsilon_i} = 1$. Daher ist $\varepsilon_0 \cdot \varepsilon_1 \cdot \ldots \cdot \varepsilon_{n-1} = 1$ falls n ungerade und $\varepsilon_0 \cdot \varepsilon_1 \cdot \ldots \cdot \varepsilon_{n-1} = \varepsilon_{n/2} = -1$, falls n gerade.

Eine alternative Argumentationsmöglichkeit ergibt sich aus der Erkenntnis, dass die Multiplikation mit ε_i einer Drehung des regelmäßigen n-Ecks um i Ecken entspricht. $\varepsilon_i \cdot \varepsilon_{n-i}$ entspricht also einer vollen Drehung. Ist n ungerade, ergeben sich also insgesamt $(n-1)/2$ volle Drehungen, ist n gerade bleibt die Drehung um $n/2$ Ecken (entsprechend $\varepsilon_{n/2}$) übrig, also eine halbe Drehung, was der Zahl -1 entspricht.

(b) Es sei $w = \varepsilon_0 + \varepsilon_1 + \cdots + \varepsilon_{n-1}$. Es gilt $\varepsilon_1 \cdot w = \varepsilon_1(\varepsilon_0 + \varepsilon_1 + \cdots + \varepsilon_{n-1}) = \varepsilon_1 + \varepsilon_2 + \cdots + \varepsilon_{n-1} + \varepsilon_0 = w$, d. h. $(\varepsilon_1 - 1) \cdot w = 0$. Wegen $\varepsilon_1 \neq 1$ folgt $w = 0$.

3.6 $z^2 - (z_1 + z_2)z + z_1 \cdot z_2 = 0$

3.7 Nach p-q-Formel gilt $z_{1,2} = -b/2 \pm \sqrt{b^2/4 - c}$. Falls $d = b^2/4 - c < 0$, so ist $z_1 = -b/2 + \sqrt{d}i$, $z_2 = -b/2 - \sqrt{d}i$, d. h. $z_1 = \overline{z_2}$.

3.8 (a) $\sqrt{z} = \pm w$. (b) $\sqrt[n]{z} = \overline{w} \cdot \varepsilon_k$, $k = 0, \ldots, n-1$.

3.9 (a) EW ist eine Gruppe, da abgeschlossen (mit $x, y \in EW$ folgt $xy \in EW$), $1 \in EW$, zu $x \in EW$ ist $\overline{x} \in EW$ das inverse Element.

(b) Ganz ähnlich zeigt man, dass auch EW_n eine Gruppe ist.

(c) Sei $k|n$. Nach (b) ist EW_k Gruppe. Sei $z \in EW_k$, d. h. $z^k = 1$. Dann ist $z^n = z^{k \cdot t} = 1^t = 1$ und somit $z \in EW_n$.

(d) Es sei $EW_k \subset EW_n$. Dann ist $e^{i2\pi/k} \in EW_n$. Das bedeutet aber

$$\left(e^{i2\pi/k}\right)^n = e^{i2\pi/k \cdot n} = 1,$$

woraus folgt, dass n/k eine natürliche Zahl ist, d. h. $k|n$.

3.10 Es entstehen alle sechsten Einheitswurzeln

3.11 Aus $z^n = 1$ folgt direkt $\overline{z}^n = 1$. Einheitswurzeln an der reellen Achse gespiegelt ergeben wiederum Einheitswurzeln. Mit z^n ist natürlich auch $(1/z)^n = 1$.

3.12 Lösungen in Polarkoordinaten

(a) $(2; 1/6\pi)$, $(2; 7/6\pi)$

(b) $(\sqrt[3]{2}, 5/9\pi)$, $(\sqrt[3]{2}, 11/9\pi)$, $\sqrt[3]{2}, 17/9\pi)$

(c) $(\sqrt[4]{6}; 1/6\pi)$, $(\sqrt[4]{6}; 2/3\pi)$, $)(\sqrt[4]{6}; 7/6\pi)$, $(\sqrt[4]{6}; 5/3\pi)$

3.13 (a) $\sqrt[3]{2}/2(-\sqrt{3} + i)$, $-i\sqrt[3]{2}$, $\sqrt[3]{2}/2(\sqrt{3} + i)$

(b) $-\frac{9^{2/3}}{18}\sqrt{3} + \frac{9^{2/3}}{18}i$, $\sqrt[3]{9}i$, $\frac{9^{2/3}}{18}\sqrt{3} + \frac{9^{2/3}}{18}i$

(c) $2i$, $\frac{\sqrt{3}}{2} + \frac{1}{2}i$, $-\frac{\sqrt{3}}{2} + \frac{1}{2}i$

(d) $-2\sqrt[3]{3} - \sqrt{3}$, $\sqrt[3]{3} - \sqrt{3} + 3^{5/6}i$, $+\sqrt[3]{3} - \sqrt{3} - 3^{5/6}i$

3.14 Ist z nicht reell, d. h. $\arg(z) \neq 0$, dann ist auch der n-te Teil des Winkels nicht Null.

3.15 Aus $z^n = q$ folgt $\overline{z}^n = \overline{q} = q$.

3.16 Wenn F den Flächeninhalt, U den Umfang und c die Grundseite des gleichschenkligen Dreiecks bezeichnen, so ergibt sich folgende kubische Gleichung

$$4F^2 = \frac{U^2}{4}c^2 - \frac{1}{2}Uc^3.$$

3.17 Mit O als Oberfläche und V als Volumen errechnet sich der Radius als Lösung der kubischen Gleichung

$$r^3 - \frac{O}{2\pi}r + \frac{V}{\pi} = 0.$$

Für h folgt

$$h = \frac{V}{\pi r^2}.$$

3.18 Das Volumen des eingetauchten Eisballes (Radius r, Durchmesser $d = 2r$) errechnet sich als

$$V = \pi \int_{-r}^{t} (r^2 - h^2)dh = -\frac{1}{3}\pi t^3 + \frac{\pi d^2}{4}t + \frac{1}{12}\pi d^3.$$

Dies soll 11/12 des Volumens sei, d. h. $= \frac{11}{12} \cdot \frac{\pi}{6}d^3$, was auf die Gleichung führt

$$t^3 - \frac{3}{4}d^2 t + \frac{5}{24}d^3 = 0.$$

Setzen wir $d = 1$, so sind die Lösungen dieser Gleichung

$$t_1 = \cos\frac{\varphi + 2k\pi}{3}, k = 0, 1, 2 \text{ mit } \cos\varphi = -\frac{5}{6}.$$

Als numerische Näherung ergibt sich $t_1 = 0,65850$, $t_2 = 0,3225$, $t_3 = -0,981$.

3.19 (a) $t_1 = 4, t_2 = -1, t_3 = -3$, (b) $x_1 = 2, x_2 = 2+i, x_3 = 2-i$,
(c) $x_1 = 2\cos\pi/9, x_2 = 2\cos 7\pi/9, x_3 = 2\cos 13\pi/9$
(d) $x_1 = 4, x_2 = i, x_3 = -i$

3.20 Der Beweis von Satz 34 überträgt sich direkt auch auf $\mathbb{C}$.

3.21 (a) $z_1 = -1, z_{2,3} = 5$, (b) $z_1 = -1, z_2 = i, z_3 = -3i$,
(c) $z_1 = 1+i, z_2 = i, z_3 = -2i$

3.22 (a) $z^3 + (4-2i)z^2 - (6+9i)z - 5 + 5i$, (b) $z^3 - 2z^2 - 29z - 42$,
(c) $z^3 - (6+4i)z^2 - (31-30i)z + 36 + 54i$, (d) $z^3 - 19z^2 + 140z - 572$,
(e) $z^3 - (16-i)z^2 + (81-14i)z + (-106+53i)$ (f) $z^3 - (7-2i)z^2 + (50+12i)z + (56-54i)$

Kapitel 4

4.1 Betrachte $g(z) = f(z) - w$ und wende auf g den Fundamentalsatz an.

4.2 p hat nach dem Fundamentalsatz eine Nullstelle z_1. Dann folgt
$$p(z) = (z - z_1) \cdot p_1(z)$$
für ein Polynom p_1 vom Grad $n-1$. Für p_1 gilt aber ebenso: p_1 hat eine Nullstelle z_2 und kann daher dargestellt werden mittels
$$p_1(z) = (z - z_2) \cdot p_2(z)$$
mit einem Polynom p_2 vom Grade $n - 2$. Fortgesetztes Argumentieren führt auf ein Polynom p_n vom Grade 0 (d. h. eine Konstante). Sukzessives Einsetzen führt zum gewünschten Resultat.

4.3 (a) $z^2 - 2z + 2 = (z - 1 - i)(z - 1 + i)$

(b) $z^4 + 1 = \left[z - \frac{\sqrt{2}}{2}(1 + i)\right]\left[z - \frac{\sqrt{2}}{2}(1 - i)\right]\left[z - \frac{\sqrt{2}}{2}(-1 + i)\right]\left[z - \frac{\sqrt{2}}{2}(-1 - i)\right]$

(c) $z^4 - z^2(3 + 2i) + (8 - 6i) = (z + 2 + i)(z - 2 - i)(z - 1 + i)(z + 1 - i)$

4.4 Da f reelle Koeffizienten hat, ist die dritte Nullstelle $-5 - 7i$ und somit $f(z) = z^3 + 4z^2 + 14z - 444$.

Kapitel 5

5.1 Die Bildkreise paralleler Geraden schneiden sich nur im Nordpol, die Bildkreise sich schneidender Geraden schneiden sich zweimal auf der Kugel

5.2 Die Abbildung $f(z) = 1/\bar{z}$, d.h. die Spiegelung am Einheitskreis

Kapitel 6

6.1 Parallele zur reellen Achse: $a + iy \to a^2 - y^2 + i2ay$. Ansatz mit $u = a^2 - y^2$, $v = 2ay$ führt auf $u = a^2 - \frac{v^2}{4a^2}$.

Parallele zur imaginären Achse: $x + bi \to x^2 - b^2 + i2bx$ führt zu $u = \frac{v^2}{4b^2} - b^2$.

Wir erhalten beide Male Parabeln, deren Öffnungen jedoch in unterschiedliche Richtungen gehen.

6.2 a) $u(x, y) = \frac{x}{x^2+y^2}$, $v(x, y) = -\frac{y}{x^2+y^2}$

b) $u(x, y) = \frac{x^2+y^2-1}{x^2+y^2+2x+1}$, $v(x, y) = -\frac{2y}{x^2+y^2+2x+1}$

c) $u(x, y) = x^3 - 3xy^2$, $v(x, y) = 3x^2y - y^3$

d) $u(x, y) = e^x(x \cos y - y \sin y)$, $v(x, y) = e^x(y \cos y + x \sin x)$

e) $u(x, y) = \cos x \cosh y$, $v(x, y) = -\sin x \sinh y$.

6.3 a) Re(z) = $\frac{1}{2}$
b) Gerade mit $xx_0 - yy_0 = \frac{1}{2}$
c) Kreis mit Mittelpunkt $\overline{z_0}$ und Radius $\sqrt{|z_0|^2 - 1}$
d) Kreis um $\frac{1}{2}$ mit Radius $\frac{1}{2}$
e) Kreis mit Mittelpunkt $\frac{1}{2a}$ und Radius $1/2a$.

6.4 a) Cauchy-Riemannsche DGL sind erfüllt, daher differenzierbar im Komplexen
b) Parabel

6.5 Cauchy-Riemannsche DGL sind nicht erfüllt, daher ist f nicht differenzierbar.

6.6 Kreis um $2 - 2i$ mit Radius $4\sqrt{2}$.

6.7 a) nur im Ursprung differenzierbar b) nur im Ursprung c) nirgends

6.8 $v(x, y) = -\frac{1}{2}x^2 + \frac{1}{2}y^2 + 2xy$

Kapitel 7

7.1 (a) $b = 0$: Identität, $b \neq 0$: Translation um Vektor b.
(b) $|a| = 1$, d. h. $a = \cos\varphi + i\sin\varphi$: Drehung um O mit Winkel φ.
(c) $a \in \mathbb{R}$, $b = 0$: Zentrische Streckung von O aus, Streckfaktor a.
(d) $a = r(\cos\varphi + i\sin\varphi)$: Drehstreckung um O mit Winkel φ, Streckfaktor r; Drehung und Streckung sind vertauschbar.
(e) Drehstreckung wie bei (d) plus Translation um Vektor b oder zuerst Translation um Vektor $\frac{b\overline{a}}{|a|^2}$, dann Drehstreckung um O mit Winkel φ und Streckfaktor r oder als Drehstreckung um Fixpunkt (siehe (g))
(f) $z_0 = \frac{b}{1-a}$, falls $a \neq 1$. Ist $a = 1$, $b \neq 0$, so ist ∞ der einzige Fixpunkt. Ist $a = 1$, $b = 0$, so ist jeder Punkt Fixpunkt.
(g) $w = a(z - z_0) + z_0$, d. h. Drehstreckung um den Fixpunkt z_0.

7.2 $f(z) = (1 - i) \cdot z$

7.3 (a) $z_0 = -\frac{5}{2}i$, $w = 3(z - z_0) + z_0$, d. h. Streckung um Faktor 3, Zentrum z_0
(b) Zentrum $z_0 = -\frac{3}{5}(1 - 2i)$, Drehung um $\pi/2$, Streckung um Faktor $1/2$.

7.4 (a) Streckung um Faktor $k = 2$,
(b) Drehung um $\pi/2$, Streckung um $k = 4$,
(c) Streckung um Faktor $k = 2$,
(d) Streckung Faktor $k = \sqrt{5}$, Drehung um ca. $333,4°$ bzw. im Bogenmaß um ca. $5,8195$.

7.5 (a) Streckung um Faktor $k = 3$, Drehwinkel $5/12\pi$,
(b) Streckung um Faktor $k = 4$, Drehwinkel $8/15\pi$.

7.6 Es muss eine Zahl $a \in \mathbb{C}$ geben, so dass $p_i = a \cdot q_i, i = 1,\ldots, 3$ bzw. es muss $a, p_0 \in \mathbb{C}$ geben so dass $p_i = a \cdot (q_i - p_0) + p_0$. Dabei bezeichnet $p_1 p_2, p_3$ und q_1, q_2, q_3 die Eckpunkte des Urbild- bzw. Bilddreiecks.

7.7 (a) $(f \circ g)(z) = 3(z + 3/2i) - 3/2i$, d. h. Streckung um $-3/2i$, Streckfaktor 3; $(g \circ f)(z) = 3(z + i/2) - i/2$, d. h. Streckung um $-i/2$, Streckfaktor 3;
(b) $(f \circ g)(z) = (3+i)(z + \frac{8+21i}{5}) - \frac{8+21i}{5}$, Drehstreckung um $-\frac{8+21i}{5}$, Streckfaktor $k = \sqrt{10}$, Drehwinkel $\arctan(1/3)$.; $(g \circ f)(z) = (3+i)(z + \frac{12+19i}{5}) - \frac{12+19i}{5}$.

7.8 Ist $\alpha = 0$, so ist $f \circ g$ eine Streckung um denselben Streckfaktor s und Streckzentrum $z_0 = \frac{(z_1-b)s-z_1}{s-1}$, vorausgesetzt $s \neq 1$. Ist $s = 1$, so ist die Verkettung eine Verschiebung um b. Ist $\alpha \neq 0$, so erhalten wir eine Drehstreckung mit Streckfaktor s und Winkel α um das Zentrum

$$z_0 = \frac{s^2(z_1 - b) + z_1 - 2z_1 s \cos\alpha + s e^{i\alpha} b}{s^2 + 1 - 2s \cos\alpha}.$$

7.9 $(f \circ g)(z) = qsz + qt + p$ ist die Identität falls $qs = 1$, $qt + p = 0$, eine Translation, falls $qs = 1$, $qt + p \neq 0$ und eine Drehstreckung falls $qs \neq 1, \neq 0$. $(g \circ f)(z) = sqz + sp + t$ analog.

7.10 In beiden Fällen erhalten wir Kreise durch den Ursprung, z. B. erhält man als Bild der Parallelen zur imaginären Achse durch $a \in \mathbb{R}$ den Kreis mit Mittelpunkt $\frac{1}{2a}$ mit Radius $\frac{1}{2a}$.

7.11 Umfasst genau einer der Kreise den Ursprung, der andere aber nicht, so sind die Bildkreise nicht mehr konzentrisch.

7.12 Das Bild ist der Kreis durch den Berührpunkt und den Ursprung mit Radius 1/2.

7.13 Genau die Kreise, in deren Inneren der Ursprung liegt, haben die gewünschte Eigenschaft.

7.14 Entweder zuerst Drehstreckung um O (Streckfaktor 2, Winkel $\varphi = -\pi/4$, dann Translation um $2 + i$, oder lediglich Drehstreckung um den Fixpunkt $z_0 = \frac{6-\sqrt{2}}{17} - i\frac{7+13\sqrt{2}}{17}$.

7.15 $z = z^\star$ für alle Punkte auf dem Einheitskreis; $f(z_0^\star) = \frac{1}{z_0^\star}$ ist das Spiegelbild von $f(z_0)$ am Einheitskreis.

7.16 $z_0^\star$ heißt Spiegelpunkt von z_0 bezüglich eines Kreises mit Mittelpunkt m und Radius r, falls (1) $z_0^\star$ auf der Geraden durch m und z_0 liegt und (2) $|m-z_0^\star| \cdot |m-z_0| = r^2$ gilt. Nun gilt nach Voraussetzung $|m_z - z_1| \cdot |m_z - z_2| = r_z^2$ (der Index z soll nur andeuten, dass es sich um einen Kreis in der z-Ebene handelt). Der Schnittpunkt p_z des Thaleskreises über $m_z z_1$ mit dem Kreis K_z führt zu einem rechtwinkligen Dreieck mit den Ecken m_z, z_1 und p_z (siehe Abbildung 7.3). Da die Möbiustransformation Kreise auf Kreise abbildet und als konforme Abbildung winkeltreu ist, wird K_z auf einen Kreis K_w mit Mittelpunkt m_w und Radius r_w abgebildet.

Das Bild von p_z bezeichnen wir mit p_w. Wegen der Winkeltreue ist der Winkel in p_w wiederum rechtwinklig und der Höhensatz liefert $|w_1 - m_w| \cdot |w_2 - m_w| = r_w^2$.

7.17 Assoziativität ist klar, da alle Funktionen assiziativ bezügl. Verkettung sind; das neutrale Element ist $f(z) = z$, d. h. $a = d = 1$, $b = c = 0$); zu $f(z) = \frac{az+b}{cz+d}$ invers ist $f^{-1}(w) = \frac{dw-b}{-cw+a}$; die Abgeschlossenheit zeigt man durch (etwas mühsames) direktes Nachrechnen.

7.18 (a) $w = \frac{4z+2}{2z+4}$
(b) Der Einheitskreis wird überführt auf einen Kreis durch die Punkte -1, $1/5(4+3i)$, 1. Da $|1/5(4+3i)| = 1$, ist dies wiederum der Einheitskreis!

7.19 $\frac{dw}{dz} = w' = \frac{ad-bc}{(cz+d)^2}$. Falls $ad - bc = 0$, so ist die Ableitung $=0$, d. h. $w=$Konstante.

7.20 $f(i) = 0, f(2-i) = 1-i, f(\infty) = 1$. Daher ist das Bild der Kreis durch 0, 1, und $1-i$.

Literatur

Anderson, James W. (1999). *Hyperbolic Geometry*. Springer: London.
Arnold, Douglas N., Rogness, Jonathan (2008). Möbius Transformations Revealed. *Notices of the AMS*, 55 (10), 1226–1231.
Artmann, Benno (1977). *Komplexe Zahlen*. Herder Verlag: Freiburg.
Bieberbach, Ludwig (1967). *Einführung in die konforme Abbildung. Sammlung Göschen*. De Gruyter: Berlin.
Davis, Philip J. (1993). *Spirals – From Theodorus to Chaos*. A.K. Peters: Wellesley, Massachusetts.
Dittmann, Helmut (1980). *Komplexe Zahlen*. Bayrischer Schulbuch. Verlag: München.
Filler, Andreas (1993). *Euklidische und nichteuklidische Geometrie*. BI Wissenschaftsverlag: Mannheim.
Führer, Lutz (2001). Kubische Gleichungen und die widerwillige Entdeckung der komplexen Zahlen. *Praxis der Mathematik* 43 (2), 57–67.
Glaeser, Georg, Polthier, Konrad (2010). *Bilder der Mathematik*. Spektrum Akademischer Verlag: Heidelberg.
Greuel, Otto, Kadner, Horst (1990). *Komplexe Funktionen und konforme Abbildungen*. Teubner: Leipzig.
Jänich, Klaus (1993). *Funktionentheorie. Eine Einführung*. Springer: Berlin.
Knopp, Konrad (1976). *Funktionentheorie. Sammlung Göschen*. De Gruyter: Berlin.
Kortenkamp, Ulrich (1999). *Foundations of Dynamic Geometry*. Ph. D. thesis.
Lenz, Albrecht (1968). Die Gruppe der Möbiusschen Transformationen. *Der Matematikunterricht* 14 (3), 73–101.
Mandelbrot, Benoît (1987). *Die fraktale Geometrie der Natur*. Birkhäuser: Basel.
Meschkowski, Herbert (1971). *Nichteuklidische Geometrie*, 4. Auflage. Vieweg: München.
Needham, Tristan (2001). *Anschauliche Funktionentheorie*. Oldenbourg: München.
Niederdrenk-Felgner, Cornelia (2004). *Komplexe Zahlen*. Klett: Stuttgart.
Pedoe, Daniel (1979). *Circles*. Dover Publications: New York.
Peitgen, Heinz-Otto, Richter, Peter (1986). *The Beauty of Fractals*. Springer: Berlin.
Peschl, Ernst (1983). *Funktionentheorie*. BI Wissenschaftsverlag: Mannheim.
Pieper, Richard (1984). *Die komplexen Zahlen. Theorie – Praxis – Geschichte*. VEB Deutscher Verlag der Wissenschaften: Berlin.
Remmert, Reinhold (1984). *Funktionentheorie I*. Springer: Berlin.
Richter-Gebert, Jürgen (2010). *Mathe Vital*. Online. http://www-m10.ma.tum.de/bin/view/MatheVital/. Zuletzt abgerufen am 12. August 2015.
Richter-Gebert, Jürgen, Kortenkamp, Ulrich (2000). Euklidische und Nicht-Euklidische Geometrie in Cibderella. *Journal für Mathematikdidaktik*, 21(3/4), S. 303–324.
Richter-Gebert, Jürgen, Kortenkamp, Ulrich (2012). *The Cinderella.2 Manual*. Springer: Berlin.
Schupp, Hans (2000). Geometrie in der Sekundarstufe II. *Journal für Mathematikdidaktik*, 21(1), S. 50–66.
Schupp, Hans, Dabrock, Heinz (1995). *Höhere Kurven. Situative, mathematische, historische und diaktische Aspekte*. Bibliographisches Institut Wissenschaftsverlag: Mannheim.
Schupp, Hans, Stubenitzky, Ruth (2001). Die Wirkung der Abbildung $w = z^2$ auf ebene Kurven. *Der Mathematisch-Naturwissenschaftliche Unterricht* 54/4, S. 201–207.
Schwerdtfeger, Hans (1962). *Geometry of Complex Numbers*. Oliver and Boyd: London.
Silverman, Richard (1972). *Introductory Complex Analysis*. Dover Publications: New York.
Spiegel, Murray (1964). *Theory and Problems of Complex Variables*. McGraw-Hill: New York.
Zeitler, Herbert & Neidhardt, Wolfgang (1993). *Fraktale und Chaos: Eine Einführung*. Wissenschaftliche Buchgesellschaft: Darmstadt.

Stichwortverzeichnis

Abel, Hendrik, 88
Achse
– imaginär, 12
– reell, 12
Addition komplexer Zahlen, 7, 183
Ähnlichkeitsgeometrie, 129
algebraisch abgeschlossen, 94, 101
Anordnung, 4
Apfelmännchen, 48, 185, 191
Apollonius-Kreis, 18
Argand, Jean-Robert, 96

Bombelli, Rafael, 77

Cardano, Geronimo, 77
Cardano-Formeln, 81, 83
Cassinische Kurven, 22
Cauchy, Augustin Louis, 96
Cauchy-Riemannsche Differenzialgleichungen, 119
Cayley, Arthur, 103
Cayley-Transformation, 156
Cosinus Hyperbolicus, 34

D'Alembert, Jean-Baptiste, 96
del Ferro, Scipione, 77
Descartes, René, 6, 96
Dezimalbruch, 4
Differenzierbarkeit, 118
Doppelverhältnis, 146
Dreiecksungleichung, 14
Dynamische Geometrie, 177

Einheit, 56
Einheitswurzel, 70
– Dritte, 72
– Fünfte, 72
Ellipse, 20, 21, 139
Elliptische Geometrie, 164
Escher, Maurits Cornelis, 135
Euklid, 163
Euklidischer Algorithmus, 60
Euler, Leonhard, 6, 31, 96
Euler-Formel, 31
Exponentialfunktion
– komplex, 31

Fermatsche Primzahlen, 75
Ferrari, Luigi, 88
Fixpunkt, 127, 142, 186
Fraktal, 45, 135, 183
Fundamentalsatz der Algebra, 93, 94, 194
Funktion
– einer komplexen Veränderlichen, 115, 186
– ganze lineare, 126, 186

Galois, Evariste, 74, 88
Ganze Gaußsche Zahl, 55
Ganze Zahlen, 2
Gauß, Carl Friedrich, 74, 75, 88, 93, 96
Gaußsche Zahlenebene, 12, 182
Geradengleichung, 18
Girard, Albert, 96
Gleichung
– 4. Grades, 88
– kubisch, 76
– Quadratische, 67
Goldener Schnitt, 5

Hamilton, William Rowan, 103
Hauptsatz
– Gaußsche Zahlen, 62
Hauptwert, 25, 65
Hyperbel, 21, 137
Hyperbolische Geometrie, 164–175

Imaginäre Einheit, 6
Inversion, 125
Iterierte Funktionen-Systeme, 183

Jukowski-Funktion, 159
Juliamenge, 49, 185

Kartesische Darstellung
– einer komplexen Zahl, 25
Kegelschnitt, 21
Kochkurve, 183
Kochsche Schneeflocke, 45
Komplexe Zahl
– Argument, 24, 181
– Betrag, 12
– Imaginärteil, 6
– Konjugierte, 10
– Realteil, 6
Konforme Abbildung, 120

Konjugierte komplexe Zahl, 10
Konstruierbarkeit von Vielecken, 75
Kreisgleichung, 18
Kreisteilungsgleichung, 70
Kreisverwandtschaft, 110, 132, 140
Krummstab, 44

Lagrange, Joseph-Louis, 96
Laplace, Pierre-Simon, 96
Leibniz, Gottfried Wilhelm, 96
Lemniskate, 22, 137

Mandelbrot
– Benoît, 45
Mandelbrotmenge, 48, 185
Möbiustransformation, 125, 140
– elliptisch, 149
– hyperbolisch, 149
– loxodromisch, 149
– Normalform, 147
Moivre-Formel, 29
Multiplikation komplexer Zahlen, 7

Natürliche Zahlen, 1
Norm
– einer ganzen Gaußschen Zahl, 55

Pacioli, Luca, 77
Parabel, 21, 138
Parallelenaxiom, 164–165
Parameterdarstellung einer Kurve, 34
Pascalsche Schnecke, 159
Permanenzprinzip, 2
Poincaré
– Halbebene, 166–171
– Scheibe, 171–173
Poincaré, Henri, 166
Polarkoordinaten, 24, 25
Polynom, 79
Primfaktorzerlegung, 60
Primzahl
– Gaußsche, 57

Quadratwurzel
– einer komplexen Zahl, 65
Quaternionen, 103

Rationale Zahlen, 3
Reelle Zahlen, 3
Riemann, Bernhard, 107
Riemannsche Kugel, 105
Roth, Ambrosius, 96
Ruffini, Paolo, 88

Schwingung
– gedämpft, 37
– harmonisch, 37
Selbstähnlichkeitsdimension, 47
Sierpinski-Dreieck, 183
Sinus Hyperbolicus, 34
Spirale, 41
– Archimedisch, 41
– Hyperbolisch, 43
– Logarithmisch, 42
Stereografische Projektion, 106
Stifel, Michael, 1

Tartaglia, Niccolo, 77
Teiler
– einer ganzen Gaußschen Zahl, 55
– ggT, 60

Vieta
– Satz von, 4
Vieta, François, 96
Vollebene, 131
Vollständigkeit, 4

Wurzel
– allgemeine, 68

Zahlen
– algebraisch, 102
– transzendent, 102
Zeigerdiagramm, 38